智绘园区

——城市空间信息建设理论与实践

苏州工业园区测绘地理信息有限公司　主编

U0305127

同济大学 出版社
TONGJI UNIVERSITY PRESS

内 容 提 要

　　中新苏州工业园区经过 20 年的发展,取得了令人瞩目的成绩,以测绘地理信息服务为技术支撑基础,实现了从规划蓝图到现实的完美蜕变,建设成为了新型城镇化的样本、国内领先的数字城市示范区、智慧园区。本书通过介绍苏州工业园区在城市空间信息建设方面的理念与技术,标准与制度,实践与案例,使读者全面了解城市空间信息建设的过程、内容以及其重要的价值意义;初步探讨了在产城融合、新型城镇化、可持续发展的宏观背景下,如何通过空间信息的基础支撑,实现城市规划建设,城市运营管理,社会公共服务的信息穿透与共享,通过数字化、智慧化的系统实现改革、创新、精细化管理,提高现代化城市的核心竞争力。

　　本书适合于从事城市空间信息服务,数字城市,智慧城市的管理、规划、建设及运维等工作的读者朋友,尤其对致力于产城融合的开发区、现代新城镇的建设者与管理者有着重要的借鉴意义。

图书在版编目(CIP)数据

智绘园区:城市空间信息建设理论与实践/苏州工

业园区测绘地理信息有限公司主编. --上海:同济大学

出版社,2016.3

　　ISBN 978-7-5608-6182-1

　　Ⅰ.①智… Ⅱ.①苏… Ⅲ.①数字化测绘－应用－城

市建设－研究－中国 Ⅳ.①TU984.2-39

　　中国版本图书馆 CIP 数据核字(2015)第 001573 号

智绘园区——城市空间信息建设理论与实践
苏州工业园区测绘地理信息有限公司　主编
策划编辑　赵泽毓　　责任编辑　马继兰　　责任校对　徐春莲　　封面设计　陈益平

出版发行　同济大学出版社　www.tongjipress.com.cn
　　　　　(地址:上海市四平路 1239 号　邮编:200092　电话:021-65985622)
经　　销　全国各地新华书店
印　　刷　上海安兴汇东纸业有限公司
开　　本　787mm×1092mm　1/16
印　　张　16.75
字　　数　418000
版　　次　2016 年 4 月第 1 版　　2016 年 4 月第 1 次印刷
书　　号　ISBN 978-7-5608-6182-1

定　　价　168.00 元

编委会

序　一

近年来,在"构建数字中国,监测地理国情,壮大地信产业,建设测绘强国"的总体战略目标指导下,我国的测绘地理信息科技创新体系不断加快完善,自主创新能力逐渐增强,国家明确测绘地理信息行业为生产型服务业和高新技术产业、国家战略性新型产业。测绘地理信息工作与政府管理决策、企业生产运营、人民群众生活的联系更加密切,经济社会发展中的各领域对地理信息服务保障的需求更加旺盛,测绘地理信息发展更加直接融入到经济社会发展主战场。因此,测绘地理信息技术在"十二五"期间我国兴起的数字城市建设中发挥了重要的支撑作用。从2006年国家测绘地理信息局启动数字城市地理空间框架建设示范项目开始,到2015年全面建成全国地级及其以上城市的数字城市地理空间框架建设,其应用惠及国土、规划、公安、房产、环保、消防及卫生等众多领域。现在,党的第十八届第五次全体会议通过的《中共中央关于制定国民经济和社会发展第十三个五年规划的建议》,要求不断推进理论创新、制度创新、科技创新和文化创新,促进新型工业化、信息化、城镇化和农业现代化同步发展,在增强硬实力的同时注重提升软实力,不断增强发展整体性,支持智慧城市建设。由此,我国的测绘地理信息由数字城市建设中构建地理空间框架转变为在智慧城市建设中构建时空信息基础设施,它包括时空信息数据库和时空信息云平台。为此,国家测绘地理信息局又在开展智慧城市时空信息云平台建设试点工作。据我所知,无论在数字城市建设,还是智慧城市建设中,苏州作为经济发达的城市都被选为其中的示范建设城市,而苏州工业园区在产城融合和借鉴新加坡经验的基础上形成了独特的园区经验,其基于地理空间信息的数字园区到智慧园区建设软实力,是其经验的重要组成部分。为了总结20年来苏州工业园区在数字城市到智慧城市的转型升级过程中有关测绘地理信息技术发挥支撑作用的经验,他们撰写了《智绘园区——城市空间信息建设理论与实践》一书。

本书从智绘园区、智慧园区、智惠园区三个方面,介绍了苏州工业园区从无到有,在规划建设、运营管理及公共服务不同的发展阶段利用测绘、地理信息、计算机网络、物联网、云计算和大数据等高新技术所提供的技术支持与服务保障,形成了信息化测绘跟踪服务体系,为城市的发展提供了数据服务、信息共享和决策支持。不仅形成数字化园区,实行高效的政务管理,而且还形成智慧化生活,惠及大众民生。不仅提供了从数字城市到智慧城市建设的整体解决方案,而且从中凝炼了城市空间信息建设的理论与标准,从城市的智慧规划到城市的智能管理,从城市的精准建设到生活的便捷服务,实践了城市规划、工程建设、不动产、企业运营、交通疏导、环境保护、安全监督、社区管理、公众服务等各类信息化项目,同时还描绘了未来智慧园区建设的美好蓝图。

该书既是苏州工业园区从数字城市到智慧城市建设的经验总结,也是该书作者苏州工业园区测绘地理信息有限公司的成长历史。公司既是苏州工业园区的建设者,也是园区城市空间信息建设经验的承载者。目前,在国内数字城市到智慧城市的建设大潮中,鲜有涵盖如此丰富的领域,且建设成效显著。苏州工业园区数字城市示范区建设的成功一方面得益于园区内协同共享的体制机制,另一方面更依赖于有一支技术成熟、高效稳定的专业团队支撑。

该书技术介绍通俗易懂、实践路径切实可行,可为国内其他开发区、高新区、产业园区推进智慧城市建设与管理提供有益的借鉴,为相关领域的科技工作者提供一定参考。我相信该书的出版将会对我国数字城市、智慧城市的理论探索和实践发展起到积极的推动作用。

武汉大学教授

中国工程院院士

2016 年 1 月 4 日于武汉大学

序 二

苏州工业园区作为中国和新加坡两国政府间的重要合作项目,于1994年2月经国务院批准立项,目前已成为中国最成功的开发区之一,连续多年名列"中国城市最具竞争力开发区"榜首。园区成立之初,苏州工业园区测绘地理信息有限公司即借鉴新加坡在测绘与地理信息方面的经验,建立了地理信息的积累与共享利用机制,20年来,园区地理信息建设在借鉴中创新、在创新中不断建设和积累,目前地理信息库已成为城市规划建设、城市运营管理和社会公共服务等方面的重要支撑,也助力苏州工业园区的信息化和智慧城市建设。

本书提炼了苏州工业园区测绘地理信息有限公司自成立以来在服务园区过程中采用的理论、技术和方法,总结了苏州工业园区从规划到现实的美好蓝图落地过程中建立起来的测绘跟踪服务体系、基于位置的业务管理体系和地理信息的长效更新服务运维机制,在数据积累基础上通过地理信息公共服务平台打破了条线分割和信息孤岛,实现了地理信息在规划、建设、国土和房产等城市建设部门,城管、交通、工商和税务等城市运营管理部门的信息穿透与信息共享。目前,公司已成为园区信息化和智慧城市建设的信息提供者、系统开发者和平台的维护者。

当前,地理信息产业业已成为战略新兴产业,大数据成为基础性战略资源,智慧城市成为城市创新发展的新模式,以智能化、个性化和协同化为特征的信息经济蓬勃发展,信息化愈益成为驱动和引领经济社会发展的核心引擎和战略制高点。最近,国务院正式批复同意苏州工业园区开展开放创新综合试验,明确要求进一步加大信息基础设施建设投入,优化信息化环境,提升信息化水平。地理信息既是信息化建设的重要内容,又是提升信息化水平的重要基础,园区将继续完善地理信息为城市规划建设、城市运营管理及社会公共服务等方面的基础支撑作用,挖掘城市运行中积累的大数据的价值,在更高层次上建立核心竞争力新优势。

希望苏州工业园区测绘地理信息公司站在二十年积淀的基石上,以"十三五"信息化规划为指导,持续创新,以城市信息的空间基础支撑与价值挖掘为己任,助力打造世界一流的高科技产业新城区,并成为苏州工业园区走出去的重要载体。

苏州工业园区管理委员会主任

2015 年 12 月

前　言

　　1994年以来,苏州工业园区(以下简称"园区")借鉴新加坡经验,结合自身特点,走出了一条极不平凡的新型城镇化道路,取得了率先发展、科学发展、高端发展、和谐发展等累累硕果。在规划之初,园区便以理念引领为先,坚持现代产城融合的发展理念,注重产业园区与城市新区建设同等进步的发展思路,成功开辟出一条"产城互融共荣"的新型城镇化道路。通过引进新加坡先进的理念和相关的模式,注重发挥"中新合作"优势,园区形成了借鉴、创新、圆融及共赢的"园区经验",与"昆山之路""张家港精神"并称为苏州"三大法宝"。园区在开发建设的同时,大力扶持区域空间信息化的建设与发展,逐渐形成了以空间信息数据为核心的数字城市建设模式,建立了项目全生命周期的测绘跟踪服务体系,搭建了成熟、稳定的地理信息公共服务平台,并在此基础上助力园区率先建成"数字城市建设示范区",初步完成智慧园区的建设。

　　苏州工业园区,作为中外经济技术互利合作新形式的开创者,成功实现规划到现实的完美蜕变,成为国内外知名的产业园区,并形成了可复制的"园区经验"。苏州工业园区实施"走出去"战略,是苏州融入全球分工与区域合作体系,加快实现产业结构调整的必经之路,是苏州有效应对自身发展瓶颈的客观需要。如今的"园区经验",已乘风出海,发展成一种可在中国其他地方复制的模式。苏相合作区、苏宿工业园、苏通科技产业园、苏滁现代产业园以及与新疆伊犁哈萨克自治州共建霍尔果斯口岸开发区的设立,都在借鉴着苏州工业园区成功的模式。

　　在园区成立之初,1995年苏州工业园区管委会便成立了苏州工业园区测绘有限公司(以下简称"园区测绘"),为园区开发建设提供从规划、建设、土地、房产到竣工的全过程测绘跟踪服务。伴随园区的开发建设与发展,园区测绘也从一个传统的测绘单位发展成一个集测绘、地理信息服务、地理信息系统、信息智能化集成与开发为一体的数字城市整体解决方案的提供者。20年来,园区空间信息基础设施的建设与发展经历了四个阶段:数字化服务阶段,系统化服务阶段,信息化服务阶段,智慧化服务阶段。伴随着园区开发建设,园区测绘同步的数字化采集积累了丰富的空间地理信息资料。在完成农村向城市转换的过程中,园区测绘信息化测绘服务保证了规划蓝图的精准落地。同时又将建设成型的现代城市中的空间变化信息进行实时的数字化采集,建立与更新地理信息资源库。通过地理信息公共服务平台的协同共享,形成规划、建设、国土、房产、环

1

保、交通、城管等城市管理与业务应用系统。最终建成数字园区,迈入智慧园区建设阶段。空间信息的采集与建库,地理信息系统与平台建设为提升园区亲民、亲商、亲环境的服务水平和建立便捷、高效的公共服务体系作出了重要的贡献,也为今后高起点的实施信息化战略和智慧城市奠定了基础。因此,园区测绘成为园区软经验的重要载体之一。

园区测绘为了总结园区20年来空间信息建设发展的经验,同时也对园区测绘地理信息工作做个总结,组织编写了本书。本书在当前数字城市与智慧城市建设的背景下,立足园区城市空间信息建设方面的项目实践,一方面总结经验,另一方面促进交流,为从事数字城市、智慧城市建设的相关管理、规划、技术人员提供交流的现实案例。

全书共分为6章及1篇附录。

第1章"智慧园区简介"。介绍了园区的成立、成功的背景;园区经验的形成;数字城市与智慧城市建设的政策环境下空间信息建设在城市改革创新,可持续发展,产城融合及新型城镇化建设过程的价值。让读者了解到在园区开发建设管理的理念与发展历程中,空间信息建设成为园区经验的一部分,园区测绘是其载体之一。

第2章"空间信息建设的价值与意义"。介绍了测绘地理信息在园区开发建设、城市管理以及惠民利民等方面所起的支撑作用。

第3章"空间信息基础设施建设理论与技术"。对数字城市理论框架、智慧城市理论框架、测绘地理信息技术以及信息技术进行了介绍,并阐述了其在数字园区与智慧园区建设中的实践应用。

第4章"苏州工业园区空间信息基础设施建设标准规范与体系"。通过对相关政策、规范的列举,说明园区有着先进的理念同时也有着良好的政策环境,取得的成绩有组织和制度的保障;园区测绘的空间信息服务高起点,高要求,在衔接国际的、国家的相关标准的基础上,制定了一系列的地方空间信息标准体系。

第5章"应用案例"。分别从城市建设阶段、城市管理阶段、民生服务阶段提取几个大型案例,介绍其建设内容及成果,产生的社会、经济效益以及在城市或开发区发展不同阶段所发挥的巨大作用。

第6章"回顾与展望"。对园区测绘20年来的测绘地理信息工作与成绩进行回顾与总结,并对未来智慧园区的发展前景进行了展望。

附录部分为园区测绘20年发展大事记,让读者能够更多地了解公司成长的历程与所取得的成绩。

本书各章主要编写人员如下:第1章:范占永、蒋华;第2章:蒋华、范占永;第3章:叶宝、蔡东健、钱程扬、范占永;第4章:郭丽、叶宝、钱程扬;第5章:钱程扬、叶宝、郭丽;第6章:范占永;附录由王志亚整理;全书最终由范占永统稿。本书素材来自园区测绘历年承揽的各类科研与生产项目,项目组除上述编写人员外,核心成员包括陶虹、张蔚、吴志勤、甘立蹇、李大华、邱湫、鲍井林、王海斌、吴栋、康杰伟、刘亚、葛坤龙、李康旺、王峰、李炎寅、杨媛、蔡东健、张永超等，他们为本书的编写与整理提供了大量原创案例资料。

　　在本书的编写过程中，园区测绘特邀中国工程院宁津生院士、苏州工业园区管委会杨知评主任作序；特邀苏州工业园区规划建设局副总规划师奚长元、同济大学测绘与地理信息学院教授、博士生导师刘春等专家对本书的构思进行了指导并对终稿提出了宝贵意见；邀请国家信息中心、中国智慧城市发展研究中心单志广博士在智慧城市内容方面进行了指导；邀请苏州工业园区科技局许文清、李飞远、陈永财等领导在信息化内容方面进行了指导。本书部分项目案例来自苏州工业园区规划建设局，国土房产局，城市管理局，交巡警大队，教育局，社会事业局等局办的实施项目。本书得以出版自始至终得到了苏州工业园区国有企业董监事办公室朱平副主任的大力支持。同时，同济大学出版社为本书出版做了大量协调和组织工作，保障了本书顺利出版。在此，园区测绘对以上个人和单位致以真诚的感谢。

　　由于图书编写小组水平所限，本书研究成果和结论难免有不完善之处，恳切希望同行批评指正。

本书编写组

2015 年 12 月

目　录

第1章　智慧园区简介

　　苏州工业园区于1994年成立,作为中新合作项目,园区的建设发展借鉴了新加坡先进经验,经过20多年的发展,形成了借鉴、创新、圆融、共赢的园区独特经验,取得了令人瞩目的成绩。以空间信息为基础核心的信息化建设助力苏州工业园区从数字城市发展到智慧城市,成为园区经验的重要组成部分,其建设主体——苏州工业园区测绘地理信息有限公司因此成为园区经验的重要载体。目前,"智慧园区"的发展愿景正在逐步实现,苏州工业园区在全国的知名度逐步提升,"智慧园区"也正在成为苏州工业园区一个响亮的名片和品牌。

1.1　苏州工业园区介绍

1.1.1　成立的背景与取得的成就

1. 苏州工业园区的成立

　　苏州工业园区(简称"园区")于1994年2月经过国务院批准,同年5月正式成立,是中国和新加坡两国政府重要的合作项目。

　　园区位于苏州古城区东侧,东与昆山市交界,南与吴中区毗邻,北与相城区相接。园区行政区共278km²,其中,中新合作区80km²,下辖四个街道,常住人口约78.1万。园区规划图及6个转型发展主阵地如图1.1所示。

　　作为中新两国政府间重要的合作项目,园区开发建设一直得到党中央、国务院的高度重视和亲切关怀,中新双方建立了由两国副总理担任主席的中新联合协调理事会。1994年至今,已先后召开十多次联合协调理事会和中方理事会,国务院八次发文,在目标规划、管理授权、政策扶持等重大问题上给予直接指导和具体帮助,并明确"凡是符合改革方向的可在园区先行,一时看不准的也可在园区试行",为园区创造了"不特有特、比特更特"的发展环境。

　　园区注重发挥"中新合作"优势,经过20多年的高速发展,走出了一条科学发展、集约发展、和谐发展和可持续发展之路,正在成为先进产业的聚集地、外商投资的密集区和体制机制创新的先行区,已经成为一个初具国际竞争力的高科技工业园区。作为国家重点项目试验点,较好地发挥了改革开放"试验田"的功能。认真总结和推广苏州工业

注:01—独墅湖科教创新区;02—金鸡湖中央商务区;03—中新生态科技城;

04—综合保税区;05—三期高新产业区;06—阳澄湖生态旅游度假区

图 1.1　苏州工业园区转型发展主阵地规划

园区发展的成功经验,对提高国家级经济技术开发区的发展水平,更好地发挥苏州工业园区窗口、示范、辐射、带动作用具有重要意义。

园区致力于建设成为具有国际竞争力的高科技工业园区和现代化、国际化、信息化的生态型、创新型、幸福型新城区(图 1.2)。新时期,园区政府正积极进行项目结构优化,加快推进"退二进三、产业转型升级、建设三区三城"的步伐。在这种环境下,进一步

图 1.2　苏州工业园区金鸡湖一角

利用信息化技术,推进智慧园区建设,不断提升政府部门的科学决策与精细管理的能力,将成为园区发展的重要内容之一。

2. 园区建设的成果

1）经济实力显著提升

多年来,园区开发建设保持持续快速健康发展态势,主要经济指标年均增幅超过30%,取得了GDP超千亿元、累计上交各类税收超千亿元、实际利用外资（折合人民币）超千亿元、注册内资超千亿元"四个超千亿"的发展业绩,并连续多年名列"中国城市最具竞争力开发区"排序榜首,综合发展指数位居国家级开发区第二位,在国家级高新区排名居江苏省第一位。园区以占苏州市3.4%的土地、7.4%的人口创造了苏州市15%左右的经济总量,25%左右的注册外资、到账外资和进出口总额,已经成为苏州市经济社会发展的重要增长级。由此可观,园区已然成为中国经济深层次走向世界经济体制的样本。

2）产业结构进一步优化

园区积极抢抓全球产业布局调整机遇,大力开展择商选资,加快转变经济发展方式,提升发展质效。高端制造能级提升,累计吸引外资项目超5200个,实际利用外资267亿美元,其中91家世界500强企业在区内投资了150个项目;全区投资上亿美元项目139个,其中10亿美元以上项目7个,在电子信息、机械制造等方面形成了具有一定竞争力的产业集群,首期投资30亿美元的三星高世代液晶面板项目竣工投产。新兴产业迅速壮大,实施生物医药、纳米技术应用、云计算等战略性新兴产业发展计划,2014年实现新兴产业产值约2390亿元,占规模以上工业总产值比重达60.5%,成为全国唯一的"国家纳米高新技术产业化基地"。集约发展水平领先,坚持集约节约发展,注重生态环境保护和资源有效利用,万元GDP能耗为0.272吨标准煤,CO_2和SO_2排放量仅为全国平均水平的1/18和1/40,生态环保指标连续4年列全国开发区首位,成为全国首批"国家生态工业示范园区"。

3）创新比重显著增加,资源大量集聚

以独墅湖科教创新区为主阵地,大力推进"科技跨越计划"和"科技领军人才创业工程",加快建设创新型园区。创新资源日益丰富,R&D经费支出占GDP比重达3.4%（科技部火炬中心口径为5%）,累计建成各类科技载体超380万 m^2、公共技术服务平台30多个、国家级创新基地20多个,国际科技园、创意产业园、中新生态科技城、苏州纳米城等创新集群基本形成。创新主体加速集聚,每年新增科技项目约500个,拥有各类研发机构356个、国家高新技术企业554家;中科院苏州纳米所、国家纳米技术国际创新园等国家级创新工程加快推进;苏州纳米科技协同创新中心入选全国首批"高等学校创新能力提升计划";万人有效发明专利拥有量达57件,PCT国际专利申请136件;上市公司总数达 13 家,"新三板"挂牌企业 18 家。科技金融不断加强,国内首个"千人计划"创投中心暨东沙湖股权投资中心加快建设,管理资金规模超 600 亿元,国内规模最大的股权投资和创业投资母基金(国创母基金)运作顺利。一批科技支行、科技保险机构、小贷公司、科技金融超市、融资租赁公司落户,科技金融服务体系更加完善。

4)综合商务城建设快速推进

按照苏州中心城市"一核四城"发展定位,加快城市建设,促进城市繁荣。城市功能不断完善,园区坚持以高起点规划引领高水平开发,金融商贸区、科教创新区、国际商务区、旅游度假区等重点板块加快建设,东方之门、苏州中心、中南中心等多幢地标建筑加快推进。环金鸡湖区域正在成为苏州新的商业商务和文化中心,园区成为全国首个"国家商务旅游示范区",阳澄湖半岛旅游度假区获批为"省级旅游度假区"。服务产业倍增发展,服务业增加值占 GDP 比重达 40.8%;集聚金融和准金融机构 574 家,外资银行数量在全省排名第一;经认定的各级总部项目达 70 个。园区已成为全国服务贸易创新示范区、国家商务旅游示范区和省商贸金融集聚示范区,并成功获批开展国家现代服务业综合试点、跨境电子商务试点、贸易多元化试点。信息化水平显著提升,园区启动实施了数字城管、智能公交、智慧环保、智慧医疗等一批重点信息化项目,政务信息化、社会信息化、公众信息化、企业信息化水平显著提升,入选全国首批智慧城市试点,成为全国首个数字城市建设示范区、全省首个两化融合示范区。城市环境日益优化,园区积极实施美化亮化绿化工程,建成白塘植物园等一批开放式生态公园,其中绿地覆盖率达 45%;加强对阳澄湖等生态功能区的保护,区域环境质量综合指数达 97.4,整体通过 ISO 14000 认证。

5)体制机制创新再上台阶

加强先行先试探索,不断增创发展优势。中新合作持续深化,坚持"合作中有特色、学习中有发展、借鉴中有创新",推动中新双方合作迈上新台阶,园区获得了第一届新加坡"通商中国"企业奖,中新社会管理合作试点获评中国管理科学奖,中新跨境人民币 4 项试点业务稳步推进。改革探索不断加强,在物流通关、现代服务业、科技创新和生态环保等方面创造了多个全国"第一"和"唯一"。例如,全国首个综合保税区,首个"服务贸易创新示范基地",首个"鼓励技术先进型服务企业发展试点",首个"国家新型工业化产业示范基地"等,较好地发挥了改革开放"试验田"功能。国资实力持续壮大,着力优化调整国资产业结构、股权结构、治理结构、人才结构,创新市场运作模式,推进国企股权多元化、资产证券化。

在实现全区域城镇化的同时,园区在发展过程中注重实现园区原住居民的市民化。目前,园区所用土地上已基本实现了从农村形态管理体制向城市社区管理体制的成功转型,园区原住居民在动迁之后也充分享受到了新型城镇化建设后经济高速发展所带来的收益。园区通过 20 年的高速发展,农民人均收入增长了 9.1 倍,城乡居民收入比日渐缩小。同时,动迁原住居民安置已达到较高的标准,全部建成的安置社区均已达到城市社区的标准。园区在全市实现社区公共服务中心全覆盖,被征地的原住居民可以享受到与城市居民相同的公共服务。园区自成立以来,完成了相关公共设施,包括中小学校舍的新建、扩建,实现城乡社保全面并轨,原住居民从职业、居住、户籍等各个方面融入城市生活。

3. 园区先进的规划方法与理念

随着园区的发展和时代的变迁,园区规划不断调整不断修正。1994 版规划中,园区发展引用了新加坡"新镇"的编制概念,利用功能分区、邻里组团、"白地"、"公共中心轴线、城市设计、分等级层次的路网设计"和商业配套设施布局、适度超前高标准的基础设施配置等先进规划理念,有效指导了园区的规划建设。2001 版规划中,随着中国加入WTO,园区的产业结构、城市功能和区域布局都进行了相应的调整。园区在对首期规划进行检讨的基础上,对园区二、三区规划提出了改进和完善。该版规划强调扩展后的空间布局结构采用相对分散的"组团式"布局。提出了"一区、八组团"的空间布局,各组团集中发展,相互间以河湖水面、带状生态绿地分割,以城市干道相连,形成组团分明的布局形态。在近 13 年的发展后,园区已基本形成规模。此时,园区重新提出了发展定位和思路,提出了建设苏州东部新城的目标。主要规划目标和策略是:优化产业结构和空间布局,加强自主创新能力,提高核心竞争能力;率先实现发展模式转变,建设资源节约、环境优化型城市;形成具有国际竞争力的高新技术产业中心和现代服务业中心,建设适宜居住和创业的现代化、园林化、国际化新城。在近期一版的规划中,规划主要探索转型升级、内涵发展的新路径,建设经济、管理、文化、社会、生态发展水平全面协调现代化的新城区。由此可观,随着园区不断发展与相关政策的不断调整,园区规划不断贴合实际、贴合政策,为园区的发展指明了正确的方向。

4. 国家新型城镇化发展的样本

作为中新两国政府合作的第一个经济发展项目,苏州工业园区在发展过程中始终紧密贴合国家新型城镇化建设进程,并且在过去 20 多年间取得显著性进展。经过 20 多年的发展,苏州工业园区从鱼塘交错水横斜的郊外乡村,到成为如今苏州东部的现代化综合商务新城;从农业人口占全部人口总数的 88% 的农业村庄,到如今城镇化率高达96.4% 的新型城镇。而更为难得的是,在经济迅速发展的同时,园区土地上的原住居民也享受到了新型城镇化快速发展带来的收益。原住居民在过去的 20 多年中,人均纯收入涨幅达 9.1 倍,生活环境日益改善优化,动迁农民社会保障体制不断完善健全,保障水平不断提高。由此,苏州工业园区真正开辟了一条群众收入连续增加、公共服务均等化持续提升的城镇化发展新路,生动诠释了"以人为本"的新型城镇化发展的本质。

5. 产城结合的典范

与其他地方许多开发区建设相比,苏州工业园区在建设过程中并没有面临的产业孤立、缺乏经济活力等困境。这是由于在规划之初,苏州工业园区便以现代产城融合的发展理念引领,注重产业园区与城市新区建设同等进步的发展思路,成功开辟出一条"产城互融共荣"的新型城镇化道路。与其他开发区不同,园区从一开始就摒弃了单一发展工业的模式。在工业园区发展的早期,明确提出了建设"具有国际竞争能力的高科技工业园区和国际化、现代化、园林化的新城区"的发展目标。随着改革的不断深入,结合苏州中心城市发展新格局和工业园区发展的新变化,园区又将发展目标进一步提升为建设"具有全球竞争力的国际化、现代化、信息化高科技园区和可持续发展的创新型、生态型、幸福型综合商务城区"。与此同时,在城市建设理念上,建设了一批现代化景观设施,巧妙地实现了现代景观和苏州特色、现代化都市和传统古镇的有机结合。在城市功能布局优化方面,园区在建设过程中一直非常注重城市功能合理布局,构建形成了"4+3"商业布局体系,即"城市级商业中心、片区级商业中心、邻里级商业智能更新、居住小区配套商业"四层级城市商业体系,以及"特色商业街区、轨道交通枢纽商业、休闲旅游区商业"三类专业商贸功能区。正是由于这样先进的发展理念,决定了苏州工业园区的产业发展并不是单纯为了产业而不顾城镇发展格局,而是始终在城镇建设和产业发展相互协调的框架内考虑产业发展次序布局和方向。结合各个时间段不同的发展方向,适当调整城镇的功能定位,实现产业发展与城市建设二者的良性互动。

园区先进的发展理念,在早期园区处理与周边乡镇的关系便有所体现。与一般工业园区在进行经济发展时,先集中力量发展区内,再兼顾辐射乡镇的传统思路不同,苏州工业园区在进行中新合作区开发建设的同时,实行中新区与乡镇在城市规划、基础设施、产业布局等方面的全面对接。按照城乡一体化的标准,把周边各镇纳入区域整体布局和产业分工体系,做到全方面的区域对接,从根本上推进城市现代化和农村城市化进程。正是由于这样先进的发展理念,为苏州工业园区在更高层次上实现生产、生活、生态的有机结合,创造了极为有利的空间条件。

6. 智慧城市软环境建设的试点和示范

1)空间信息基础设施建设稳步推进

基础测绘信息服务持续优化。在空间基准方面,园区于2002年建成了园区及周边地区的厘米级大地水准面,使得园区测绘精度达到厘米级;于2006年建成了覆盖苏州全市的GPS连续运行参考站系统(CORS系统),为现代测绘地理空间框架、城市三维动态空间数据基准奠定基础,并被授权为苏州市唯一现代测绘基准,现有150多家使用单位,为园区、全市及周边城市提供GPS实时定位、差分定位等服务。在高程基准方面,园区规划建设局自2000年开始进行二等水准沉降观测,全方位监测园区区域沉降情况,经过

10 多年的持续联测,为园区现代测绘提供了统一、精确的高程基准。

目前,园区地理信息资源库涵盖园区 278km^2 的从地下到地上、从历史到现状、从二维到三维的海量地理信息数据,数据资源丰富、数据形式多样,形成地上、地表、地下一体化的立体空间管理体系,满足园区建设对地理空间信息在覆盖面、现势性、精细化以及业务协同应用等方面的需求,成为园区各部门信息化应用的公共地理资源(图1.3)。

图 1.3　园区 CBD 中心

2）数字城市建设示范效应显著

到目前为止,园区地理信息公共服务平台已发布了 678 个图层,约 4T 数据量,其中基础共享数据 136 个图层、部门间共享数据 259 个图层、部门内共享数据 283 个图层;服务于规划、建设、国土、房产、城管、交通、教育等 16 个部门的规划管理、建设监管、数字城管、智能交通、智慧教育等 43 个应用系统;平台年访问量达到 7000 多万次。基于共享地理信息数据和服务建设的园区税务地理信息系统先后获得了全省地税系统优秀创新项目、园区管委会 2013 年度重奖项目第一名;向公众发布公共服务地图;提供 24 小时在线的实时更新、全面、精准的地理信息云服务。

园区规划建设局为更好地共享地理信息资源,打破传统纸质文档和电子文档方式共享信息带来的不便,2010 年建成园区地理信息公共服务平台并正式上线运行。率先实现基于位置服务的地理信息资源的共享、随着园区规划建设业务信息的服务发布,后续地理信息资源库的持续建设和园区应用系统的不断接入,平台逐渐发展为提供园区地上地下空间信息一体化服务、城市规划-审批-现状信息一体化服务、跨部门业务阶段信息一体化服务的园区城市公共信息服务平台。

3) 智慧园区建设全面助力"四区一城"发展目标实现

苏州工业园区被誉为"一座设计出来的城市"。1993年4月新加坡市区重建局为园区编制了第一部概念规划"创建一个样板工业园镇——苏州东城发展新区初步规划报告",此后先后完成了四轮城市总体规划,基本实现了控规全覆盖,重点区域的城市设计基本完成。经过20多年的持续建设与更新维护,园区规划建设局建成了精准、全面、统一以及融合共享的精细化城市规划管理、建设监管和基础地理信息化服务体系,在国内最早建成了基础测绘、规划建设、地下管网等地理信息"一张图"。在园区发展过程中,各相关部门在地理信息"一张图"有力支撑下,避免了一般城市开发时1‰~3‰的土地资源浪费,杜绝了恶性超容积率的项目开发,大大降低了项目施工中造成的管线事故,优化了园区居民交通出行,使得苏州工业园区成了国内领先的美丽园区、宜居园区和创业园区。

2012年搭建起了"众智云集"平台。通过验收的"众智云集"计划扶持项目已经应用在园区公众服务、企业信息化等多个领域,呈现了"人人参与,共同受益"的信息化建设良性氛围,一座"智慧之城"渐行渐近。2013年初,住建部公布了首批国家智慧城市试点名单,苏州工业园区以高分入选,这标志着园区管理和服务信息化水平进入了一个新的阶段。

对于园区人来讲,信息化带来的是"高速"生活。近年来,园区信息基础设施水平持续提升,电信"城市光网"覆盖260个小区楼盘,互联网出口带宽达到40G;"无线园区"建成WiFi热点区域600多个,实现全区主要商务楼宇、公共场所免费接入;移动4G网络率先在区内开通试点,各运营商网络基站进一步实现共建共享,园区已成为苏州乃至全国通信网络覆盖密度、带宽速度均适度超前的区域之一。与此同时,智能公交、智慧教育、数字城管、智慧社区等平台的建设不断加速。

不仅如此,园区还积极利用信息化建设来推动亲商服务的可持续性。园区政务专有云数据中心持续完善,各部门政务计算资源进一步集中和归并,完成了智能公交、数字城管等系统的服务器资源并入,扎实打好了园区提供高效政务服务的基础。

2014年6月,苏州工业园区信息化办领导小组办公室发布《2013年苏州工业园区信息化建设与发展白皮书》,阐述了园区23个局办部门在电子政务、民生项目、顶层设计、产业升级、信息化培训等众多方面的努力与成果。信息化是一项集聚合力的事业,各类信息化培训、讲座、沙龙、网站、微信等多种形式活动不断开展,信息化联盟协会等社会组织积极参与。

1.1.2 借鉴新加坡经验

1994年5月,园区正式实施建设。在建设过程中,中新两国领导人和园区政府高度重视与全力支持,是园区建设发展的重要保障;园区结合我国国情,借鉴运用新加坡成功经验,是园区建设发展的重要力量。

借鉴新加坡经验,园区建设主要包括三个层次:第一,借鉴新加坡先进的规划理念。园区在进行城市规划、公共工程建设、公用事业、土地开发和管理、房地产开发和管理、环境保护、小城镇建设等规划层面全面借鉴新加坡经验。第二,学习新加坡的经济发展战略。在发展过程中,园区逐渐构建了网络化、系统化、多元化的招商体系,将招商体系与产业发展战略紧密贴合,形成格局一致的招商格局,最大程度实现园区经济快速发展。第三,参考新加坡公共行政管理经验,在卫生、治安、市镇和社区管理、法制、劳动管理、公务员管理、公积金管理、智绘国建设等方面形成健全合理的社会保障体系。

1. 城市规划建设理念超前

目前,苏州工业园区已经形成了完整科学的规划体系。根据区域发展总体目标,中新双方专家融合国际上城市发展的先进经验,联合编制完成了具有前瞻性的区域总体规划和详细规划;科学合理布局工业与各项城市功能,先后制定和完善了300多项专业规划,并确立了"先规划后建设、先地下后地上"的科学开发程序,形成了"执法从严"的规划管理制度。

"规划先行"大家耳熟能详,邻里中心建在哪里?路多宽?下面设哪些管网?这些都取决于规划。按照开发建设程序,园区形成了由西向东分片区开发的现代城市格局。同时,对给水、雨水、污水、电力、通信、供热及燃气等多个专业市政管线进行规划,还相继编制完成了商住区城市设计、中压配电网、防洪排涝、公共交通、环境卫生、生态园区建设等专项规划,慢行系统、地下空间、广告设置、绿地系统、雕塑景观等一批旨在提升城市形象的规划。这些规划经过信息化的测绘,建立了"电子档"——地理信息空间资源库,并构建了持续运维的数据更新机制,伴随今后的园区建设,地理信息数据系统将进行持续更新完善。

借鉴新加坡公共管理的先进理念,苏州工业园区建设的邻里中心,集商业服务和社会服务于一体,将所有社区服务设施,如便利店、酒店、农贸市场、卫生室等合理集中,不建路边店、宅下店。园区看不到沿街脏乱差等常见的"城市病"。

2. 招商体系特色鲜明

招商引资是工业园区的重点工程。借鉴新加坡在经济发展方面的先进理念和有效方法,园区逐渐完善了具有园区特色的招商体系。首先,园区搭建了与新加坡、欧美主流商圈良好的关系桥梁,并通过招商委员会、开发公司招商部、所属乡镇招商中心分别对招商计划进行设计和实施。其次,借鉴新加坡专业经验"一流的客商需要一流的招商员,专业的招商需要专业化的招商团队",园区形成了一支通晓理论体系的招商队伍。第三,借鉴新加坡把招商引资与产业发展战略密切结合的经验,园区的招商引资是实现了从"优惠政策招商"到"产业集群招商"的转变。形成了与发展战略相一致的格局。坚持高标准招商,针对园区要建成"具有世界水准的、类似新加坡裕廊工业园镇的现代化国际工业园区"的发展战略,园区从一开始就把招商目标定位在国际级大企业,从而成功引进了91家世界500强企业,德国英飞凌、美国国家半导体、英国葛兰素等一批欧美知名跨国公司的进驻无疑成为众多外企落户园区的强大磁场。同时,园区注重结构性招商,在进行招商引资的过程中注意优化产业结构,园区适时提出了"服务业倍增计划"并迅速把招商重心向服务业和科技领域倾斜。

3. 公共行政管理趋于完善,基础教育实现突破

园区开发主体由中新双方财团组成:中方财团由中粮、中远、中化、华能等14家国内大型企业集团出资组建;新方财团由新加坡政府控股公司、有实力的私人公司和一些著名跨国公司联合组成。管委会是园区的管理主体,下设16个职能局(办),工作人员面向全国招聘,并通过树立"亲商亲民"理念、增强一站式服务功能、实行社会服务承诺制等途径,初步形成了"精简、统一、效能"的服务型政府,"全过程、全方位、全天候"的服务体系,"公开、公正、公平"的市场秩序和"科学、规范、透明"的法制化环境。

强化了借鉴创新工作。按照国务院的有关精神,园区结合国情,在城市规划管理、经济发展和公共行政管理等方面,积极借鉴新加坡经验,累计派出1460多人次赴新加坡学习,编制实施了68项新的管理规章和实施细则,加快推进政府职能转变和管理创新,在城市规划建设管理、环境保护、社会保障、社区服务、一站式服务、职业培训等方面,建立了高效廉洁的服务型政府和全新的运行体制机制。

随着开发建设的快速推进,园区教育面临两大"硬任务":拆学校、建学校。"拆学校"中,园区先后撤并了80多所薄弱学校或办学点,异地新建了30多所中小学和幼儿园,完成了每一所乡镇学校的提升改造,办学条件达到了现代化学校标准。"建学校"中,园区以世界先进水平为目标超前谋划,按照适度高于江苏省现代化学校标准统一建设,教育技术装备全部按照江苏省一类标准配备。目前,园区有中小学35所、幼儿园51所,在校生人数7.9万人。科教创新区快速发展,累计入驻国内外知名院校23所,师生总数8.5万人。

持续加大投入力度,大手笔的规划,超前的高水准的学校建设,优化了教育布局,提升了教育现代化水平。在高水平通过省县(市、区)教育现代化水平评估验收反馈会上,专家一致认为:"园区教育发展起点高、机制活、理念新、视野宽、工作实;园区的教育现代化已初步实现了高位均衡,整体水平位于江苏前列。"现在,走进园区每一所学校,都会发现"校园环境一样美"、"教学设施一样全",让每个孩子都拥有均等的教育机会成为了现实。

4. 从新加坡经验到苏州经验的过渡

20多年来,园区开发建设最为人所称道的是规划:中新合作区80km^2(2006年前是70km^2)的版图规划,从零开始。这不是简单的蓝图描绘,也不是随意的意志构想,中新双方互派专家借鉴新加坡和国际先进城市规划建设经验,共同制定了富有前瞻性和科

学性的园区发展总体规划,编制实施了 300 多项专业规划,协调布局了工业、交通、商贸、居住、景观等各项城市功能。这宏大的版图规划,其实与每一个园区人,与每一个生活在这里的,每一个来到过这里的人都息息相关。所谓的"先规划后建设、先地下后地上",在今天看来是那么平实与自然,但放在 20 年前,对于处在探索十字路口的开发区建设来说绝对是处于领先地位的全新开发建设理念。

在中新两国政府、江苏省、苏州市的高度重视和中新合作双方的共同努力下,苏州工业园区借鉴新加坡在城市规划方面的经验,结合中国国情创建了许多新的规划方法和理念,和我国当时城市规划的做法有较大的不同,其规划的编制体系、方法和具体理念等实践活动形成了一些鲜明的特点。这些先进的规划方法和理念一直指导着园区建设快速推进和经济社会高水平发展,同时也在引领新型城镇化方面积累了丰富的经验。

1.1.3　园区经验是苏州的三大法宝之一

苏州工业园区在规划与发展过程中,形成了借鉴、创新、圆融、共赢的独特经验,这为园区今后的长远发展起到了关键的指导作用,也对相关开发区建设提供了借鉴。苏州工业园区测绘地理信息有限公司(简称"园区测绘")为园区数字城市和智慧城市建设所积累的协同、创新的实践也成为园区经验的重要组成部分。

1. 园区借鉴新加坡先进经验

1994 年,国务院正式批准苏州市同新加坡有关方面合作开发建设苏州工业园区。中新合作开发建设苏州工业园区,开创了中新合作的新模式。

苏州工业园区是苏州市的一个组成部分,在工业园区分别设立党的工作委员会和管理委员会,为副地市级建制,对工业园区及周边地区依法行使管理职能。园区管委会的主要职能是:根据国家法律法规和上级行政部门的授权,自主地行使园区周边地区行政管理和经济管理权;自主地、有选择地借鉴新加坡经济和公共管理经验;监督检查工业园区经济发展规划的实施;制定并组织实施园区周边地区经济和社会发展规划;加强社会管理职能,创造良好的社会发展环境,保证工业园区经济和建设的正常运行。

按照建立社会主义市场经济体制的要求,紧密结合中国国情,借鉴新加坡经验,解放思想,勇于开拓,用科学的办法管理苏州工业园区。按照"精简、统一、效能"的原则,设立精简的园区管理机构,不要求区内机构同上级机构对口设置,区外行政机构一般不在园区设立分支机构。工业园区的总体规划及其分期规划由中新双方共同编制,报省政府批准后由管委会监督实施。工业园区分区规划、控制性详细规划由管委会组织编制,报市政府批准后,由工业园区管委会组织实施。

可以说,作为中国和新加坡政府的重要合作项目,苏州工业园区开创了中外经济技术互利合作的新形式。在编制和实施规划的过程中,苏州工业园区充分借鉴了新加坡在城市规划管理、基础设施的开发和管理、土地和建筑开发等方面的先进经验,并紧密结合苏州市的实际,创造性地走出了一条独具特色的新路子。

2. 率先开展创新改革试验

当前,随着新一轮科技革命和产业变革,全球科技创新呈现新的发展态势和特征。高科技产业园区作为各国的创新前沿和核心区域,其创新水平成为决定各国创新竞争力的核心要素之一。密切贴合我国目前发展态势,根据国家战略需要,构建开放型创新体系,选择一些高科技产业园区开展创新改革试验,打造世界一流科技园区,对我国应对日趋激烈的国际科技竞争、加快实施创新驱动发展战略具有重要意义。

作为苏南地区中创新要素最为密集、新兴产业最为密集、对外开放始终走在最前列的地区,苏州工业园区经过 20 多年的发展,已经实现了创新资源的大量积聚。到目前为止,全区研发投入占 GDP 比重达 3.3%,拥有国家级研发机构 51 家、外资研发机构 147 家、国家级高新技术企业和技术先进性服务企业 665 家、各类科技型创新创业企业 5000 余家。日前,苏州工业园区在人才储备总量上已居全国开发区首位,具有率先开展创新改革试验的坚实基础。2015 年,经国务院正式批复同意,苏州工业园区成为全国首个开展开放创新综合试验区域。这也是国务院继 1994 年批复开发建设中新合作苏州工业园区之后,时隔 20 多年,第二次专门为园区发文,推动园区发展。这意味着苏州工业园区再度承担起全国开发区改革试验、开放创新的探路先锋重任。

3. 以“产城融合”为目标,以“生产生活和谐共融”为导向,实现圆融发展

1)“产城共荣”的发展模式

园区得以取得“产城共荣”的辉煌成就,得益于先进理念、合理规划、推进实业、智力汇聚、经验借鉴等要素的支撑。实行“产城融合”的先进发展理念,为园区更好的以工业集聚带动人口聚集,以人口集聚促进商气繁荣、带动区域整体提升和发展,为在更高层次上实现生产、生活、生态的有机结合,创造了极为有利的空间条件。

园区在建设之初,就充分借鉴了新加坡成熟的城市规划理念,将国际先进的城市规划设计理念引入园区,并结合当地地形地貌特征,共同构建国际化、现代化、园林化的新城区框架。中外专家联合编制区域总体规划和详细规划,科学布局工业、商贸、居住的各项城市功能,事后又陆续制定和完善了 300 多项专项规划,并形成了执法从严的规划管理制度。很大程度上,正是这种超前科学的规划和规划执行体系,为园区产城融合发展的顺利推进提供了重要的制度保障。在具体规划方面,一是做好规划把控的全局性。把乡镇规划放在整个行政区域的大背景下谋划设计,按照城市化的标准规划统一对乡镇基础设施、产业发展和教育、卫生、商业、文化、娱乐等社会事业资源进行优化整合和合理布局,同时对镇区商业中心、工业区、住宅区等各项功能进行科学合理布局。二是确保规划理念的前瞻性。从总体规划上确立了工业向基地集中、人口向社区集中、住房向城镇

的建设理念。三是创新并动态调整规划。园区规划体系也充分体现并处理了总体框架的一致性、指导性,与产城融合不同发展阶段园区定位、阶段性侧重点调整的相容性、延展性之间的相统一问题。

2)生态和谐的发展目标

在发展过程中,为了避免单纯追求 GDP 和产业发展而导致生态破坏、"产城分离"的现象再次发生,园区确立了打造低碳宜居城市,实现"生产生活生态的和谐共融"的发展目标。由于园区在发展的过程中始终强调规划引领发展这一理念,所以在规划过程中,无论是总体规划还是专项规划,都将绿色低碳作为规划建设的首要原则。在规划上,园区已形成了集商务办公、商业文化、居住休闲、科研开发等城市功能于一体的相对独立城区,有效避免了分散商业店面带来的油烟、噪声等扰民问题,也较好地协调了便捷与环保的问题。同时,园区在城镇化发展过程中,虽然规划涉及农民融入城市、基础设施、公共服务、产业发展、土地节约利用等多个方面,但是园区始终将绿色、低碳、宜居置于优先地位,使生态建设目标领先于其他所有城镇化维度的建设目标,确保了低碳宜居城区的建成。

4. 理念先进,高速发展,实现城乡共赢

鉴于先进的发展理念,园区自规划之初,就确立了"区内区外一个样"的发展目标。以此发展目标作为导向,并按照"区镇一体"的发展理念和"城乡一体化"的发展方向,园区自西向东实施了三轮大动迁、大建设和大安置,共动迁了 132 个行政村,建成 49 个新社区。经动迁后建立的安置社区规划设计一步到位,按照城乡完全一致的标准,同步提升农村基础设施、社区共建配套和生态环境建设水平。安置社区在建筑形态、立面色彩、空间布局、区内环境等方面均达到城市社区标准,与城市发展实现全面对接。同时,在园区发展过程中,坚持"以人为本"的理念,树立"农民市民一个样"的发展方向,并将之确立为建设标准,在建设过程中遵循"高起点、严要求",全面消除农民和市民的差别,使农民和市民在经济发展成果、社会建设成果和文化建设成果方面实行完全融合。在全面发展的基础上,坚持优先发展民生工程,全方位构筑动迁居民社会保障网和公共服务网,确保民生工程发展所需的各种资源都能及时、足量到位,确保居民在生活中实现"老有所养、病有所医、学有所教、住有所居"。

5. 数字城市建设经验成为园区亮点

园区成立之初,在借鉴新加坡经验的基础上提出了构建协同共享园区的目标,这也成为园区全面打造数字园区建设的雏形。通过 10 多年的建设与积累,于 2010 年,园区全面建成了基准统一、标准规范的地理信息资源库,开发了协同共享的地理信息公共服务平台,并基于地理信息服务最终形成了一套数据标准、一个数据中心、一套更新维护机制和一支专业敬业的服务队伍,为规划、建设、国土、房产、城管、交通等 16 个部门的

40多个系统提供着实时的服务。2011年,园区成为全国首个也是唯一没有经过试点直接授牌的"数字城市建设示范区"。

1.1.4 "走出去"的工业园区

1. 苏州工业园区的"走出去"战略工程

经过20多年的锤炼,中新两国合作典范的工业园区已成为中国最具竞争力的开发区之一。

"引进来"是园区开发建设这20多年来实现跨越式发展的创新和实践,迈开"走出去"步伐,是园区在不断深入转型升级的当下,放眼全省、全国乃至全世界,实现产业优化升级的必然要求,也是打造园区未来竞争力的自觉选择。实施"走出去"战略,是苏州融入全球分工与区域合作体系,加快实现产业结构调整的必经之路,是苏州有效应对自身发展瓶颈的客观需要。

苏州工业园区的"走出去"方式主要是以输出先进开发经验和理念为主,注重管理理念、管理模式、开发机制的充分转移,这种特殊的"走出去"方式在全国也较为少见,它的形成主要得益于苏州工业园区自身取得的巨大成功,这种"走出去"为当地经济社会发展环境产生了外生变量,并在植入后却产生了极强的内生效应。

中新联合协调理事会第15次会议上,中新双方一致提出,苏州工业园区要提高"走出去"成效,深化开发合作,拓展发展空间,积极推广和辐射园区借鉴新加坡经验的成果,展示园区品牌,实现合作共赢。

2. 可复制的"园区经验"

在借鉴苏州工业园区"高效管理"、"规划先行"等理念的指引下,各"走出去"项目均在计划内甚至超前完成了高标准的基础实施、高起点的城市规划布局。

如今的"园区经验",已"乘风出海",发展成一种可在中国其他地方复制的模式。苏相合作区、苏宿工业园、苏通科技产业园、苏滁现代产业园以及与新疆伊犁哈萨克自治州共建霍尔果斯口岸开发区的设立,都在借鉴着苏州工业园区成功的模式。

苏州工业园区第一个走出去的项目——苏宿工业园,于2006年12月正式启动共建,现已成为江苏省南北合作的一流示范园区,苏州工业园区在宿迁的"浓缩版",实现了实际到账外资全市份额第一、财政一般预算收入税收占比全市最高、全市首家实现环保五个"100%"、在全市引进宿迁首家期货项目等30多项"第一、唯一",在全省共建园区中率先获批省级开发区,并连续多年位列全省共建园区考核第一。苏宿工业园区成为苏州工业园区开发建设以来的首次"软件"整体"打包"对外输出的样本。园区测绘作为"园区经验"软环境建设的核心支撑,从顶层设计到分阶段实施,再到运维机制建设,全面参与了智慧苏宿园区的建设,打造了江苏省首个集"地理库、法人库、人口库"融合应用的智慧苏宿城市公共服务平台,得到了宿迁市政府领导的高度肯定,并建议在宿迁市其他城市推广应用。

安徽省为落实国家"加快泛长三角区域合作"的战略目标,推进国家级皖江城市带承接产业转移示范区建设,在借鉴中新合作建设苏州工业园区的成功经验,引进先进的规划建设理念和与国际接轨的管理体制机制,在滁州复制一个苏州工业园区,于 2011 年 12 月 27 日正式与苏州工业园区联姻,共同合作开发苏滁现代产业园项目。这也意味着安徽省滁州市成为苏州工业园区"走出"江苏省、与省外城市联手"再造"一个苏州工业园的首个合作者。根据规划,苏滁现代产业园的基础设施投资将超过 100 亿元,通过复制苏州工业园区的成功经验,以产业化促进城市化、城市化提升产业化,未来一个 GDP 达 700 亿~1000 亿元的新园区将屹立在皖东大地。苏州工业园区精确、高效、全面的现代测绘地理信息服务作为园区科学、高速开发建设与精细管理不可或缺的技术支撑,是园区成功借鉴新加坡经验的重要组成部分。为了实现这一成功经验的整体复制,园区测绘与苏滁现代产业园管委会签订了智慧苏滁建设战略合作协议。通过几年的发展,苏滁现代产业园数字城市框架体系已基本建成,建立了涉及规划、建设、土地、房产等城市建设全生命周期测绘与地理信息跟踪服务体系,并为各管理环节的审批或登记发证提供依据,同时实现城市变化空间信息的实时采集与更新;建立了涉及城市建设、城市管理与决策支持的权威、统一、共享的地理信息空间资源库及城市公共服务平台,实现了地理信息资源在空间上(地表、地下)、时间上(过去、现在、未来)以及跨部门业务的协调统一和集成共享,大大提升了政府审批服务的效能,营造了高效、便捷的招商环境。

2012 年 1 月 11 日,苏州工业园区—相城区合作经济开发区(简称"苏相合作区")正式揭牌。揭牌当日,就有 16 个项目进行集中签约,累计总投资 77 亿元,7 个先进制造业项目、1 个五星级酒店项目同时开工,总投资 24.5 亿元。作为园区 2012 年"走出去"一号工程的"苏相合作区"项目实现了完美开局,开创了苏州区域经济合作新模式。借助"天时、地利、人和"的区位优势,园区测绘全程参与到苏相合作区城市建设、城市管理的多个环节,打破信息孤岛,打造了苏相合作区精准、高效、权威的协同共享办公环境,形成了一套完善的数据、系统更新运维的机制,服务于桌面端和移动端各类系统的应用。城市建设有了强有力的技术作为支撑,城市规划得以精确落地。目前,苏相合作区"九通一平"基本到位,主要道路节点景观改造工程确定设计方案,居住、商业等城市功能逐步增强,城市形态得到进一步优化提升,集聚大项目、承载大产业的载体优势日益明显。

"园区经验"异地实践和成功发展的历程,也是一个借鉴、吸收、运用园区成功经验,并与当地实际"圆融"的过程。谁持彩练当空舞,怀揣梦想的园区测绘人"走出去",在大江南北复制"园区经验",舞出了精彩,也舞出了城市未来。

1.2 数字园区到智慧园区的宏观环境

1.2.1 数字城市的理念政策与数字园区发展

1. "数字城市"的理念

随着人类文明的进步与发展,信息化是社会经济发展的必然趋势,信息化指标在经济建设与社会发展中的地位和作用与日俱增。城市信息化程度是随着信息技术的发展而不断发展变化的。在20世纪90年代后,随着互联网技术、地理信息系统技术的发展及其在政府管理中的应用,数字城市的概念被广泛的提及。数字城市意在通过网络通信科技技术,借助电子化、自动化平台,实现政府各单位数据库的连接与整合,并建立数字化、网络化的政府信息系统。由此可见,"数字城市"是城市信息化发展到一定阶段的产物。

"数字城市"的概念,分为广义和狭义两种。广义上的"数字城市",是指城市信息化。即通过多媒体网络信息、地理信息系统等基础设施平台的搭建,整合城市数字信息资源,以此为基础,实现城市的信息化。通过资源共享,建立城市电子政府、电子商务、电子社区平台,最终实现远程教育、网上医疗、信息家电等信息化社区的建立。而狭义的"数字城市"概念是指利用"数字城市"理论,基于地理信息系统、全球定位导航系统、遥感等测绘行业技术,深入开发和应用空间信息资源,建设服务于城市规划、城市建设和管理,服务于政府管理、社会运营、企业发展,服务于经济社会可持续发展、资源人口调控的信息基础设施和信息系统,其本质是建设空间信息基础设施并在其基础上开发一系列基于空间信息的应用平台,整合应用各种信息资源。"数字城市"不单是利用测绘科技在计算机上实现虚拟城市的建立,再现全城的数字信息分布与实时状态,更为重要的是,"数字城市"要对各类测绘信息进行专题分析,通过数据融合与交流,促进城市不同部门、不同层次之间的信息共享与交流,进而对全市的所有信息进行综合分析与研究。利用现代化科技,可以在宏观上制定城市的整体布局和发展战略。

2. "数字园区"的理念

随着现代化进程的加快,苏州工业园区的城市面貌,在20年间已经发生了翻天覆地的变化。作为一片高新技术荟萃、中外企业聚集的区域,苏州工业园区引领潮流,进一步发挥信息资源统筹建设、综合利用的整体优势,打造一座数字城市,成为当前工作一大重点。近年来,园区测绘通过引进新加坡先进的理念和相关系统,逐渐形成了以地理信息数据为核心的工作模式,搭建了成熟、稳定的地理信息平台。20多年来,一面开发建设,一面收集丰富的空间地理信息资料,在完成农村向城市转化的过程中,园区建成了一个强大丰富的地理信息资源库,在此基础上衍生出规划、测绘、建设、国土、环保、房地产交易等业务应用系统,信息多部门共享,多年来,不断加大对地理信息资源的挖掘与分析力度,将全区各部门基于地理信息的应用统一纳入数字城市地理信息公共服务平台,并形成了集数据支持、信息共享、系统开发及平台于一体的、颇具园区特色的"数字园区"模式(图 1.4)。该模式为提升园区亲民、亲商、亲环境和便捷、高效的服务做出了重要的贡献,也为今后高起点实施信息化战略奠定了基础。

图 1.4　园区地理信息公共服务平台

3. 国内外发展形势

数字城市是城市信息化的发展趋势,也是推动整个地区乃至国家信息化的重要手段。数字城市的建设已经成为一座城市现代化程度与城市综合实力的重要组成部分。自数字城市的概念提出以来,世界上各个国家地区根据地区实际情况,相继提出了适合本国发展数字城市的构想。数字城市的概念很快就在城市建设、公共服务、政府规划决策等方面得到广泛的应用。目前,数字城市的理念已经在全世界得到深入的推进。

1) 国内数字城市发展特色

基于目前我国数字城市建设发展状况,当前数字城市的发展主要涵盖了以下三个方面的特征:

(1) 目前,国内数字城市建设已经建立了覆盖完整、内容形式丰富的基础地理信息数据体系。在数字城市地理空间框架的建设中,通过正射影像图、数字高程模型等三维数据的采集、更新和完善,建立各个地区完整的基础地理信息数据库,实现对全部数字信息的专题化和集成化管理。

（2）公共地理信息平台的建立，使得数字信息资源得到了充分的共享和利用。平台的建立与信息的整合，实现了多尺度、多方向、多类型的地理信息数据的在线应用和服务，包括在线地图、在线导航、二次开发等多种服务模式。多种维度的信息使用保证了多领域、跨平台的数字地理信息应用需求。同时，应用公共地理信息平台，实现了地理信息在社会管理工作中的资源配置和管理，大量的社会信息得到整合，为政府部门制定各项发展战略提供了强有力的支持。

（3）应用目前的测绘技术，已实现建设过程中数字城市三维立体化展示。以真实丰富的三维地理信息数据为基础，三维立体化的展示使城市发展始终处于可视化环境，为分析解决全局性问题提供了及时、可靠、宏观的信息展示。

2）国外数字城市建设

苏州工业园区在建设过程中，大量借鉴了新加坡数字城市建设理念。由此在介绍国外数字城市建设时，本节将以新加坡为例，简要介绍国外数字城市建设。

作为起步较早的城市，早在 20 世纪 80 年代，新加坡总理李光耀就已经提出了"新加坡要建设成为具有非常先进的电子基础设备的计算机化国家"。在往后 30 年的不断建设过程中，新加坡制定了 6 个明确的目标。为了支持战略计划的顺利实施，同时编制了 5 个电子政务的总体规划。

新加坡数字城市建设经历了三个阶段的实施过程：第一阶段实现了全社会的计算机化；第二阶段在第一阶段的基础上，实现城市信息互联互通和数据共享；第三阶段实现了信息的整合与多维度利用。2006 年，新加坡政府启动的"智慧国 2015"计划，在数字城市建设上有很多值得我们借鉴的经验：提升资源整合的管理，实现城市数字信息的共享和网络的融合。

回顾新加坡发展历史，其在"数字城市"方面有以下几个特点。

（1）新加坡较早制定了具有时代特点的战略规划，同时确保规划与实施层面可以进行有机结合。规划从国家层面对数字城市的发展进行具有前瞻性的部署，保持政策的持续推动，同时也确保在具体实施过程中，规划可以有条不紊地进行。

（2）新加坡利用信息化技术推动城市管理精细化发展。在推进数字城市发展的过程中，新加坡注重平衡城市资源的有效配置、管理成本及社会群体的利益需求不同这三个方面问题。通过信息化与精细化管理的有效结合，实现了三个方面问题的有效统一。

（3）重视基础性工作的持续性发展，夯实发展基础。政府各项信息化建设都是在基础设施的基础上进行初步建立与完善的，如今，新加坡的居民都可以通过其唯一的身份认证，在政府统一的公共信息化服务平台上获得各类政府公共服务。电子政务功能趋于便民，信息化服务平台完成基本的搭建。

4. 苏州工业园区"数字化"发展状况

苏州工业园区管理委员会自 1994 年园区建立之初，就把信息化作为政府工作的重要内容之一。国家"十二五规划"对于信息化建设更是做了进一步的要求与阐释,城市"数字化"建设这一次被赋予了更深层次的意义,即进一步加强信息化对城市的服务功能,让城市更美好。

苏州工业园区一直以来都是信息化的排头兵。自园区建立以来,伴随着经济的发展壮大,在信息化推进小组的推动下,园区的信息产业持续快速发展,园区被国家测绘地理信息局授予全国首个"数字城市建设示范区"称号,所呈现的丰富地理数据资源以及基于地理空间的信息共享模式,都成为"数字园区"开发建设的成功经验,这标志着园区测绘公司参与建设的数字城市整体解决方案取得了巨大成功。

苏州工业园区不仅构建了以地理空间为基础的信息资源集中、交换、共享新模式,并建立了以地理信息公共服务平台为核心,提供基于地理空间分析与信息融合的综合性、专业化的服务模式。平台展示中,大到政府部门访问记录、大市范围定位功能,小到对园区规划、土地、建设、房产等建设进行全方位、全过程的跟踪,甚至地下管线、路灯控制、道路广告、行道树种的属性信息,均有详细的数据信息显示(图 1.5)。

图 1.5　建筑单体信息

5. 园区测绘在数字城市建设中的实例

随着城市建设和管理的精细化程度、应用深度广度的不断发展,园区对地理信息服务能力提出了新的要求,城市地理信息公共服务平台应运而生。正是因为这样的"精细化",该平台在政府服务方面显示出很强的功能,对政府各职能部门的日常工作做了较多的辅助。例如,园区高铁新城进行"优二进三"动迁工作的时候正是利用了该平台提供的辖区内企业的位置、单位用地面积、建筑面积等信息,结合法人库数据分析出各企业对园区的贡献值,在此基础上对辖区内的企业进行了针对性动迁,实现了政府的科学决策。

园区测绘公司地理信息公共服务平台极大地推动了园区"数字化"建设,使得园区这个现代化城市更加美好。但是园区测绘并没有满足于现状,依然在积极推广现有项目在建设理念、应用技术和管理上的创新点,让城市建设、社会发展更科学、更精致,让社会、居民更多地享受"数字城市"地理信息公共服务平台的应用与价值。

事实上,园区公共信息服务平台已经实现了共享地理信息资源管理子系统建设与信息实时聚合更新,实现了平台运维管理子系统与服务管理子系统的建设与日常化运维,实现了测绘、规划、建设、城管、交巡警、环保等 10 多个部门日常业务密切协同,为土地调查、经济普查、人口普查等重大社会调查提供了全面地理信息支持,支撑了园区城市空间的精细利用与日常化的高效管理,维护了园区城市地理信息在时间、空间与业务过程中的协调统一。图 1.6 为数字城市平台——苏州独墅湖科教创新区三维示意图。

图 1.6　苏州独墅湖科教创新区

1.2.2　智慧城市的理念政策与智慧园区发展

园区从 1994 年成立之初,就受新加坡于 1992 年制定的 IT2000—智慧岛计划(1992—1999 年)理念的影响,信息化建设、数字园区、智慧园区的设计结合本土特点进行了创新,形成了以空间信息为基础的智慧园区建设顶层设计。

1．"智慧城市"理念

"智慧城市"的这一概念最早于 2006 年由 IBM 公司首先发起,由于这个概念被认为抓住了城市发展的本质,所以概念一经提出便受到了城市研究领域的广泛追捧。当前,全球智慧城市建设速度不断加快,以智能化为特征的新一代信息技术在医疗、教育、交通、城市管理、能源、政府服务和公共安全等方面的智能实践和应用效果已然十分凸显。由此可观,智慧城市势必将成为全球城市发展的战略选择,城市的智能性也将成为城市间竞争的制高点。

目前,人们将"智慧城市"定义为在物联网、云计算等新一代信息技术的支撑下,形成的一种新型信息化的城市形态,而这种生活形态能够使城市为市内居民提供更为便捷的生活方式。由此可观,"智慧城市"更多地体现了一种城市服务的高级形态,这种服务可能表现在包括数字城管、社会管理、规划建设、人防管理、交通旅游、水利水文、人口卫生、市政管理、综合管网、城市照明等诸多方面。从更为深远的角度考量,由"数字城市"向"智慧城市"发展,智慧城市的服务将满足于政府、企业、公众的社会化需求并实现各种需求的智能化和相应的智能化决策支撑。

2．新型城镇化规划对智慧城市的要求

通过学习《国家新型城镇化规划(2014—2020 年)》不难发现,智慧园区建设的内容和已取得的成绩符合当前国家提出的新型城镇化建设规划纲要精神。该纲要是在典型的成功的经验中总结出建设智慧城市的理念,而园区过去 20 年的发展历程就是在实践智慧城市的理念,是其总结的典型成功案例之一。

在《国家信息城镇化规划(2014—2020 年)》中,着重强调了统筹城市发展的物质资源、信息资源和智力资源的综合利用,强化了信息网络、数据中心等信息基础设施建设。促进跨部门、跨行业、跨地区的政务信息共享和业务协同,强化信息资源社会化开发利用,推广智慧化信息应用和信息服务,促进城市规划管理信息化、基础设施智能化、公共服务便捷化、产业发展现代化、社会治理精细化。增强城市要害信息系统和关键信息资源的安全保障能力。

其中,新型城镇化建设对智慧城市要求包含以下六个方向。

(1)信息网络宽带化。智慧城市的建设推进宽带到户和"光进铜退",实现光纤网络基本覆盖城市家庭,城市宽带接入能力达到 50Mbps,50％家庭达到 100Mbps,发达城市部分家庭达到 1Gbps。加快推动 4G 网络建设,城市公共热点区域无线局域网覆盖。

(2)规划管理信息化。发展数字化城市管理,推动平台建设和功能拓展,建立城市统一的地理空间信息平台及建(构)筑物数据库,构建智慧城市公共信息平台,统筹推进城市规划、国土利用、城市管网、园林绿化、环境保护等市政基础设施管理的数字化和精准化。

(3)基础设施智能化。发展智能交通,实现交通诱导、智慧控制、调度管理和应急处理的智能化;发展智能电网,支持分布式能源的接入、居民和企业用电的智能管理;发展智能水务,构建覆盖供水全过程、保障供水质量安全的智能供排水和污水处理系统;发展智能管网,实现城市地下空间、地下管网的信息化管理和运行监控智能化;发展智能建筑,实现建筑设施、设备、节能、安全的智慧化管控。

(4)公共服务便捷化。建立跨部门跨地区的业务协同、共建共享的公共服务信息服务体系,利用信息技术,创新发展城市教育、就业、社保、养老、医疗和文化的服务模式。

(5)产业发展现代化。加快传统产业信息化改造,推进制造模式向数字化、网络化、智能化、服务化转变。积极发展信息服务业,推动电子商务和物流信息化集成发展,创新并培育新型业态。

(6)社会治理精细化。在市场监管、环境监管、信用服务、应急保障、治安防控、公共安全等社会治理领域,深化信息应用,建立完善相关信息服务体系,创新社会治理方式。

3. 苏州工业园智慧园区基础设施发展

目前,苏州工业园区已完成以下智慧园区基础设施指标。

(1)信息化基础设施建设进一步完善。电信、广电等宽带信息网络、高清数字电视网络已覆盖全区,光纤入户、城市光网建设全面展开,互联网出口带宽 40G;移动网络覆盖密度苏州市领先,建成基站 500 多个;在江苏省率先试点户外 WiFi 覆盖,建成 AP 4000 多个,热点区域 600 多个,实现全区主要商务楼宇、公共场所 WiFi 免费接入,形成了覆盖广泛、高速便捷的基础网络环境。按照国际最高标准建成了亚洲首个 Tier IV 级数据中心,最大可提供 1200 万亿次计算能力、42 万 T 存储能力,成为智慧园区建设的主要运营支撑平台。

(2)政务信息化建设成效显著。电子政务建设全面进入资源整合、协同共享的新阶段,建成覆盖全区、400 多个节点的电子政务专网和全国首个电子政务专有云;建成近百个业务系统,不断完善法人、地理、人口等基础信息数据库,并与各系统实现共享互通;建成地理信息公共服务平台、数字城管平台、食品安全监管平台、政企沟通平台、社区综合管理平台等一大批公共信息平台,其中,地理信息公共服务平台持续 20 年动态更新,建成 670 多个图层,对接 43 个系统,为 16 个部门提供服务,年点击量超过 7000 万次。率先在国内探索和实现了电子政务建设向云模式的转变。

(3)社会及公众信息化应用不断深入。以"惠民便民"为宗旨,不断加强信息化手段在社会及公众服务的建设和应用。在苏州市率先启用智能公交系统,智能交通管控系统,数字城管系统;启用基于"物联网"技术的智慧环保系统,设立 468 个监控点,实现了污染源在线监测及环境质量预警监测;建成以居民健康档案为核心的区域卫生信息平台,实现"我的健康我管理";不断提升劳动社保信息化服务水平,实现"应网尽网",每天网上处理业务 1.8 万条;全区科技、教育、文化、人才等领域信息化建设不断加强。

（4）企业信息化应用水平快速提升。以需求和项目为导向，以平台建设为抓手，搭建技术服务平台、电子商务平台、IP 融合通信试验网等各类多个公共服务平台，在国内率先开展以 SaaS 模式为特色的中小企业信息化推进工作，建成了华东地区最大的云服务中心；大力推进两化深度融合，获批成为省首个"两化融合示范区"；初步形成了信息技术服务企业集群、融合通信企业集群、电子商务企业集群、云计算企业集群，新兴信息产业正在成为园区新的经济增长点。

现在，苏州工业园区以国家首批智慧城市试点建设为契机，继续积极适应"新产业、新技术、新业态、新模式"的发展趋势，全面构建"三网、三库、三通、九枢纽"的智慧城市应用架构，形成"基础设施畅达易用、城市管理协同高效、公众服务整合创新、智慧产业快速发展"智慧城市运营体系，创新"以信息化推进新型工业化、以信息化推进城市化、以信息化推进现代化"的智慧城市发展模式，将园区建成全国领先的信息化高科技园区和国际一流的智慧型城区。

4. 智慧园区的顶层设计

智慧城市的实质是城市文化、经济、政治生活知识化、信息化的过程，并逐步实现基于网络基础的智慧感知。在苏州工业园区的发展过程中，以需求为驱动的园区信息化基础设施建设逐步完善，智慧园区对未来城市发展的规划逐步走向顶层设计。

园区通过结合当前信息化建设的现状，以"十三五"信息化发展规划为纲领，对园区今后发展进行有针对性的需求分析，并从产业基础、产业趋势和产业问题着手，从智慧产业角度出发，分析智慧产业的发展体系、发展步骤和中间关键环节。在此基础上，园区搭建城市信息公共服务平台，基于云计算、物联网、GIS 技术等高新科技，解决数据知识化的问题，推动智慧园区的精细化管理和精致化生活。

1.3 智慧园区的发展与空间信息建设的关系

1.3.1 空间信息基础设施成为园区创新改革试验载体

1. 国家政策

在国家层面来看，对新区建设的创新能力提出了很高的要求，需要准确把握创新驱动发展的总体方向，紧紧围绕"创新驱动发展引领区、深化科技体制改革试验区、区域创新一体化先行区"的战略定位，加强顶层设计和整体谋划，积极探索自主创新的有效路径。苏州市充分发挥国家高新区的核心载体作用，支持苏州工业园区引领发展、苏州高新区突破发展、昆山高新区特色发展，使高新园区成为全市创新驱动发展的强大引擎，以点带面放大辐射示范效应，激发区域创新活力。同时，深化体制机制改革创新，强化科技同经济对接、创新成果同产业对接、创新项目同现实生产力对接、研发人员创新劳动同其利益收入对接,形成有利于出创新成果、有利于创新成果产业化的新机制。聚焦创新一体化布局和产业特色发展,加强科技资源整合集聚和开放共享,优化创新布局,强化协同效应,提升区域创新体系整体效能,构建全市整体发展新优势。

2. 背景

根据高点定位,建设苏南国家自主创新示范区核心区的发展政策设立苏南国家自主创新示范区,是党中央、国务院着眼实施创新驱动发展全局做出的一项重大决策,也是我国首个以城市群为基本单元的自主创新示范区。习近平总书记视察江苏时特别指出,"要用好这些优势和机遇,以只争朝夕的紧迫感,切实把创新抓出成效"。目前,苏州正处在改革发展关键时期,打造苏南国家自主创新示范区的核心区既是苏州实施创新驱动战略、继续走在前列的努力方向,也是破解发展瓶颈、实现经济转型升级、提高经济发展质量和效益的重要抓手。全市各地各部门深刻认识到苏南国家自主创新示范区建设的重大意义,树立强烈的机遇意识,切实增强使命感、责任感和紧迫感,以只争朝夕、敢于担当的精气神,必将把苏南国家自主创新示范区核心区建设好。

3. 园区建设

空间信息基础设施在园区的建设过程中提供了先导服务,城市建设是建立在地理空间基础框架之上的。园区测绘作为空间基础设施的建设者即是苏州工业园区建设的参与者也是其创新改革的载体,记录和承载了园区 20 年的建设经验,凝聚了园区经验的精华。园区规划、建设、管理、运营的数据,系统沉淀到园区测绘这个载体,经过整理、分析、开发再反作用推动园区的建设。园区开放的理念与制度环境成就了园区测绘,园区测绘这个园区信息化建设的载体并不是简单的"硬件设施",而是理念与技术的结合,独特的"软经验"。实践证明这套软经验是可复制的。

园区借鉴新加坡经验,结合自身特点,走出了一条极不平凡的新型城镇化新路,取得了率先发展、科学发展、高端发展、和谐发展的硕果。这一独特发展新路径为城镇化的后发地区提供了极为有益的参考。园区 20 年来能够取得斐然的成绩,是园区改革创新和"先试先行"政策共同作用的结果。

1.3.2 空间信息服务满足园区精细化管理,可持续发展需求

1. 国家政策

2015 年,我国首次发布《工业和信息化蓝皮书》,其中涵盖了《世界信息化发展报告》。报告从电子政务、互联网创新社会服务、智慧城市、信息技术助力绿色可持续发展、互联网改变媒体传播方式等方面阐述了近年来世界信息化的主要进展,并对未来几年中国乃至世界信息化发展趋势进行了展望和预测。由此可见,国家对空间信息服务对可持续发展的支撑作用是非常认可的。我国将人力支持空间信息基础设施建设,着重推进城市智能化发

展,打造传统产业升级,开放数据为政府打造"以公民为中心"的政治服务体系。

2. 园区建设

空间信息服务贯穿了城市的建设、管理和运营的全过程,"记录历史","掌握现状","预测未来"。通过测绘记录汇总园区的历史信息,并在数据库中保留,在将来通过系统追溯还原任何时段的建设情况;通过测绘采集数据实时更新到系统中,让所有的决策层均可以随时随地查看园区建设发展的动态信息,方便对项目现状的掌控;并可以通过对历史和现况数据的正确分析,对未来发展方向,空间发展趋势等方面进行合理的预测。利用先进信息化技术对工程项目建设全过程实施精细化管理,从技术层面上实现多规合一,定性管理到定量管理,以实现土地价值最大化。

创新科技发展,通过"三大库"的建设,为社会管理打造基础平台。苏州工业园区的"三大库",包括人口库、地理信息库、法人库。子系统则包括海关、医疗、教育、公积金等。空间信息服务在园区建设中发挥了强大的管理作用,如根据地理信息库中的数据,可以清晰地了解到园区目前的绿化率,甚至可以细化到某一树种的数量。在政府实施过程中,可以根据人口数据指导周围的配套设施,如公园、学校等公共设施数量是否饱和,并可以为规划提供更为科学合理的建议。在交通运营方面,信息数据 CT 分析系统,能根据监控将容易拥堵或事故多发路段挑选出来,并动态分析原因,交警可通过数据信息及时调整交通指挥策略。

1.3.3 数字园区建设助力园区产城融合与产业转型升级

1. 国家政策

"产城融合"的提出,主要还是因为城镇化进程中产业发展与城市建设的分离,造成了城市化的低效率和产业区不能持续发展的窘境。因此,在新城建设、工业园区建设、城镇化进程中必须树立产城共生共荣的理念。毕竟,产业是城市发展的基础,城市是产业发展的载体,城镇化与非农产业发展存在着内在的紧密联系。没有非农产业支撑的城市只能是"空城",而没有城市依托,再高端的产业也只能"空转"。在"产城融合"中,要形成产业结构转型升级与城市功能优化提升之间的互促关系,既要以产业发展为城市功能优化提升提供经济支撑,更要以城市发展为产业转型升级创造优越的要素和市场环境,两者共同服务于人类文明的进步。

2. 背景

20 世纪 90 年代我国各地兴起的开发区、工业园区建设,极大地加速了我国的工业化发展进程,拉大了城市的生长骨架,拓展了城镇发展的新空间,为地方经济社会发展注入了新能量、新资源与新活力。作为这段改革发展历史进程的一个重要参与者和见证者,发端于中国与新加坡政府合作项目的苏州工业园区,成功地走出了一条产业发展欣欣向荣与城市功能升级优化协调并进的高水平城镇化发展道路,为我国改革新阶段新型城镇化国家战略的推进,为城镇化发展的后进地区审慎避开"产城分离"的窘境,为新城区和开发区的建设者们反思、破解并走出新区建设经常出现的"生活空间发展落后于生产空间发展,城市功能建设滞后于产业功能发展,社会事业发展滞后于经济增长发展"的低水平城镇化困局,提供了极为有益的参考和弥足珍贵的先行经验。

3. 园区建设

数字园区的建设为园区城市空间的优化提供了技术的支撑。工业园区之所以取得如此大的成功,科学合理的规划是其中的重要因素,同时通过数字园区建设辅助城市规划政策从空间层面配置相关经济社会活动的布局,从空间信息层面加强土地政策与规划政策之间的紧密关联,既发挥土地政策对社会经济活动的宏观调控作用,也要通过相应的城市规划政策,引导产业聚集与合理布局,才能实现产业的转型与升级。通过 GIS 的技术结合企业的税收,能耗数据可以分析土地的开发强度和实际的产业状况,为转型决策提供定量数据支持。

从 1994 年苏州工业园区打下第一根桩开始,园区的主要经济指标一直保持着年均 30% 的增长速度。在这一惊人的数字背后,凝聚的是园区在产业结构战略性调整上所做的不懈努力。近年来,园区着力引进对产业结构优化升级极其关键和引领带动作用的重大项目,积极培育自助品牌,提升产业能级,逐步形成了以电子信息、机械装备为主导的高端制造产业格局。从最初的制造业起家,到构筑高端制造新格局,这是一种抢抓机遇并不断创新的魄力。

近年来,在欧美"再工业化"战略的推动下,园区加快转变经济发展方式,大力提升发展质效,向高端制造业挺进。微软(亚洲)互联网研究院苏州分院等优质项目落户,海格新能源客车基地、微创骨科医疗等高端项目开工,每一个项目都彰显出园区高端制造业能级的提升。

机械装备产业是制造业的重要组成部分,被称为"工业之母",但也常常被看作是缺乏核心竞争力的产业。园区作为一个制造业基础雄厚的区域,发展知识技术密集、产品领域高精尖、高附加值的机械装备业已成为整个区域升级和转型的必由之路。依托重点行业、重点项目,推进行业整体技术水平提升和内部经营模式转变,突破产业分散弱小现状,加快机械制造由单一制造向系统集成为主转变,最终形成以规模总装企业为核心,企业相互配套,互为依托较为完整的机械制造体系。

未来,园区机械装备产业发展将聚焦三个重点方向:大力引进符合产业方向的龙头企业及专有配套企业;主动引导现有企业提升产业内涵;积极引进并培育自主创新的本土科技企业。

再看制造业的另一个重要领域——电子信息产业,目前园区已经形成了集成电路、平板显示、计算机及外设、电子元器件及材料、通信设备制造五大行业,成为国内外有重要影响力的电子信息制造业基地。正视这一产业外向依赖度过高、附加值偏低等弱势,园区明确了优化提升电子信息制造业转型方向:在适度提升规模的基础上,更加注重提升质量,着眼高端制造、系统集成、营运总部和研发中心四大发展方向。

产城共荣阶段的产业转型升级,也对园区的城区功能分类、发展定位、载体建设、生产要素统筹配置和区域一体化发展提出了更加细致精准的要求。和之前的"以产兴城"阶段的辐射带动等相对较粗的发展理念不同,产城共荣阶段中的区域城镇面临二次创业发展的挑战,需要在分区块功能定位、社会服务一体化、软性发展要素提升及行政管理体系改革方面下足功夫。这方面,2008 年以来,城市发展则从硬件建设转向软件与功能完善,东环路沿线、综合保税区两大门户提升工程东西呼应,环金鸡湖金融商贸区、独墅湖科教创新区、阳澄湖半岛旅游度假区三湖板块南北联动,总部经济、金融商业、旅游度假、物流会展、文化创意各大功能要素百花齐放,在品质文化创意产业和创新智力的汇聚方面都做了积极而有效的探索和实践。近年来,园区信息化水平显著提升,实施了智能公交、数字城管、智慧环保、国科数据中心等一批重点信息化项目,政务信息化、社会信息化、公众信息化、企业信息化水平显著提升,为园区城区软性实力的提升,品质、品牌建设和气质塑造发挥了积极的作用。而从 2005 年以来推进的新一轮的区镇一体化建设,以及 2012 年启动的镇改街道,让原有乡镇转变职能,更加注重社会治理和社会服务功能的建设,体现了区镇功能在新城镇化发展阶段得到更积极地调整和更精准的再定位。

1.3.4 智慧园区建设引导园区成为新型城镇化典型示范

1. 国家政策

智慧城市是信息城镇化建设的重要内容之一。《国家新型城镇化规划》明确提出推进智慧城市建设,要求统筹城市发展的物质资源、信息资源和治理资源利用,推动物联网、云计算、大数据等新一代信息技术创新应用,实现与城市社会经济发展深度融合,新型城镇化建设的持续深入将带动智慧城市建设不断推广完善。

2. 背景

苏州位于长三角核心地区,人口密集,经济发展迅速。作为城乡一体化试点,苏州始终把新型城镇化放在重要的战略位置。随着智慧园区的迅速发展,智慧园区从突出规划引领、信息化统筹城乡产业、完善基础设施、深化体制改革等多方面出发,探索具有苏州特色的新型城镇化发展之路。从智慧园区建设的角度引领园区城镇化发展。

3. 园区建设

智慧园区建设充分发挥了信息技术在提升效率、降低成本、拉动消费、转型升级、创新支撑、公共服务均等化等方面的重要作用。园区的实践证明新型城镇化需要"智慧城市"建设思维的引领。园区智慧城市建设最大特色就是在以地理信息公共平台为支撑的城市资源精细化管理和政府部门信息高度互通共享的优势基础上，进一步实现了对城市资源的动态感知和实时监控、对城市信息的深度分析和整合应用，对城市运营的高效管理和协作服务。将园区建设成为具有全球竞争力的国际化、现代化、信息化高科技园区和可持续发展的创新型、生态型、幸福型新城区。

园区广泛借鉴新加坡等先进国家和地区的成功经验，在中新两国政府的全力支持下，坚持以城镇化为引领，遵循城市国际化发展规律，结合工业化与城镇化，基本现代化与城市国际化互动并进的发展路径，实现了园区由农村形态向城市形态、工业化初期向后工业化阶段的巨大跨越，并率先全面建成小康社会，基本实现现代化。在城镇化进程上，园区破解了中国城镇化中面临的难题，实现了经济的城镇化和人的城镇化同步发展，融入并走在了世界城市主方向的前列。园区为中国加快推进工业化、城镇化提供了一种有益的借鉴和探索。

自成立以来，园区经历了基于新型工业化的农村城镇化阶段（1994—2004年）和基于经济国际化的城市现代化阶段（2005年至今）。2005年，园区在国内开发区中率先实施转型升级，相继制定了制造业升级、服务业倍增、科技创新跨越、生态优先、幸福社区等"九大行动计划"。经过近年来的发展，园区已经融入世界城市发展的前列。

第 2 章 空间信息建设的价值与意义

空间地理信息,即地理空间框架,是智慧城市中最为重要的组成部分,是园区信息化的根本性信息资源。发展空间信息基础设施建设,整合社会、空间、经济等信息内容,是建设智慧园区的必然内容。同样,空间信息基础设施建设对产城融合新城区不同发展阶段有着不同的支撑作用,也对测绘地理信息有着不同的需求。

地理信息作为战略新兴产业,苏州工业园区测绘地理信息有限公司在园区建设管理中担负着采集、整合地理信息,运营城市公共服务平台,完善智慧园区数据服务、信息服务、决策支持的重要任务。在智慧园区的发展过程中,园区测绘为苏州工业园区的城市规划、建设、运营和管理提供了全方位的空间信息服务。

2.1 智绘园区——为城市建设提供空间数据服务

2.1.1 实现"多规合一"资源集约化

"多规合一"中的"一"并非指最终合为一个规划,而是指合为一个城市空间,在同一个城市地理空间框架下,做好产业规划与城市规划、土地规划和园区规划等多种规划的衔接,夯实"多规合一"的空间定位技术支撑,避免了城市总体规划、土地利用规划与产业发展规划的矛盾直接导致土地和产业等不能有效衔接,造成规划用地指标提前超支、透支等问题。特别是空间规划体系,形成统一的、扎实的、基于空间地理信息技术应用的工作基础,谋求高效、精准和可持续的空间规划管理。实现了一个基准,一套体系,一个服务单位为规划、土地、城乡一体化提供空间技术支持。

1. 多规合一的建设背景

土地资源是土地利用规划的核心,城市规划本身重点关注内容之一就是空间布局问题,国民经济和社会发展规划也越来越注重运用空间手段对城市经济社会发展进行调控,这符合市场经济的潮流。城市中的交通网络、环境生态、空间布局等区域性内容和空间内容,越来越成为政府规划的重点,经济社会发展的行为和布局问题,也必须和空间资源结合起来,才能落实经济社会发展规划目标。

虽然城乡总体规划与国民经济发展规划、土地利用规划三大规划职能明确,但由于三大规划独立编制,部门之间缺乏协调配合,导致长期以来三大战略规划存在内容不一致、相互衔接差等缺陷,不能有效起到空间统筹、优化开发和耕地保护的作用。特别在城乡土地利用上的诸多矛盾,给城市发展的落实和日常建设项目审批管理均带来了极大的困难。由此,在数字城市地理空间框架的建设基础上,以城市空间为核心,加强城市规划、国民经济和社会发展规划、国土规划、人口规划的统筹管理,整合规划资源、加强规划之间的协调成为必然。

2. 多规合一的技术支撑

航天航空遥感技术,具有无须接触目标本身而对目标进行量测,并且可以同时实现大范围的数据采集的技术特点。园区每年通过高分辨率航天航空影像记录园区开发建设的进程,同时测绘跟踪形成了专业地形图和电子地图,为各政府部门提供了直观的决策平台。在采集大范围基础地理信息数据时通过遥感获取的数据不单含有基础测绘所需的地理信息数据,还包含了对应城市"人口、环境、资源、灾害"四大问题的重要信息,人们在这些信息中获得值得研究的几何信息和光谱信息。利用遥感影像获取城市基础地理数据时,可包括正射影像图、数字线划图、数字高程模型、数字专题地图等。而获取的地理信息数据可包括道路、建筑物、构筑物、水体等专题信息。在获取专题信息之后,通过数据处理,可获得不同种类不同规格的专题地图和专项信息,用以满足不同使用单位的需求。同时,对于城市土地利用现状的调查也是对相应地区遥感影像的应用。按照《城市用地分类与规划建设用地标准》,划分相应的城市建设用地,使用多源多时相影像,对土地变化以及利用现状进行分析,并可以利用数据的比较对各类土地的用地面积、分布、变化情况进行判断并进行合理的预估。通过科学的研究,可以在数字城市应用中判断城市布局是否合理,为城市制定相应的规划、建设和管理决策服务。通过对比不同时期的遥感数据,可以实现对环境要素的实时监控。由于环境要素日益受到人们的重视,使得遥感技术在这个领域发挥了越来越大的作用。当前,利用高分辨率航空航天影像对固定废气污染物、大气污染等环境污染进行监测已成为监测的主要方法。同样是利用不同时期遥感数据进行对比,遥感数据提取,在城市规划方面的作用则更为凸显。在大范围遥感信息上,可以从宏观上对城市动态进行把握,了解实时情况,掌握全部动态发展趋势,从根本上解决城市规划方面的遇到的问题。

多规合一研究工作的主要内容包括各类专题数据资源的整合和建设,并基于各类专题数据,利用数据分析模型进行融合和叠加分析,对现状进行总结,发现问题,指导相关管理和规划工作。

1)分析单元划分

多规合一的分析单元划分主要是将地理空间的现状使用情况划分为行政办公地块、事业单位地块、企业单位地块、居住小区地块、军事单位地块以及其他地块。

2）分析数据内容

基于划分单元地块,并结合多规合一的分析需要,分析数据主要包括人口数据、用地数据、建筑数据和经济数据,具体内容如下。

（1）人口数据。主要包括居住人口、流动人口和工作人口的数据、户籍情况、受教育情况、年龄构成、文化程度、居住地等数据。

（2）用地数据。主要包括规划用地性质、实际用地土地权属、实际用地土地权属单位类型、实际用地规划审批情况等数据。

（3）建筑数据。主要包括总体建筑面积、楼房规模、平房规模、建设年代、最高建筑高度、占地面积等数据。

（4）经济数据。主要包括产业分类、单位性质、行业分类、人均国内生产总值、地均国内生产总值、总纳税额、人均纳税额、地均纳税额、国税、地税等数据。

3）多规合一分析

以最小划分单元为分析对象,以获取专题数据为基础,利用数据分析模型进行社区、街道（乡镇）、区县,以及市区等不同区域级别的分析工作。包括人口分析、用地分析、建筑分析和经济分析以及综合分析等。总之,利用多规合一进行分析,在区域可容纳人口、可容纳就业人口、人口密度、人口老龄化、用地结构优化、外来人口受教育程度与税收贡献关联度、居住用地规模与配套教育用地规模合理性、居住与商业用地规模合理性、经营性用地与税收贡献关联度等多种辅助多规向着更加合理和科学的方向发展提供了宝贵的基础性资料,为了进一步优化规划方案和规划实施提供了参照依据。

3. 多规合一的效果

1）规划结果不断优化,使用率大幅提升

（1）园区建设用地规划结构不断优化。据统计年鉴,到 2013 年,全区建设用地规划总面积达到 17584.25 公顷。各类用地规划中,除工业、文体、公共设施用地有小幅建设外,其余各类用地规划面积均有所增加,其中商业金融增加显著,绿地为新增项目。具体来看,工业工地 5700.26 公顷,居住用地 3867.53 公顷,道路用地 3317.06 公顷,文体用地 5700.26 公顷,公共设施用地 560.34 公顷,商业金融用地 1052.94 公顷,绿地 1996.04 公顷,备用地 106.67 公顷,行政办公用地 56.69 公顷,医疗用地 50.53 公顷。商业金融规划用地的增加和工业规划用地的建设,体现出园区产业结构升级,从而引发土地利用效率的增加;绿地规规划的增加是园区土地利用规划中对生态效益的关注。

（2）园区建设用地使用率大幅提升。据统计年鉴,各类用地使用率均显著提高,除公共设施和医疗卫生用地外,其余各类用地使用率均在 70% 以上。其中,道路用地使用率为 95.35%,工业用地使用率为 92.08%,居住用地使用率为 86.73%,绿地使用率为 83.20%,行政办公使用率为 79.98%,问题用地使用率为 78.75%,医疗卫生用地使用率为 76.01%,

商业金融用地使用率为70.86%,公共设施用地使用率为51.27%,备用地使用率为39.34%。土地使用率的提升得益于元气科学与精心的管理,是土地利用集约化与高效化的重要指标之一。

2)土地投入强度显著增加

(1)地均投资总额。园区从1994年以来土地投入大幅上升,2013年园区投资总额达到16.89亿美元。地均投资总额从1994年的每平方公里90.6万美元增长到2013年的每平方公里607.7万美元,分别在2004年和2007年达到高峰,地均投资总额超过每平方公里3000万美元。

(2)地均固定资产投资完成额。投资中的全社会固定投资完成额呈逐年递增的趋势,从1994年的6.79亿元增长到2013年的742.23亿元。全社会地均固定投资完成额从1994年的每平方公里的250.7万元增长到2013年的每平方公里2.67亿元,增长超百倍。具体到各个行业,制造业地均固定投资完成额持续快速增长,2008年起逐渐回落;基础设施地均固定资产投资完成额2006年之前平稳增长,2006—2008年显著下滑,2009年增长突破峰值后回落;房地产与其他三产项目的地均固定资产投资完成额在2005年左右快速上升,2009年起已超过制造业和基础设施的完成额。据统计,2013年园区制造业地均固定资产投资额为每平方公里0.58亿元,基础设施地均固定资产投资完成额为每平方公里0.21亿元,房地产地均固定资产投资完成额为每平方公里0.63亿元,其他三产项目地均谷底投资完成额为每平方公里1.26亿元。

3)土地产出效益明显

从政府收益来看,园区20年来税收与财政收入飞速增长。地均公共财政预算由1994年的每平方公里7.7万元增长到2013年的每平方公里7442.5万元,显著增长近千倍;规模以上工业企业地均利税总额1998年为每平方公里-177.7万元,之后在1999年增加为正值每平方公里71.2万元,随后持续快速增长,到2013年达每平方公里11896.7万元。总的来说,园区从1994年发展至今土地集约化利用的经济效益显著增长。

2.1.2 保证规划落地的精准化

土地是一切社会经济活动的载体,对城市建设规划的管理,最终将归结为对城市建设用地管理。作为一座设计出来的城市,苏州工业园区实现土地资源利用全过程跟踪服务精确落地,数字化验收,确保城区建设按规划精准进行。同时,秉承土地集约化的重要原则,园区在土地利用建设规划方面不断优化,土地使用率持续提升。伴随着建设不断深入,类型不断增加,实现园区建设用地管理,在实地放样过程中严格遵守详规,成为园区测绘十分重要的工作。园区在建设用地的规划、管理和决策上,逐步迈向更加科学化、精细化的方向。

目前,在实现落地精准化方面,苏州工业园区依托空间数据处理平台,主要实现以下几个功能。

(1)实现数据资源的全面整合,并且实现各类专题信息的综合性查询。园区建立土地资源综合信息数据库,完成各类数据的入库,实现对土地资源综合信息的集成化管理,综合资源包括基础地理信息数据、规划编制数据、行政审批管理数据及地籍管理数据。在此基础上,园区实现对建设用地相关数据的综合查询,包括进行多条件查询,设置空间范围条件、用地规划条件等。

(2)结合详规对可利用建设用地进行筛选并进行数据更新。依照控制性详细规划,结合用地的规划性质、现状建设情况、在用地的规划性质、现状建设情况等实际情况,苏州工业园区对园区内部土地进行复杂的空间分析,对目前可利用地进行筛选得出目前具有开发潜质的建设性用地,并对园区范围内可建设用地资源的现状信息进行动态更新维护,从而对建设项目的选址、用地审批、土地资源利用与开发提供支撑服务。

(3)建设项目选址并实现精准落地。园区通过对重点建设项目进行综合分析,结合对可利用土地资源的统一规划,分析具体选址要求,确定项目的具体方位。同时,在项目实施过程中,通过统一的空间定位基准利用先进的测绘手段对土地利用进行精准定位,确保项目依照土地详规进行施工建设。由此,园区建设在土地利用上实现落地精准化。

(4)土地储备与供应信息的动态维护。土地储备与供应的规划管理是要以城市总体规划为依据,确定土地储备、供应的基础原则、空间布局、功能结构,为国土部门制定土地储备和供应计划提供规划依据。控制土地整理储备和供应的时序,保证城市土地资源的开发利用与城市发展的规划要求相协调的工作,测绘地理信息基础数据对于该项工作的统计、分析和决策十分重要。

2.1.3 实现土地利用效益最大化

提高城镇建设用地利用效率是城镇化进程中的一个难题。园区较好地处理了这个问题,在统一空间基准的基础上,建立国土"一张图",规划"一张图",实现土地开发利用的数字化管理,地块与地块间的统一规划,无缝对接,在确保城市功能不断完善的情况下,实现了土地的集约化利用。

首先,土地利用规划结构不断优化。一是园区建设用地结构不断优化,从而带来土地利用效率的增加;绿地规划的增加体现了园区土地利用规划中对生态效益的关注。二是园区建设用地使用率大幅提升。建设用地使用率是土地利用集约化与高效化的重要指标之一。

再次,土地投入显著增强。一是地均投资总额显著增加。土地集约化利用强调单位面积的高产出,高产出的前提之一是要有高强度的土地投入。二是全社会固定资产投资完成额呈逐年递增的趋势,从 1994 年的 6.79 亿元增长到 2013 年的 742.23 亿元。三是作为促进土地集约化利用的重要方面,单位土地创造的就业也逐年增加。2004 年园区地均累计就业人口每平方公里 723.2 人,逐年增长后在 2013 年达到每平方公里 2498.7 人。

第三,土地产出效益显著提高。园区地区生产总值从 1994 年的 11.32 亿元增长到 2014 年的 1910 亿元。

随着发展的要求,苏州工业园区开始迅猛发展和快速扩张:从 1996 年的 6 399.66 公顷到 2006 年的 9 208.73 公顷再到 2013 年的 15 275.64 公顷。在这样的大背景下,苏州工业园区开始采取具体的方式来进行土地集约化利用。

1. 运用先进的理念,科学规划土地利用

1)"两先两后"理念

按照"先规划后建设、先地下后地上"的规划定位和科学发展程序进行,避免基础设施建设的盲目性和随机性。在苏州工业园区成立之初,由于借鉴了新加坡经验,确立了"先地下后地上"的建设原则。在道路建设的同时,公用管线同步建设到位并入地下,在建设之初便达到"九通一平"的城市标准。综合管廊也是园区基础设施建设超前的一个创举,使地下管线实现了统一规划、建设与管理,有利于节约用地、方便维修、减少开挖,对于城市的可持续发展,以及合理利用城市地下空间具有重要意义。

2)"三高一低"理念

坚持"高起点规划、高强度投入、高标准建设和最大限度地降低对环境不良影响"的原则。

高起点规划,要求在园区进行规划时,充分考虑园区未来的发展需求,在规划中注重市政项目规划的科学性和前瞻性。在规划过程中,不仅考虑现实需求,而且将未来可能的发展需要考虑进来。如在进行供电规划时,配电网电压等级采用 20 kV 电压,使输配电电压等级从原有的三级减少为二级,供电能力提高一倍,大量节约了变电站建设所需土地,减少线路损耗。在进行燃气规划过程中,对气源的选取进行科学的考量,依照考量,规划没有采取当时普遍采用的水煤气和液化石油气,而是采取了与天然气性质相似的代用天然气,节约了高额管网改造费用和相关社会成本。在规划公共基础设施方面,基础设施配置容量、主要指标指标和安全可靠性完全按照国际标准确立,并规划相对独立的自来水厂、污水处理厂、燃气门站、热电厂,在根本上减少影响区域公用事业供给安全和稳定的环节。公共事业源厂和管网的运行,也完全依托现代化技术所运营的安全运行监控系统。

高强度投入,主要体现在以下两个方面:一是建设规模按规划需求适度超前;二是严格按国际一流的规划设计标准建设,严格遵守设计标准。以高强度投入作为标准,体现高起点规划的超前意识。

高标准建设，即指在实施规划过程中，确保质量，技术关卡，要求基础设施主要装备和材料必须达到国际先进水平，公用事业源厂、管网工程所需的主要设备、材料严格按照国际标准进行掌控，实行管材准入制，从源头上控制管网质量。

2. 珍惜土地资源，多渠道节约利用

（1）开创"清淤、治水、取土、扩地"相结合的土地综合开发新模式。例如，从金鸡湖清淤、取土、填补需要建设的区域。对湖底进行清淤取土，用于低洼地、沼泽地的填土，避免低利用率的挖废耕地 1.5 万多亩。避免挖废的耕地相当于新增用地 $10km^2$。以此方法，不仅有效解决了湖区清淤的问题，同时为园区扩地提供所需的土料。

（2）实施动迁工程。土地资源对于工业园区发展十分重要。园区开发之前，中新双方就确定了"空产开发"，即对需要开发的土地上要完全没有建筑物，以便于在规划中可以对土地进行统一重新规划。为了最大程度对土地进行利用，园区对范围内原有的 16 万散居农民进行动迁安置，对原住居民进行统一搬迁、统一安置。同时，园区为安置后的居民建设新社区，并保障和完善社会保障水平。园区从建设初期便开始执行实施动迁工程，自 1994 年起，园区取消了农村宅基地审批，结合动迁安置，集中规划了 10 多个小区，原先占地 $20km^2$ 的宅基地和村庄用地集中到 $6km^2$ 以内的集镇社区中，节约了大量农村生活占地。目前，园区成功拆迁的工程为园区的发展提供了宝贵的土地资源，是园区实施土地集约化的前提。

（3）鼓励各类建筑向高发展。根据土地稀缺的状况，适当提高各类建筑的容积率。园区土地的容积率，从最开始的 1 提高到现在的 2.2 左右。同时，规定了中新合作区内二层以上标准厂房应占到 80% 左右，乡镇应占到 20% 以上，目前区内正在尝试建设 4～8 层的标准厂房。在住宅方面，园区鼓励农民动迁用房向高发展，并对建设小区的动迁房给予一定的补贴。

（4）集中建设生活配套设施。借鉴新加坡公共管理先进理念之一的邻里中心，建设综合公共服务社会商业地带，集中了商业服务和社会服务，将所有社区服务设施全部合理集中，并进行组合发展。这样不仅节约了土地资源，而且也实现了便民服务与区容区貌、城市交通、人均环境高度统一。

（5）探索长期开发地块短期出租模式。借鉴新加坡滨海商业中心模式，对区内土地商业附加值增加很快的中心区域的部分开发地块实行 6 年左右的短期商业出租，同时严格按城市规划标准进行设计审核，确保质量和形态，这样既繁荣了人气、商气，形成了城市形态，又确保了总体规划，解决了城市规划远期目标和近期市场需求之间的矛盾，最大化地利用了土地资源。

2.1.4 推进工程建设透明化

苏州工业园区结合地形现状,利用湖底清淤、填土建设地块,通过测绘技术保证总填挖量的平衡,在填挖过程中进行土石方计量,为工程结算提供第三方监理测绘服务,保证了工程计量的公平性。在工程开工前的规划验线,工程竣工的后的规划竣工测量,记录了工程建设各阶段的状况,为政府审批提供数据支持,同时将数据入库形成地理信息资源库,对各类工程建设中的数据形成可追溯性。竣工验收图真实地记录了各种建筑物、构筑物的竣工后属性,是后期对项目进行维护、改建、扩建的重要依据,再进行地理信息资源入库后,将作为园区建筑的主要档案之一。目前,园区建设不断扩张,建筑市场不断扩大,规划验收的工作对于园区建设将尤为重要,只有严格验收,并将资料入库,才能使园区建设有迹可循。

园区在推进工程建设方面具有一定的灵活性和可操作性。在维护总体规划方向不变的前提下,结合实际情况,对推进的工程进行实时观测,做到及时调整、及时维护。应用信息化数据平台,将数字技术直接应用于建筑工程中,通过创建模型、并对多期模型进行比对,对建设项目进行设计、建造和运营管理。工程建设过程中,始终保持对建(构)筑物的观测,使工程信息实现同步更新。同时,工程建设的透明化也为规划提供了数据真实性与保障性。针对具有不确定性的未利用土地,园区在规划之初便确立了未来发展用地与保留地,主要是为公共配套和市政设施用地,为未来的需求提供了很大的发展空间。

2.1.5 实现城市变迁直观化

随着航天航空遥感技术的应用和发展,持续对园区地理信息数据以及人口、环境、资源、灾害等重要信息进行获取和监测。园区每年都进行航空摄影获得园区的高分辨率影像,直观地反映园区每年的建设现状。在大范围遥感信息上,可以从宏观上对城市动态和城市变迁进行把握,了解实时情况,更加直观化地掌握全部动态发展趋势。例如,使用多源多时影像,对土地变化以及利用现状进行分析,并可以利用数据的比较可以对各类土地的用地面积、分布、变化情况进行判断并进行合理的预估。

依托地理信息公共服务平台,苏州工业园区实现了对城市变迁进程的直观化,其内容主要包括:历年的航空影像;地块使用情况变迁;人口数据、用地数据、建筑数据和经济数据的变化,等等。

2.1.6 保证测绘信息服务一体化

园区在成立之初就建立了测绘一体化的服务理念和模式。测绘信息服务一体化包含了两个方面的内容：一是测绘服务的一体化；二是地理信息服务的一体化。

　　园区测绘在统一空间基准的基础上，承揽了园区内的所有规划测绘、土地测绘、房产测绘、工程测绘、基础测绘等业务类型，建立了基于建设项目的全生命周期测绘跟踪服务体系，为园区的开发建设提供了一站式的测绘服务，既提高了测绘效率，节约了测绘资源，还采集了全面的空间地理信息及业务信息。完成了覆盖园区 278km^2 GPSD、E级控制网、III 等水准网、1:500 数字化地形图、卫星遥感影像图、正射影像图等基础数据成果；完成了园区勘界、行政村界线调查、企事业单位地籍测量、农民宅基地测量、土地利用分类调查、出让、转让、划拨土地等土地测量工作，园区内的房产测量工作，规划测绘验收工作，基于这些年的测绘采集，园区构建了统一的基础地理信息资源库，积累了内容丰富的空间专题数据。

　　园区地理信息资源库具有"精确覆盖"、"无缝整合"、"协同共享"、"开放融合"的特色，首先全方位覆盖园区 278km^2 的地理信息，并建立起了日常更新机制，成为园区空间全覆盖、权威的地理信息资源；其次，实现了"四个一体化"的无缝整合，即二三维一体化、地上地下一体化、规划现状一体化、跨部门业务阶段一体化；并通过发布的 679 个图层服务，实现了园区 16 个部门 50 多个应用系统的数据整合和协同共享；与法人、人口两库融合，落地人口、法人空间信息，支撑园区智慧城市的科学规划布局、高效精细管理。这些数据及应用的积累为园区地理信息进一步发展打下了坚实的基础。将地理信息集成为系统，并在电脑中真实展现土地、规划、房产以及地下管线等所有信息，让规划、房产、市政等相关部门管理工作通过系统实现高效运作与长效管理。

　　园区的地理信息平台，大到整个园区，小到某一个细节，某个项目的周边环境，地上地下有什么样的建筑，全部可以在这个平台上看得清清楚楚（图 2.1）。想查看某个小区内具体到某套房子的采光及能看到的景致等情况，也只需要动一动鼠标。不光地上，对于地下的各种管线，系统也能做到了如指掌。园区地理信息应用起步较早，以政府为主导，在规划建设、国土房产、城市管理、环境保护等方面已有较深的应用。例如，精准高效

图 2.1　园区地理信息公共服务平台

的城市规划在全国率先实现了由图纸到地面的无缝对接,构筑了从规划到现实的美好蓝图;"以图管地、以图管房、房地合一"的房地一张图工程极大提高了土地的节约利用率,真正实现了"依法管地、科学用地";面向园区污染源管理、污染物扩散分析的"智慧环保"全面提升了园区环境治理能力;精细化的城市部件及事件管理大大提升了园区城市管理的水平。

因此基础空间地理信息数据的更新、完善是园区构建测绘服务一体化的基础性和必要性工作,同时,基础地理信息数据库也是园区进行信息化管理的基础性平台。在一体化测绘服务基础上,园区进行数据采集、更新整理、数据建库、管理系统建设等工作,建立基础地理信息资源库及平台,实现地理信息一体化服务。

2.2 智慧园区——为城市管理提供空间信息服务

在智慧园区的建设中,园区的所有基础信息都将与空间位置关联起来完成具体的应用。因此,为园区政府提供更为便捷、符合要求的空间信息服务,将成为地理信息行业的重要职责。空间信息服务将所有的空间数据、软件功能集合,为智慧园区提供数据参考的空间信息分析。在数据类型上,空间信息服务主要处理基础实体数据和行业地理实体数据。在功能类别上,基础地理实体数据主要是提供基础地图参考、位置定位和实体可视化的功能;行业地理实体数据是依据基础地理数据按照行业需求对数据进行再处理。

在智慧园区的整体框架中,空间信息服务作为各行业应用的基础服务的枢纽,连接着园区审批部门的基础业务应用。因为,园区内部的空间协同共享可以将智能空间信息服务作为基础性平台,实现多维度、多层次的空间数据协同共享。作为空间协同共享的推动者,智慧空间信息服务必将在智慧园区的发展中占据越来越重要的地位。

2.2.1 城市管理平台化

随着园区的发展从侧重城市建设向城市建设与城市管理并重转变,需要通过更智慧化的手段来提升园区的管理水平,并建设园区管理和监督的长效机制。园区管理平台化就是借助基础信息化平台,实现全部城市基础信息的标准化、动态化、精细化,保证园区运行过程中出现的问题能够及时发现、及时处理。同时,园区相关管理部门、公共服务企业,在城市管理平台化背景下实现沟通快捷、分工明确、反应迅速的高效运营机制。

紧随智慧园区建设步伐,科学统筹管网信息采集、数据处理、实现集成、云计算、决策分析和智能控制,建立基于地理信息公共服务平台的智慧管理模式。在信息化基础上,园区管网实现智能感知、网络互联、信息集成的基础数据融合,并实现对决策分析的支撑。在基础信息获取的过程中，通过传感器获取管网基础性数据，在大数据的支撑下实现多元数据的集成化处理，最后通过推理演绎实现管网智能分析与决策支持。

1. 电力电缆运维监管平台

1）电力电缆实现"可知"、"可测"、"可控"

随着我国城市化进程日益加快，电力、燃气、供水、污水等地下管道数量日益增大。各类管线隐藏于地下，且相互之间独立管理，缺乏协同规划和信息共享，由此造成的城市"地盲症"，给各类管线运维管理带来了巨大的困难。

由于地下管线信息不明，盲目施工造成的安全事故屡有发生，大连输油管道泄漏事件、青岛燃气管道爆炸事件等造成了巨大的人员和财产损失。同时，城市"地盲症"的存在也给大型市政工程建设、城市轨道交通建设等造成了很大的困难。2014 年 6 月，国务院办公厅下发了关于加强城市地下管线建设管理的指导意见，城市地下管线的管理工作上升到了一个新高度。建立一套完整的城市地下管线管理体系，便于政府对管线资源的统一管理，有效避免城市"地盲症"而造成的重大安全事故。

目前，公司积极探索电缆管理新模式，以地下综合管线信息为支撑，打造智慧电缆工程，达到深化电缆资产信息化管理，分析处理各种智能应用监测数据的目的。智慧电缆工程以精准三维测绘数据为基础，打造电缆资料地理信息"云数据"，通过管理云平台，实现电缆位置"可知"；以先进的分布式传感器技术、无线数据传输技术、大数据分析技术为手段，开展电缆状态在线监测，实现电缆状态"可测"；以可靠性数学模型、电缆故障专家库为载体，推进电缆老化和剩余寿命评估业务，实现电缆寿命"可控"。

2）综合管线在同一张地理信息地图上共享与应用

为探索电力管线信息管理的新途径，园区测绘开发了电缆"云数据"系统。该系统以互联网技术为媒，以安全、共享、管控为目标，以准确的地图为基准，以空间图层叠加整合为基本手段，通过大量数据从终端向云端迁移，形成各个类别"私有云"，进而与园区测绘地下管线系统"云平台"形成数据交互，从而驱动"云计算"，实现了电力管线与其他综合管线在同一张地理信息地图上共享与应用，解决了"城市地下管线在哪儿的问题和信息共享的问题"。

"云数据"实现了电缆空间和属性查询浏览功能（含电缆设备、电缆附属设施、电缆通道断面及电缆属性台账），特别是具备所有管线"三维"浏览功能；实现了电缆设备、电缆附属设施（含电缆通道断面）等数据编辑加工功能和电缆的空间及属性统计分析功能，尤其是可自动计算地下各管线的"安全距离"开展精准排查隐患；实现了线路巡视管控功能，含 GPS 实时定位、GPS 轨迹回放、信息查询、巡检计划制定、实时上报；实现了抢修定位，通过查询电缆信息，进行坐标定位，找到故障点；实现了管孔封堵与审批、井内水位监控、A 类危险点监控等管控功能。

下一步，公司在云平台上还将继续推进"云监测"和"云评估"建设。其中，"云监测"

系统通过开展输电电缆状态在线监测,为电缆做全面"体检",并完善状态检修工作体系,解决"城市地下管线健康状况如何"的问题;通过与知名院校深入合作,开发"云评估"系统,利用在线监测数据和周期性监测数据,驱动并完善电缆基础信息、监测信息、故障信息三大数据库,采用统计学数学模型,分析电缆老化状况,并对电缆剩余寿命进行评估,指导电缆更换策略,解决"城市地下管线何时更换问题"。智慧电缆工程通过数字化、信息化、智能化手段有效解决城市地下管线管理的盲区地带。

2．地下管线服务平台

基于苏州工业园区地理信息公共服务平台,以清源华衍水务应用系统为例,其在地理信息服务的需求包括基础地理信息、地下管线数据等,除了信息浏览、查询服务以外,还提供了管线断面截图等功能(图 2.2)。

同时,园区测绘使用清源部署的物联网络,利用传感器、网络、空间定位技术,实时监测供水、污水管线的状态(如流量、水压),实现地下管线的智能管理。因此,在业务上突破了传统的地理信息提供方式,改变了由园区测绘到行业单位的常规单向数据服务模式,形成了双向互通。

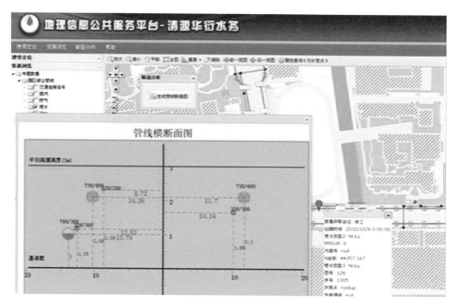

图 2.2　基于平台的水务管理系统

清源华衍水务应用系统能够提供各时段水压变化的信息,由此分析出各时段用水量的分布状况,便于企业进行规划和管理。

在数据质量上,由于双方分别采集和维护地下管线数据,因此使用信息聚合、比对等方式,使得双方数据质量得到了提高。在应用系统层面,通过空间信息系统的建设,逐渐将其他业务系统的工作与 GIS 结合起来,通过这种应用聚合,进一步发挥了空间信息在日常作业中的作用。

在园区 $278km^2$ 的土地上,在重要的设施、建筑和公共场所,清源华衍水务公司共设置了近 50 个水压监测点,形成了一个测压系统。通过对压力和流量的检测,监控整个园区的市政供水管网。监测点的数据每分钟更新一次,一旦数据出现异常,就会有警报发送到工作人员的手机和电脑上。而清源华衍水务 24 小时值班的快速巡检车就会第一时间赶到发生问题的区域。在对管网水质的管理上,公司的化验人员每天都要检验 30 个采样点,发现问题及时排查。

3. 数字城管平台

目前,园区地理信息公共服务平台在支撑园区规划、土地、建设、房产等建设口的工作和日常运维的同时,已经为数字化城市部件管理、广告牌管理、路灯控制、交巡警大队事故处理分析、环保应急、环保监察、企业查询管理、警务地理信息平台等城市管理类和智能公交、第二次土地调查、人口普查、经济普查、水利普查等公共服务类提供全方位的数据环境。

为提高城市管理水平,苏州工业园区管委会于 2009 年 3 月启动了数字城管信息化项目,通过软件开发以及硬件网络的系统集成,按照创新的城市管理模式和相关标准,于 2010 年初构建了数字城管系统平台与数字执法系统、数字市政管理系统,数字城管覆盖了园区 $100km^2$ 范围,实现对园区 7 大类 115 小类的城市部件和事件管理的数字化、网络化和空间可视化。

在科学完善的监督考核体系下,在社会公众的参与和监督下,信息采集人员、调度人员、基础设施养护单位人员利用 PDA、呼叫系统以及视频监控等现代技术与手段,完成城管事件、部件由受理、立案、派遣、处置、核实、结案的协同作业,实现城市管理向主动服务型、集约定量型转变。

同时,数字执法系统可满足城管队员的日常工作需求,数字市政管理系统满足城市市政物业和城市照明管理的日常需求,全面提高城市管理的工作效率,实现科学化精细化管理。

城管局使用数字城管系统进行日常业务的数字化办公;园区测绘为城管局提供城市部件数据加工、成果入库,并通过公共服务平台发布服务供数字城管系统应用。

作为园区“数字化城管”的子系统,“园区照明控制系统”自 2006 年 12 月 30 日建成投运以来,大大提升了园区城市照明的管理水平,取得了显著的效果(图 2.3)。随着照明公司管理的设施量的不断增加、设施技术含量的不断提高,传统的人工管理模式很难满足现代化城市照明管理新的要求。照明公司在照明控制系统的基础上,结合园区“数字化城管”的建设,将现代信息技术和数字化技术应用于公司各部门管理工作中,实现了城市照明管理由粗放到精确,由人工管理到信息管理的转变。

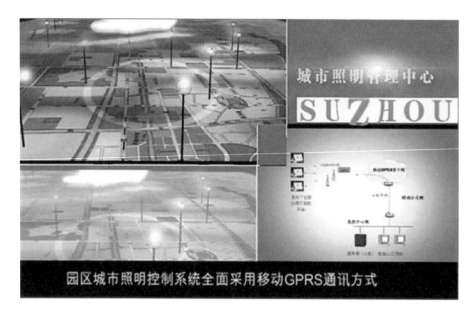

图 2.3　基于平台的园区城市照明控制系统

通过数字城管系统,使得市容市政工程的保养、清洁工作更加有效及时,同时可以对城市应急事件进行智能化管理。

2.2.2　城市环境舒适化

为了配合苏州工业园区生态优化行动计划,提高对生态环境的自动监控能力,2011 年5 月初,园区开始部署生态环境监控系统。该系统集成了饮用水源地、水环境、空气环境、辐射环境、重点污染源、机动车、危险废物和风险源等八大监控系统,可对监控数据质量实施"全生命周期"控制。园区通过建立完善的环境监控运行机制,全面实现对生态环境的现代化监管。

在保障城市环境舒适化方面,园区地理信息公共服务平台——环保监测信息系统已经起到了重要的作用。该系统提供各类污染源、环境质量分类区域等的空间定位,并能提供在线编辑与分析功能(图 2.4)。在此基础上,苏州工业园区管委会、园区环保局及时制定了一批规章制度,保障了在环境监察中的良好应用。到现在,该平台已帮助环保部门实时掌握排污现状,并为高层制定环境决策发挥着依据作用,环境效益日渐显现。

基于地理信息的环保监测系统,大大提高了环境监察的力度和水平,监控系统可以连续监测企业的排污情况,真正做到"全天候、全实时、全覆盖"监管;一旦企业出现超标排放,系统能第一时间向监察人员报警,提高其执法效率。

与此同时,根据系统提供的各类报表,环保监测系统能帮助监察人员了解企业的排污情况,确定重点排查对象,让监督执法有的放矢,也能为总排污申报核定、减排考核、总量核查、环境统计、排污收费等提供支撑,为环境突发应急事件提供分析和决策。

图 2.4 基于平台的园区环保信息管理系统

随着经济的不断发展,突发性环境事件随时可能发生,成为影响社会稳定、经济发展的重要因素。通过系统,可以统一管理重点危险源企业;实时监控企业的气体泄漏;针对污染事件迅速提供相关数据,让管理从环境突发应急向事前预警分析提升。

2.2.3 城市设施智能化

园区设施智能化是智慧园区建设的重要组成部分,是基于园区地理空间信息,实现园区管网、道路设施、园林绿化智能化管理。园区市政基础设施信息化管理是园区建设的重要内容,是实现智慧园区的重要依托。目前,园区城市化比率迅速提升,基础设施建设发展迅速,在园区内部已经形成了大规模管网系统,空间地理信息数据也基本实现了全部覆盖。

实现城市设施智能化建设是较为具体细致的工程,是以园区综合管线基础空间信息为核心,同时考虑到园区基础设施规划、设计、施工和日常管理为主要内容,在空间地理信息平台上完成统一管理的园区基础设施建设相关产业的功能开发,形成对园区公共行业的某一个或者全部分支进行网络化管理、服务与决策的信息体系。园区设施智能化使园区在应急反应力上有了本质的变化。

1. 基于城市公共信息服务平台的智慧应用

随着园区地理信息公共服务平台的应用逐渐深入,对于地理空间、法人与人口数据的融合应用需求越发强烈,支撑园区基础设施智能化运营的城市公共信息服务平台也应运而生。城市基础设施部件数量庞大、空间分散、种类繁多、变化迅速的特点却给城市管理带来了相当的不便,如何管理好城市部件,一直是各地城市管理的重点与难点。在苏州工业园区城市公共信息服务平台上,每一棵树木、每一盏路灯都有独一无二的编号,借助信息化手段,让城市管理更高效。园区还在全国首创了城市部件实时更新机制,实现了建设与管理的无缝同步。

1)发挥园区特色,实现信息无缝对接

众所周知,严格的规划与精准的建设是苏州工业园区的先进性所在。如今,苏州工业园区通过城市公共信息服务平台(图 2.5),实现了对城市部件的实时更新。在市政施工完成后,施工单位向相关部门提交竣工申请,相关部门委托测绘公司进行实地检核,而在检核的同时测绘公司工作人员就可将信息同步更新至平台。因此,实现了施工竣工即部件数据入库、建设结束便是管理开始,实现了从建设到管理的信息无缝对接。

图 2.5　园区城市公共信息服务平台

2)挖掘第一手数据,构建智慧城市管理

园区数据采用跟踪服务体系的方式,以业务自动更新为基础,定期增补做保障,进行数据的日常化更新(图 2.6)。

数据从内容角度上,可以分为与空间位置直接相关的业务数据、与空间非直接相关的业务数据。数据从时间角度上,可以分为历史数据和日常数据。针对历史数据,采用一次性批量加工采集,检查完毕后整体建库的方式;针对日常数据,采用日常同步更新的方式,通过抽

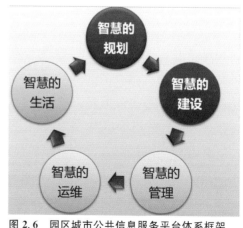

图 2.6　园区城市公共信息服务平台体系框架

取、转化、定位、地址匹配、同步等手段,形成符合基准与标准的空间数据,存入地理信息资源库中。为了保证数据加工环节的安全性、稳定性、高效性,同时满足各部门对于空间数据的时效性的要求,空间地理信息服务平台采用两套独立的空间数据库,即空间数据作业库和空间数据发布库。空间数据作业库,是进行空间数据标准化的生产加工的场所;空间数据发布库,是对外提供空间数据的场所。空间数据作业库与发布库之间,通过定期数据单项同步,保持数据的一致性。

3)"城市公共信息服务平台"助推城市管理步入良性循环

2010 年,园区基本建成地理信息资源库和地理信息公共服务平台;2011 年,园区成为全国首个也是唯一没有经过试点直接授牌的"数字城市建设示范区";2014 年,园区城市公共信息服务平台启动升级,苏州工业园区一步一个脚印地探索着"智慧城市"建设。

截至目前,园区的地理信息资源库包含 678 个图层,园区城市公共信息服务平台已经为园区规划建设、国土房产、城市管理等 17 个单位提供了地理信息资源服务,成为这些部门业务工作中不可缺少的信息支撑。园区地理信息资源的更新积累和共享是持续的、准确的、权威的、满足各种应用现势性要求的,并充分将体制优势发挥到最大化、将成本降到最小化(图 2.7)。

图 2.7　美丽园区—李公堤

园区城市公共信息服务平台是园区城市规划编制、规划管理、建设管理及城市管理运维的基础保障,反之,精细化的城市规划成果、规划建设管理、城市管理运维结果也是地理信息资源库更新的依据,正是这一良性循环体系使得城市建设与管理愈发得心应手。

2. 园区城市监管与应急智能化

1)输电管线应急

为大力推动园区政府深化"智慧城市"建设,苏州供电公司主动对接园区政府,于 2012 年 3 月联合启动了"云数据地理信息平台"的研发,用"云模式"整合所有管线资源,助力园区率先在华东区域开展城市地下综合管线管理模式的创新探索。该平台借助互联网技术和准确的地理信息图,将大量电缆数据分层、分类从终端向云端迁移,与园区测绘地理信息平台形成数据交互,在同一张地理信息地图上,实现了水、电、气等十余类综合管线共享与应用。

目前,该平台已完成一期功能开发,可实现电缆设备及附属设施、通道断面、管孔封堵等各项信息的快速查询和浏览,实现电缆 GPS 定时定位、GPS 轨迹回放、抢修定位、管孔审批等功能。同时还整合了巡视计划执行管理、A 类危险点监控、水位监测等日常管理和管控功能。值得一提的是,该平台可直观查看管线"三维图",并可自动计算各管线间"安全距离",能为隐患排查工作提供准确的数据支撑。

目前,苏州输配电电缆已超 10 000km,并以每年 10% 的速度增长。通过与园区规划建设部门协同探索,实现了电缆管理数字化,整合了园区内 278km^2 的变电站、配电所、电缆及通道信息,并全面推动平台功能优化,有效促进对通道资源管控、电缆路径信息等电缆专业化数据业务的精益管理。

2)一部移动终端"搞定"线路巡检

线路巡视就是一个典型代表。以信息化为手段,是建设世界一流配电网,实施电缆精益化运维管理的基础。在筑牢基础的同时,实施电缆精益化攻坚行动,制订管理制度、流程与专业化技术标准,实施电缆终端站标准化改造和电缆通道综合治理,并在运维工作中大量运用现代信息技术,逐步形成了业务规范化、作业标准化、流程统一化的管理模式。

图 2.8　基于平台的园区广告牌监管系统

电缆运检室已经探索出一套线路巡视管理制度。在动态巡视的基础上,辅以巡视护线队开展环境巡视,并利用"云平台"手持终端,确保线路巡视准确,有迹可循。此外,为改善电缆运行状况,防止电缆沟内的电缆发生故障后将事故扩大,供电部门还制定了电缆通道全过程管理标准,并选取 13 条隐患较大的输电电缆通道开展以抽水、清淤、防水、防火、封堵和管孔资源管理为主的治理工作。特别针对防水难题开发了电缆井水位监测仪,能发射三级预警,巡线第一责任人能及时通过短信第一时间掌控讯息。同时,该监测仪能记录分析通道积水历史情况,帮助汛期制定有针对性的应急决策。

此外,园区在智慧路灯、水务、管网各方面基本实现智能化控制。

2.2.4　城市交通便民化

在园区交通较为完善的基础上,将先进的地理信息技术、系统综合技术有效地集成并应用于整个运输系统,以解决交通安全性、运输效率、能源和环境问题,从而建立起大范围内发挥作用、适时、准确的综合运输和管理系统。地理信息平台可以综合各种道路交通及服务信息经过综合集中处理后,传输到道路运输系统的居民用户,向社会公众提供整合了交通基础设施信息、交通运营调度信息、交通状况、交通组织管理信息的综合交通信息服务。同时,将空间地理信息进行综合分析,为出行者提供可实时选择的交通方式和交通路线;交通管理部门合理的交通疏导、控制和事故处理;调度部门实时掌控车辆运行情况,从而使网络上的交通情况处于最佳的流通状态,从而提高整个道路运输系统的机动性与安全性。

在智能化交通的基础上,园区交通逐步实现便民化。地理信息平台向出行者发布包括园区道路和高速公路的路况信息和交通事件信息、驾车路径规划、公共交通出行模式、园区道路基本属性查询、不同运输方式之间的链接和换乘信息查询等,在出行过程中为公共提供出行参考、建议和指南。

1. 智能公交

随着 TD 与物联网的融合,移动信息技术在交通、物流、教育、城市管理、医疗等诸多领域的应用,提供了周到便捷的服务,这正在改变着我们的生活。

苏州工业园区推出的智能公交系统运行以后,市民通过公交电子站牌(图 2.9)就可以清晰地获悉车辆到站时间。市民可以预约指定线路或指定站台的公交车辆,当符合条件的车辆即将到达时,就会收到提醒短信通知。

利用短信、WAP 网站等方式,智能公交向公

图 2.9　公交电子站牌

众提供了及时、准确、全面的公共交通信息,老百姓足不出户就能掌握公交运营情况,对于提高城市公共交通服务质量,缓解城市交通拥堵,减轻交通管理、道路建设压力起到了积极的推动作用。目前智能公交的报站准确率已达95%左右,处于国内领先水平,给乘客带来了全新乘车体验。

对于公交运营来说,智能公交项目建设,实现了单纯人工调度到动态监控、实时调度的升级飞跃。借助GPS全球卫星定位系统、GIS地理信息系统和中国移动完善的GSM/EDGE无线网络,实现车辆动态定位、无线通信及电子地图显示技术,实现对线路运营车辆、机动车辆、检修车辆动态位置的实时监控,从根本上提高了调度指挥系统对运营状况的实时掌握与应变能力。

2. 公共服务地图

基于园区测绘公司开发的"公共服务地图",市民登录后,可查询园区278km² 内的邻里中心、医院、加油站、水气缴费、公共自行车点等,并能实时了解公交线路变更、道路施工等情况。

"公共服务地图"实际上是一张电子地图,为便利居民查询,它采用最简单明了的页面设计,市民只需点击选择自己想查询的内容,例如景点、医院、加油站等,地图上就会用"红点"进行标注,放大就可明确知道查询的位置(图2.10)。

图2.10 园区公共服务平台

自1995年成立以来,园区测绘承担着园区规划、土地、房产、建设等领域"地理数据"的采集、加工、管理、更新和发布,对于园区的每条道路甚至地下的每根管线都了如指掌。"公共服务地图"的开发只是在多年测绘数据积累基础上向公众服务的延伸,更能更加细致便捷。

园区测绘每天有上百个专业工作人员在园区的各个角落采集数据(图 2.11),这些数据是"公共服务地图"最基础的数据来源。此外,多年来与规划、土地、教育、交巡警、城管等部门形成了良好的互动,对于道路施工、公交变线等信息,测绘公司都能及时知道。每条施工道路完工前的竣工测绘,对基础信息的了解保证了地图服务的及时更新。

图 2.11　园区测绘专业工作人员野外数据采集

多年来,智慧园区将信息化成果面向公众服务,园区测绘公司积累了许多关于园区的地理信息数据,这些数据为民所用才能实现它们的价值。正因如此,园区的一项重要惠民建设任务就是公共服务平台建设,而公共服务平台的重要组成部分,就是各类电子地图。通过电子地图商品,模拟现在和未来的城市,支持原始数据分析与更新,方案论证和优化,为多部门参与和协调提供统一的平台,实现对园区交通信息的综合分析和有效利用。通过先进的信息化手段支撑园区的规划、建设、管理及应急,促进园区的可持续发展。正是这样的理念,园区测绘正在完成着一次转型,"公共服务地图"就是一次重要探索。接下来,园区测绘希望能与社区合作,实现社区工作人员点击地图,选择所在小区几幢几室,家庭的基本信息就会弹出,有无空巢老人、老人是否有疾病,这对于居家养老将是一种有力的推动。

2.2.5　城市规划定量化

近年来,我国政府管理中的粗放管理模式已经体现出很多不足,资源精细化管理(事前、事中、事后)已经成为时代的要求。基于地理信息技术的电子政务建设是政府实现精细化管理的有效的手段之一。如果将地理信息技术推广到政府日常工作的各环节中,使得一个事前、事中、事后等状态都能在统一的地图上进行可视化表示,就能直观、有效地进行监管。

苏州工业园区的成功建设(图2.12),既得益于其"先规划后建设、先地下后地上"的先进理念,也得益于其规划的精确、动态管理。2009年,园区国土房产局开发了一套国土资源动态巡查系统。利用这套系统,土地执法人员只需一个手持便携设备,现场执法不需带皮尺测量,不需用纸笔纪录,就能便捷、准确地认定违法占地、破坏耕地等违法行为,完成日常土地动态巡查任务。

图2.12 美丽园区—科文中心

为进一步满足园区精细化管理的要求,在园区管理过程中,利用信息可视化技术,将园区内部的土地相关资料进行数字化整理,以电子地图的方式进行展示和管理,建立园区完整的规划国土数据库和与规划紧密贴合的管理系统,从而提高管理土地规划和利用的科学化、精准化程度,由此来适应苏州工业园区的发展。智慧规管全面支撑城市规划从编制、管理、归档以及批后监管的全流程的精细化流转。规划管理信息系统以图形与办文相结合的方式,加工处理控制性详细规划、土地利用现状、土地利用归属等专题属性数据,建成了规划业务流程审批与辅助电子报批相结合的工作模式,将二维、三维信息数据进行挂接、整合,构建了面向城市精细化管理业务需求的三维GIS数据库。并通过规划一张图平台实现了规划管理信息数据的共享交换、动态更新,为领导决策提供了依据,也为其他相关部门提供了规划数据支撑。

在苏州工业园区,由于数字规划的成功实施,实现了由图纸到地面的无缝对接,构筑了从规划到现实的美好蓝图。

2.2.6 行政审批图形化

政府管理活动很大部分都与地理位置相关,国内外发达地区已将地理信息技术普遍应用于政府精细管理、高效审批、科学决策等领域,并逐步拓展到企业及社会化应用。

自 1996 年开始,苏州工业园区就开始着手建立地理信息系统,在电脑中真实展现土地、规划、房产以及地下管线等信息,实现了土地、规划、房产、市政等相关部门的高效运作与长效管理。如今,大到整个园区,小到某一个细节,某个项目的周边环境,地上地下有什么样的建筑,在系统中都可以看得清清楚楚。

近年来,园区测绘公司加大了对地理信息资源的挖掘与分析力度,在将园区各部门基于地理信息的应用统一到数字城市地理信息公共服务平台方面做了大量工作,并形成了具有园区特色的数据支持、信息共享、系统开发及平台集成的"数字园区"模式。同时,建立了以基础地理、房地、业务专题等三类数据为核心的统一、多源、多尺度、多时相的数据库,构建了"房地权属多图一库"体系,为国土资源参与宏观调控、资源监管、形势分析、辅助决策支持和社会化信息服务提供数据支撑。空间地理信息服务平台实现了国土房产条线上与国家、省信息系统的有效对接和服务聚合,进一步提高了国土方面信息资源开发利用的深度和广度,为国家与地区的数据统一融合奠定了基础。

地理信息平台作为园区政务信息枢纽的重要组成部分,建设思路并未局限于国土房产领域,而是通过跨领域、跨单位的分布式网络之上的应用架构,精准融合园区地理信息、法人信息和人口信息(图 2.13)。既实现了与规划、建设、环保等城市建设部门在空间和业务上的无缝衔接和及时共享,又可为招商、城管、经发、地税等城市管理部门提供城市综合信息图形服务,为地籍调查等日常业务提供了高精度的空间定位支撑。通过查询、统计、分析以及专题图等形式提供辅助研判,实现从"以数管地"、"以数管房"到"以图管地"、"以图管房"、"房地合一"的转变,构建了不动产统一登记新典范。平台根据各部门的需求和信息化现状定制系统功能,整合空间数据,展示相关资源,最大限度地满足了日常业务管理需要,提高了信息资源的有效管理,避免了投资浪费。

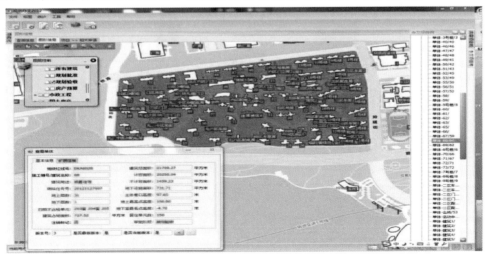

图 2.13　基于平台的规划管理系统

同时,园区测绘采用定期与不定期相结合的方式对地理信息进行更新,通过实时采集空间地理数据,并推送至空间地理信息服务平台,园区测绘很好地解决了地理信息不能按照实际地理位置留存或者更新信息的问题。确保园区内部空间数据准确无误。依托这个地理信息系统以及全球定位系统和卫星遥感等技术,园区自主开发了一系列规划建设领域中现实、实用的信息系统,共同构筑覆盖了园区 $278km^2$ 的信息平台。平台采用的地理数据统一表达模型、大数据分析等技术手段先进,将图形与业务办理紧密结合,形成"房地合一"管理新模式。在管理层面,严格遵循了 ISO 9001 质量管理体系进行项目管理,参照制定的数据整理、质量检查、数据转换、成果入库、数据管理、动态更新及其对外服务等一系列技术标准和规范,确保建设过程中使用统一的空间数据数学基础、分类代码、数据格式、命名规则和统计口径。

如何有效利用苏州工业园区各类地理信息数据,使之更好地为政府决策提供支持,更好地为企业、为百姓服务,这是园区地理信息发展在园区转型升级、二次创业新阶段深化研究的课题(图 2.14)。

图 2.14 政务地理信息私有云平台的应用构成

2.3 智惠园区——基于城市空间信息提供决策支持服务

随着地理信息系统在信息化中的大量应用,园区测绘公司坚持"亲商惠民"的理念,不断加强公共交通、社会保障、教育、文化、医疗、人才等领域空间信息化建设,以空间地理信息服务平台为依托,以电子地图的形式为公众提供多样化的空间信息服务,同时,在服务平台逐步完善的过程中,公交选线、交通仿真、社区智能化管理、智能化应急等应用也应运而生,可以说,空间信息公共平台的建设与完善表明了园区智慧发展迈向新的阶段,打造"亲民园区"。

2.3.1 居民出行便利化

"智慧园区"在建设过程中,借助空间信息服务平台,与移动通信等新一代信息技术相结合,构建可智能感知、存在的空间信息服务网络。通过搭建 APP 服务平台、空间地理信息分析系统,实现对空间地理信息的直观表达。结合新一代与二维一体化、面向管理与分析的三维可视化技术,解决地理信息深层应用的问题,将数据转化为可提供决策支持的信息化数据。结合云处理技术,从大量数据中进行快速筛选以及实时响应,做到有效信息的快速挖掘与迅速服务响应。从而真正实现以空间地理服务平台依托,园区居民生活智能化。

园区测绘借助平台大力拓展地理信息应用范围,结合园区现有的人口库、法人库等基础专题信息库,率先将"空间化思维"应用到更多的政务管理与民生服务领域,最大程度地发挥园区地理信息资源价值。

通过平台,政府还可以逐步把地理信息资源发布出来,方便商业公司在其上开发出更好的产品以及服务,拓展企业及社会化应用,以此培育商业生态系统、延伸产业链、促进区域经济转型升级。同时,这些服务可以通过互联网、电信、广播电视等多种媒体媒介传达给大众,方便民众的生产生活。

例如,交通信息是与百姓生活密切相关的一类重要信息,对公众出行路线的选择具有很大的帮助。实时更新的交通流量信息可以通过网络服务的形式提供给电信、广播电台以及交通部门,由电信部门将交通堵塞的信息转化成手机地图,以微信或短信的方式及时发送给广大司机,或者由广播电台进行广播,也可以由交通部门将堵塞的信号及时发布给通往堵塞地点路口的交通信息牌。从而可以协助大众绕道行驶、减少无谓的等待时间,降低交警的交通管理压力,同时也能减少车辆造成的大气污染。

1. 智慧园区中的交通应急平台

园区地理信息公共服务平台——交通事故处理分析系统(图 2.15),对交巡警大队的事故点业务数据库进行数据加工,结合地理信息资源库,将数据发布为网络服务,并在此基础上开发了事故点查询、事故类型分析、高发点聚合分析、事故量排名等功能。

在空间数据的基础上,园区已基本实现:①实时、准确的基础地图和空间定位功能,使得作业人员能够快速准确地进行查询、定位、管理;②通过地址匹配等方式,赋予实物以空间信息,大大加速了交通事故数据的加工整理,提升了数据的价值;③将交通事故信息整合到园区地理信息公共服务平台上,并进行数据维护,交巡警大队能够快速准确地处行日常业务；④便捷、友好的使用界面、交互优良的查询系统，使作业人员能够快捷地查询、应用所需信息；⑤基于 GIS 的强大分析功能，提供了交通事故高发路口分析功能，提升了交通事故分析的层次水平，较大地降低了业务复杂度。

图 2.15　园区交巡警大队事故处理分析系统

2. 智慧园区的 APP 平台

近年来随着移动互联网的不断发展，智能移动客户端已越来越成为人们生活中的重要组成部分，其中基于位置的服务（Location Based Services，LBS）和 GIS 位置应用是其中的一大亮点，为传统的地理信息服务迎来了一个新的阶段。

目前国内各大地图网站都推出了自己的移动端地图开发平台，各个地图开发平台功能各有特色，然而都存在一个共同的问题，即地图数据的滞后、不全面。数据是地理信息系统的基础，然而大多数的移动地图开发平台，在针对一个城市级（特别是除北、上、广、深等城市以外的二三线城市）的地理数据提供上，都存在着比较大的滞后性，这直接影响了移动地图 APP 产品功能的深入及进一步的拓展。

基于苏州精细化数据的移动地图应用（图 2.16），是以"提供精细化地理信息服务"为目标，是以开放共享为原则，以苏州"精细化地理

图 2.16　智能移动客户端——移动端地图

数据"和"五化服务"为基础,建设和运营双线并重,服务于政府企业(投资),公众(消费)双轮发展的技术服务平台。该平台将 GIS、移动通信、互联网服务、移动终端、电子导航等有机组织在一起,从而形成从后台 WebGIS 系统至前端嵌入式 GIS 应用的一体化应用解决方案,为数字化城乡建设、企事业单位地理信息数据支持、个人用户需求等其他行业提供专门的地理信息支持服务及移动式电子导航服务。

2.3.2　社区生活信息化

数字城市从某种意义上说就是信息化城市,信息资源共享是数字城市成熟度、智慧度的重要标志。自 1994 年建立之初,园区就把信息化作为政府工作的重要内容之一,尤其重视民生、社会及公众的信息化水平的提升,将全力推进智慧社区建设,搭建全新的立体为民服务体系,建成"资源共享、协同服务、方便快捷、惠及全民"的智慧社区,实现社区管理高效智能,社区信息服务高度融合,社区自治能力明显提升。

1. 提高居民日常生活信息化水平

服务应用方面,一是事务办理线上服务。通过融合各类业务,为居民提供统一的网上办事服务,居民可以通过网上办事大厅了解到事务办理所需的业务咨询信息、表单下载、资料填报、网上预审及进度查询服务,实现居民事务网上办理;二是医保社保查询服务。实现基于身份证信息的医保社保查询,方便社区居民查询个人医保社保信息。

同时,卫生健康、食品安全等领域的项目也陆续建成投运:数字卫生一期建立了全区统一高效、互联互通、信息共享、使用便捷、实时监管的卫生信息网络体系,实现资源整合共享,形成以健康档案和电子病历为核心的区域卫生信息化格局,建立起社区基本医疗云模式,居民通过主索引服务和健康网站可进行健康自我管理;食品安全监管共享平台实现工商、质检、卫生等多部门监管信息协同共享,与苏州市肉菜追溯系统全面对接,实现食品"生产、流通、消费"各环节信息"一站掌握",以及"来源可追溯、去向可查证、责任可追究";智慧环保建成覆盖全区的污染源在线监控系统,实现 108 个企业监控点、360个施工工地监控点实时联网对废水、废气、放射源、危险品运输车辆等实时监控。建成覆盖全区集中式饮用水源地、地表水、环境空气及噪声等主要环境质量监控点的环境质量预警监测系统,实时发布二氧化硫、PM10、PM2.5 等环境空气质量数据,做到对全区每一处污染源的实时全方位监控;智慧水务实现跨部门间的共享和协同,已建成的独立软件系统实现给水从源头到龙头、污水从用户到污水尾水排放的全过程监管;非凡城市移动门户完成验收并投入使用,聚合了园区资讯、旅游信息、交通信息查询、一站式服务等功能,助力打造园区城市新名片。

2. 创新政府对公众服务能力

坚持"亲民"理念,以公众服务需求为出发点,聚焦、整合、创新覆盖公众全生命周期的政府服务，在优化完善民生领域的社保、医疗、教育等既有信息系统的基础上，建设连接公众服务各相关方并提供信息发布、共享、交换和全部或部分服务交付的信息化应用平台，即公众服务四大信息枢纽，包括健康信息枢纽、社会保障信息枢纽、教育信息枢纽和生活休闲信息枢纽。

随着公众对政府信息公开化、透明化意识的不断增强，信息化正在从政府工作的支撑工具转变为政府优化管理、创新服务、提高公众满意度的主要手段。以微博、微信等为代表的新型网络转播具有即时、互动、广泛的特点，使政府行政工作面临舆论信息快速、大规模传播的新形势，也创造了转变工作理念和工作方式的新机遇。通过多种信息化平台加强与公众之间的信息沟通，满足公众的政府行政监督要求并因势利导地引导舆论，将加速实现园区的服务型政府转型和社会幸福和谐。

3. 提升公众服务体验

建设园区居民个人数据空间，支持个人数据空间的创建和维护，保存个人健康、教育、社保等信息，方便公众查询和管理方在授权范围内共享使用。在此基础上，集成健康信息枢纽、社会保障信息枢纽、教育信息枢纽、生活休闲信息枢纽、政务信息枢纽等应用系统和数据资源，建成面向园区公众的在线服务统一接入和信息获取门户，即居民通。通过居民通，为园区公众提供集中获取公众服务资源的平台、7×24 小时的在线服务和多渠道、多终端、多操作系统的接入方式，实现政府服务广泛覆盖，并提升公众服务体验。

同时，应用数字城管的理念，在智慧园区的基础上进一步搭建智慧社区的理念平台。通过综合运用地理信息技术，整合社区中的居民、组织、房屋等信息、统筹公共服务、公共管理等资源，以空间地理信息服务平台为支撑，提升社区的信息化管理，促进居民生活信息化、利民服务智能化的社区管理模式。在此背景下，园区侧重发展社区信息化管理模式，创立掌上社区项目，搭建提供便民服务的 APP 平台，真正实现了智慧园区建设的现实意义。

以"信息化环境通达、数据资源共享、社区工作协同、公众服务泛在"为目标，实现街道、社区的办公网络、办公邮件平台等覆盖；建设社区人口管理、动迁小区物业管理、社区志愿者管理、社区台账电子化管理等居民急需的服务系统；逐步整合国家、省、市、区下沉到社区的 27 个信息系统等，降低社区工作者的工作负荷、优化百姓服务体验，提升社区管理水平。

由园区测绘的全资子公司苏州工业园区格网信息科技有限公司打造的"掌上社区"就能轻松解决这些问题。作为一款移动应用，"掌上社区"让实时、准确、权威的社会公众服务信息跃上"掌心"（图 2.17），居民可以随时随地浏览最新信息，搭建起了一条信息传播、及时反馈的"绿色通道"。

"掌上社区"整合了政府机构、公共服务部门、物业公司等的权威信息，拿出手机、点

图 2.17　"掌上社区"

击打开,小区公告通知、停电停水、公交变更、道路施工等各项信息就能一览无遗,居民甚至可根据自身需求进行订阅(图 2.18)。值得一提的是,该应用采用三维地图模式,居民可以更便利、更直观地查询到相关信息。

图 2.18　"掌上社区"集中式的信息管理

此外,"掌上社区"还畅通了信息上报反馈渠道。居民可以利用手机等智能移动设备,在地图上实现基于位置的信息传递和分享,以文字、语音、照片等方式及时反馈小区内的各项突发问题。比如小区内某个路灯坏了,居民可以拍照上传到这个平台,物业就能在第一时间收到并处理。如果用语言无法准确描述路灯所处的地理位置,居民只要在路灯下打开"掌上社区"并选择显示当前位置,物业公司就可以清晰地看到地点(图2.19)。"掌上社区"将陆续覆盖苏州所有区域。

图 2.19 "掌上社区"新颖友好的信息展示与上报

2.3.3 医疗教育亲民化

智慧医疗主要包括智慧医院系统、远程医疗协助、120急救联动、家庭健康系统等。

智慧卫生建立了园区统一高效、互联互通、信息共享、使用便捷、实时监管的卫生信息网络体系,资源整合共享,形成以健康档案和电子病历为核心的区域卫生信息化格局,建立起社区基本医疗云模式,居民通过主索引服务和健康网站可进行健康自我管理;区域卫生信息平台覆盖全区医院和社区卫生服务站,为园区居民初步建成"服务一生"电子健康档案,逐步实现"我的健康我管理"。

智慧教育是指以互联网、电子科技、云计算的技术应用为基础,对传统的教育模式进行改革与创新,将教育资源与文化资源实现最大规模的整理与利用,实现整个地区全部教育类型的资源共享和和谐发展,形成互动、安全、高效的智慧化教育和文化体系。

近年来,随着智慧园区的建设,园区在教育形式的创新上做了很多尝试,搭建了面向学生、教师、教育局、家长、社区的五个个性化平台,建设十个信息系统,落地教育资源大数据,满足五 E 体验、四化建设、三化服务的建设目标,旨在为园区的企业、教育机构、科研机构及园区人才提供实时教育服务。以"无线学习、无限未来"为目标,完成智慧教育信息枢纽工程,建成教育信息基础库及数据交换平台、智慧教育门户、生态学习、教育协同等 6 个应用系统,实现行政 e(易)管理、教师 e(易)教学和学生 e(易)学习的需求,促进提升园区整体教育服务质量。

第3章 空间信息基础设施建设理论与技术

空间信息基础设施的建设,既要基础性的理论框架来指导,也要科学先进的技术来实施。本章先介绍了"数字城市"和"智慧城市"概念模型和苏州工业园区在"数字园区"和"智慧园区"建设方面的实施情况,然后结合案例深入浅出地介绍了在空间信息基础设施建设过程中应用到的测绘技术、遥感技术、地理信息技术和最新的前沿技术。

3.1 数字城市理论框架

3.1.1 数字城市的概念与构成

"数字城市"就是综合运用地理信息系统、数据管理系统、网络、多媒体等技术,以城市空间数据库和城市基础数据的数据为基础,以电信网、有线电视网、城域网为骨架,以政府、企业、公众数字应用系统和数字小区为终端,包括城市任何元素相应坐标、时间和对象属性的五维数字虚拟系统。

1. 数字城市概念

数字城市从总体上讲,是以计算机硬件与网络通信平台为依托,以政策、信息化组织机构以及安全体系为保障,以标准和规范体系为依据,以数据库为基础,以信息的交换和服务为支撑,以政府、企业和公众构成的城市全面数字化和智能化应用为最终目标。

数字城市建设涉及的内容包括城市基础网络建设和信息资源的开发利用、信息技术与信息产业发展、信息化人才培养以及信息化政策法规与标准规范制定等方面,涵盖电子政务、电子商务、智能建筑、数字社区、位置服务、现代物流、信息服务和数字家庭等众多领域。从技术层面上讲,数字城市就是基于网络的信息共享与服务体系。显然,数字城市的核心是信息,而基于网络的信息共享与服务则是数字城市的基本特征。

数字城市的灵魂是信息共享,也是数字城市与城市某个行业或部门信息化之间最基本的区别。

2. 数字城市的基本框架

数字城市的基本框架可以划分为网络基础设施、综合信息平台、信息应用体系、政策法规与保障体系和技术支撑体系等部分。

城市网络基础设施是国家信息基础设施的重要组成部分,是数字城市的脉搏,也是数字城市建设和发展的基本条件;综合信息库和信息管理与服务系统组成,它既为其他信息提供统一的空间定位基准,以实现信息资源按照地理空间位置进行整合,同时也提供基本的面向信息共享的城市信息应用服务,是数字城市建设的重要基础,也是当前数字城市建设的中心任务;面向政府、企业、社区和公众的各种信息应用系统、网站及信息终端构成城市信息应用体系,是数字城市建设的着地点;政策法规与保障体系为数字城市规划建设及运行提供法律、经济、管理和标准保障;技术支撑体系则为数据获取、更新、处理、管理、分发、应用与服务的全过程提供技术支撑。

3. 数字城市的技术核心

数字城市的复杂性是当今任何一项工程无法比拟的,它的技术体系构成也是庞大、繁杂的,涉及的核心技术主要包括海量数据的管理与处理、数据共享与互操作、信息网络、空间信息、三维可视化以及人工智能与空间决策等,这些技术也是数字城市得以实现的关键。数字城市是现实的城市数字化、网络化及其虚拟表现,是一个复杂的、巨大的网络化空间信息系统,在"数字地球理论"的指导下,基于3S技术(地理信息系统GIS、全球定位系统GPS、遥感系统RS)等关键技术,在网络信息基础设施和空间数据基础设施之上建设空间数据中心和应用服务平台,服务于城市的规划、建设、管理及政府、企业、公众,以达到城市的经济、资源、环境三大系统的统一协调发展。图3.1即为数字城市测绘体系分析,分为基础设施、数据采集、数据处理、应用服务四大方面。

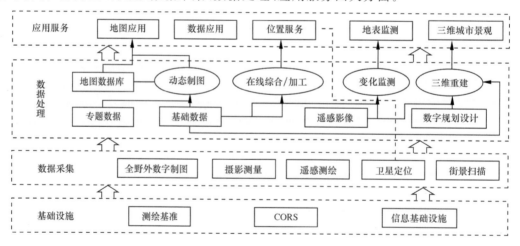

图 3.1　关于数字城市测绘体系

数字测绘技术体系为空间数据的获取提供的技术支撑。城市空间数据用途广泛,来源也很广泛,技术手段更多,除了一般基础测绘常用的测绘技术以外,还有两类技术将在城市测绘中得到广泛应用。首先,随着空间数据库的完善以及数据及时更新和动态监测的需要。传统的片区测量更新模式将被基于地理实体的目标更新模式所取代。测量仪器通过物联网络技术直接与空间数据库对接,各种数字化测量系统进化为GIS

系统的编辑子系统,测量数据与实地调查属性数据直接更新数据库。另外,数字化城市建筑报建成为城市空间数据更新的数据源,建筑 CAD 技术、GIS 技术与近景摄影测量技术相结合,虚拟现实实现城市规划的数字仿真。因此,城市测绘的数字技术体系是一个测量、RS、GIS、CAD 技术集成,现实与虚拟结合的复合技术体系。

3.1.2　数字园区建设概况

1. 数字园区简介

20 年来,随着现代化进程的加快,苏州工业园区的城市面貌发生了翻天覆地的变化。一座座现代化高楼犹如雨后春笋不断"冒出",一条条交通要道宛如蛟龙不断延伸。毫不夸张地说,园区的各种城市信息变化达到了日新月异的程度。因此,为更好地服务园区经济建设和城市信息化建设,进一步发挥信息资源的统筹建设和综合利用的整体优势,"数字城市"建设势在必行。

近年来,园区测绘加大了对地理信息资源的挖掘与分析力度,在将园区各部门基于地理信息的应用统一到数字城市地理信息公共服务平台方面做了大量工作,并形成了具有园区特色的数据支持、信息共享、系统开发及平台集成的"数字园区"模式。

当前,我国各地在信息化建设中,纷纷建立自己的办公自动化(OA)系统和管理信息系统(MIS),也有的建立了 GIS 系统,但各系统往往都是孤立的。数字城市的一个重要功能就是资源共享,将散落在各方的信息资源集合在自己手中,为政府决策和老百姓服务。因此,实现 MIS、GIS 的互连、互通、互动、共享就成为数字城市建设中重中之重。

园区"数字城市"在建设之初就与众不同,各部门相关信息系统采用了统一的数据接入基准。规划、房产、城管等城市建设、管理部门在日常行政过程中会产生许多数据,这些数据进入地理信息公共服务平台之后,将"叠加"在地理数据之上形成一个数据"高楼"。相关部门可以随时进入"高楼",调出数据进行"协同决策、协同管理"。

事实的确如此,园区"数字城市"实现了共享地理信息资源管理子系统建设与信息实时聚合更新,实现了平台运维管理子系统与服务管理子系统的建设与日常化运维,实现了测绘、规划、建设、城管、交巡警、环保等 10 多个部门日常业务密切协同,为土地调查、经济普查、人口普查等重大社会调查提供了全面地理信息支持,支撑了园区城市空间的精细利用与日常化的高效管理,维护了园区城市地理信息在时间、空间与业务过程中的协调统一。图 3.2 为园区"数字城市"主要建设内容。

2. 数字园区建设的新兴技术

数字园区所应用的技术大致包括了计算机技术、网络技术、数据库技术等。同时,随着 GIS 技术的发展不断展现出新的特点和趋势,基于互联网的 WebGIS 技术、三维 GIS 技术、移动 GIS 技术日渐成熟。简单来说,WebGIS 技术是将 Web 技术应用于 GIS 开发的产物,

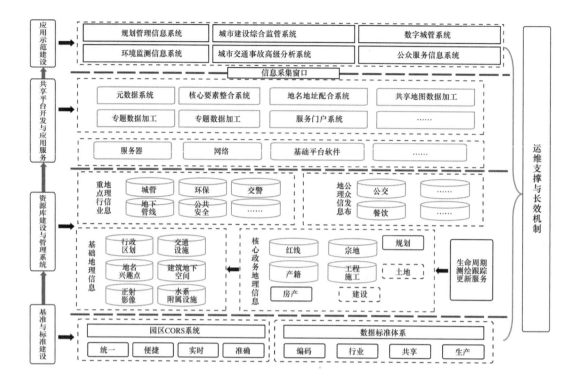

图 3.2 苏州工业园区"数字城市"主要建设内容

是交互式、动态的、分布式的地理信息系统。WebGIS 技术除了可以应用于基于传统的国土、资源等政府管理测量领域之外，也正在向百姓日常的导航服务、移动位置服务等产业快速发展。三维 GIS 技术是能够对空间对象的全部点位进行真三维描述和分析，从数据结构的角度出发，应用到空间查询和建模分析的地理信系统。三维 GIS 的本质与二维 GIS 相似，都是从最基本的空间数据处理功能出发，经过数据采集、数据预处理、数据分析、数据表现等基本步骤，实现对数据在不同领域的利用。相对于二维 GIS 系统，三维 GIS 系统的先进性主要体现在数据表现因更加贴近人的视觉习惯而表现得更加真实，在数据类型上也更加丰富，可以表现出更多的空间关系。对于移动 GIS，是指结合 GNSS 定位，实现以互联网为支撑、以智能手机或平板电脑为终端的定位 GIS 系统。移动 GIS 系统不仅指在移动环境中使用 GIS，更重要的是利用 GIS 去描述移动的目标。

作为 GIS 技术在应用领域的延伸，WebGIS 技术、三维 GIS 技术、移动 GIS 技术将在实际应用领域有越来越多的应用，在数字园区的建设上也将起到越来越重要的支撑作用。

3. 数字园区建设成果

技术应用园区在应用新兴技术的基础上，按照空间信息基础设施建设标准规范与体系，创建了园区测绘地理信息公共服务平台实现了共享地理信息资源管理子系统建设与信息实时和更新，实现了测绘、规划、建设、城管、交巡警、环保等 10 多个部门日常业务密切协同，为土地调查、经济普查、人口普查等重大社会调查提供了全面地理信息支持,支撑了园区城市空间的精细利用与日常化的高效管理,维护了园区城市地理信息在时间、空间与业务过程中的协调统一,如:数字城市平台——苏州独墅湖科教创新区。

3.2　智慧城市理论框架

3.2.1　智慧城市的概念与构成

智慧城市是城市全面数字化基础之上建立的可视化和可量测的智能化城市管理和运营,包括城市的信息、数据基础设施以及在此基础上建立网络化的城市信息管理平台与综合决策支撑平台。智慧城市的理论是智慧城市应用和实践的基础。

1. 智慧城市的特征

把数字城市和物联网结合起来的所形成的智慧城市将具备以下一些特征:

"智慧城市"是基于物联网的智能城市。物联网就是"物物相连的互联网",其核心与基础仍然是互联网,是在互联网基础上的延伸和扩展的网络,它将网络用户端延伸和扩展到了任何物品与物品之间,相互之间可以进行信息的交换和通讯。物联网的 3 个基本特征:①全面感知:利用 RFID、传感器、二维码等随时随地获取物体的信息;②可靠传递:通过各种电信网络与互联网的融合,将物体的信息实时准确地传递出去;③智能处理:利用云计算,模糊识别等各种智能计算技术,对海量的数据和信息进行分析和处理,对物体实施智能化的控制。

"智慧城市"面向应用和服务。无线传感器网络是无线网络和数据网络的结合,与以往的计算机网络相比,它更多的是以数据为中心。由微型传感器节点构成的无线传感器网络则一般是为了某个特定的需要设计的,与传统网络适应广泛的应用程序不同的是,无线传感器网络通常是针对某一特定的应用,是一种基于应用的无线网络,各个节点能够协作地实时监测、感知和采集网络分布区域内的各种环境或监测对象的信息,并对这些数据进行处理,从而获得详尽而准确的信息,将其传送到需要这些信息的用户。

"智慧城市"与物理城市融为一体。在无线传感器网络当中,各节点内置有不同形式的传感器,用以测量热、红外、声呐、雷达和地震波信号等,从而探测包括温度、湿度、噪声、光强度、压力、土壤成分、移动物体的大小、速度和方向等众多人们感兴趣的物质现象。传统的计算机网络以人为中心,而无线传感器网络则是以数据为中心。

"智慧城市"能实现自主组网、自维护。一个无线传感器网络当中可能包括成百上千或者更多的传感器节点,这些节点通过随机撒播等方式进行安置。对于由大量节点构成的传感网络而言,手工配置是不可行的。因此,网络需要具有自组织和自动重新配置能力。同时,单个节点或者局部几个节点由于环境改变等原因而失效时,网络拓扑应能随时间动态变化。因此,要求网络应具备维护动态路由的功能,才能保证网络不会因为节点出现故障而瘫痪。

2. 智慧城市的架构

智慧城市的核心是以一种更智慧的方法通过利用以物联网、云计算等为核心的新一代信息技术来改变政府、企业和人们相互交往的方式,对于包括民生、环保、公共安全、城市服务、工商业活动在内的各种需求做出快速、智能的响应,提高城市运行效率,为居民创造更美好的城市生活。从功能角度来看,智慧城市的架构应包含 4 个层次:①物联网设备层,该层是智慧地球的神经末梢,包括传感器节点、射频标签、手机、个人电脑、PDA、家电、监控探头等;②基础网络支撑层,该层是泛在的融合的网络通信技术保障,体现出信息化和工业化的融合,包括无线传感网、P2P 网络、网格计算网、云计算网络;③基础设施网络层,该层包括 Internet 网、无线局域网、3G 等移动通信网络;④应用层,该层包括各类面向视频、音频、集群调度、数据采集的应用。图 3.3 为智慧城市的架构图。

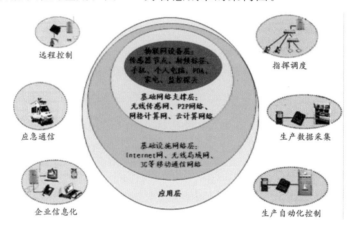

图 3.3　智慧城市架构图(李德仁等,2011)

3. 智慧城市的模型

智慧城市的模型可以用 ISGBP 模型进行描述,ISGBP 模型由 5 个部分组成:分别是公共基础设施(Infrastructure)、服务(Service)、政府(Government)、企业(Business)、公众(Public)。政府、企业、公众是城市的主体,它们三者通过智能服务进行协调形成良好的互动,从而降低行政成本,提高综合效益。ISGBP 模型强调智能服务的核心地位,将服务进一步分为:数据服务、功能服务和模型服务,并提出了基于物联网的智能服务的概念。

在这个模型中,更加强调政府、企业、公众三者的协作,它们通过基于物联网的智能服务形成良好的互动。如图 3.4 所示政府、企业(社会单

图 3.4　智慧城市模型图(李德仁等,2011)

位)、公众(社区)三者之间的和谐互动,实现城市管理智能化与行业管理网格化的结合,实现条块资源整合与联动,建立政府监督协调、企业规范运作、市民广泛参与的联动机制。在该模型中公共基础设施(I)是物,政府(G)、企业(B)和公众(P)是人,这四者之间存在多种相互关联的关系,如:G-I关系、B-I关系、P-I关系、GB关系、G-P关系、B-P关系、B-B关系、P-P关系等,这些关系都是通过智能服务进行关联,每种关系在模型中都表现成一系列具体的服务,而各种具体的服务之间又可能相互组合形成更高层次的服务和更复杂的关系,最终形成一个立体交叉的智能服务体系。

3.2.2 智慧园区建设概况

苏州工业园区自1994年建区以来,就高度重视信息化对区域社会发展、城市建设的提升和推动作用,20年以来,通过政府引导、社会参与、不断加强信息技术在政务、社会、公众、企业等领域的建设和应用,2010年,全面建设完成数字园区建设,2011年被授予"数字城市建设示范区"称号之后,继续加大信息化投入,智慧交通、智慧医疗、智慧教育、追回城管等信息化民生项目相继建成投运,全区信息化、智慧化程度不断提升。2013年初,苏州工业园区总结提炼了"宽带园区""协同园区""宜居园区""亲民园区"和"云彩新城"的"四区一城"智慧城市建设目标及框架体系,并成功入选住建部首批国家智慧城市试点,"基础设施畅达易用、城市管理协同高效、公众服务整合创新、智慧产业快速发展"的智慧城市发展愿景正逐步实现。"智慧园区"在全国的知名度进一步提升,正在成为苏州工业园区的一个响亮的名片和品牌。

1. 智慧园区建设目标

苏州工业园区创建国际智慧城市试点的总体目标是(图3.5):

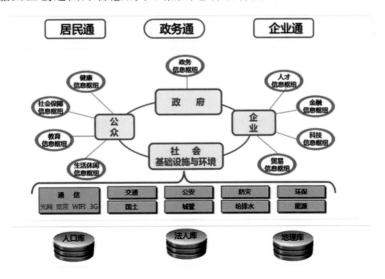

图3.5 苏州工业园区智慧城市整体框架

积极适应"新产业、新技术、新业态、新模式"的发展趋势,力争到 2016 年全面建成"三网、三库、三通、九枢纽"的智慧城市应用架构,形成"基础设施畅达易用,城市管理协同高效、公众服务整合创新、智慧产业快速发展"智慧城市运营体系,创新"以信息化推进新型工业化、以信息化推进城市化、以信息化推进现代化"的智慧城市发展模式,将园区建成全国领先的信息化高科技园区和国际一流的智慧型城区。

2. 智慧园区建设内容

(1)深化"SIP"模式创新,形成智慧城市长效推进机制。由于园区借鉴新加坡经验,形成规划滚动修编常态机制;坚持决策集中、多方参与的智慧城市组织管理架构,形成科学、规范的资金保障机制;完成项目立项审批、过程管控及过程推广等一系列配套制度和规范,形成持续、高效的智慧城市长效推进机制。

1994—2002 年,园区的信息化建设主要是发展产业、布局基础设施、开展小范围应用。2002 年以来,园区的信息化建设有了较快发展,逐步建立了信息化建设的组织领导、管理协调和建设维护体系,负责推进全区信息资源综合开发利用以及社会、经济领域信息化建设等,它包括了区域的信息化建设领导小组、智能部门、计算机信息中心、各信息应用重点单位,信息化建设纳入了园区政府的目标管理体系。

(2)坚持"适度超前"战略,高效推进基础网络设施建设,打造"宽带园区"。园区一直推进高水平建设园区信息化基础设施。目前,园区信息化基础设施已经达到了较高的水准:宽带信息网络、高清数字电视已覆盖全区,电信"城市光网"覆盖 260 个小区楼盘,互联网出口宽带 40G;移动网络覆盖密度苏州市领先,建成热点区域 600 多个,AP4000 多个,实现全区主要商务楼宇、公共场所 WiFi 免费。移动 4G 网络率先在园区内开通十点,各运营商网络基站进一步实现了共建与共享。园区已经成为苏州乃至全国通信网络覆盖密度、宽带速度均适度超前的区域之一。

(3)促进"整合共享",打造"协同园区"。建成全国首个电子政务专有云,通过建立虚拟化数据中心,将政府各部门分散的信息资源集成整合,覆盖 400 多个节点,12 台云服务器代替原先宽带 400 台分散的服务器,全面支撑 100 多个政务信息系统;在最大程度上提高资源使用效率、简化运维流程。持续完善信息资源体系,按照服务型政府要求,建成近百个实用性强的政府业务系统,比如政企沟通平台,95% 以上的业务实现了网络预审或审批。

目前,政务信息化已从单个局办"分布式、数字化"进入跨部门"资源整合、协同共享"的新阶段,"智慧服务"也已成为各单位信息化建设的主要思路,涌现出一批"以技术为先导,以业务为载体,以应用促发展",将先进服务理念与现代信息技术深度容易的典型案例。

(4)倡导"智能精确"服务概念,打造"宜居园区"。"三库"建设加快推进,建立了统一的基础数据信息、统一的数据交换体系和统一的安全管控体系,初步构建了园区地理、法人、人口全息视图,实现资源整合、业务协同和信息共享。人口库二期建立多层次人口数据结构体系,形成园区人口信息参考基准;法人库二期进入设计阶段,完成两库的信息资源目录梳理和数据模型设计。GIS 公共服务平台持续动态更新,为各个系统运营提供了强有力的支撑;促进了规划审批、建设监管、城市管理、公用事业、环保等工作的"智能精准";智能环保工程全面推进,通过综合运用物联网、地理信息系统等新技术,构建了环境与社会全面互联的多元化、智慧型环保感知网络,率先启用基于物联网技术的智慧环保系统,设立 468 个监控点,实现了污染源在线监控及环境质量预警监测;在苏州率先建设数字城管系统,真正实现了"高效率、精细化"。

(5) 强化"亲商惠民"意识,打造"亲民园区"。坚持"民生为重"理念,全区公共交通、社会保障等领域信息化建设不断加强;各街道、社工委、社区信息化服务不断推陈出新。智能公交系统建成电子站牌 455 个,完成 70 条线路、605 辆公交车智能化改造,实现电子化、智能化、移动化;数字卫生建立了全区统一高效、互联互通、信息共享、使用便捷、实施监管的卫生信息网络体系,实现资源整合共享,形成以健康档案和电子病历为核心的区域卫生信息化格局,建立起社区基本医疗云模式,居民通过主索引服务和健康网站可以进行健康自我管理;区域卫生信息平台覆盖全区亿元和社区卫生服务站,为园区居民初步建成"服务一生"电子健康档案。

3. 智慧园区建设概况

智慧园区建设成果:苏州园区的建设在强有力的基础设施基础上加上完善的政策法规与规范保障,成功地实现了智慧城市在智慧园区的城市建设、城市管理与民生服务等方面的应用。图 3.6 展示了基于空间信息的智慧园区建设概况,具体的案例可见第 5 章。

3.3　测绘地理信息技术

测绘地理信息技术按技术的发展程度可以分为空间基准建设、数据获取与处理和空间信息服务三个层次。本节以此为主线将测绘地理信息服务的主要相关技术进行了介绍,通过这些技术实现了数字园区空间信息建设,为智慧园区建设奠定了良好的基础。

3.3.1　空间基准建设技术

1. GNSS 技术

全球导航卫星系统(Global Navigation Satellite System,GNSS)指的是一种空基无线电导航定位系统,是继卫星三角测量和卫星多普勒定位后的第三代卫星定位技术。世界范围

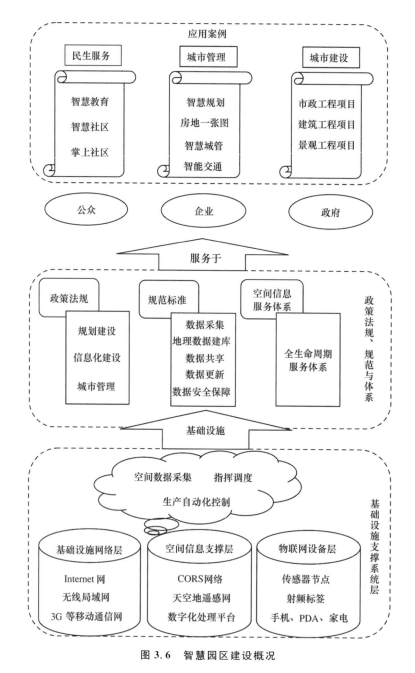

图 3.6　智慧园区建设概况

内成体系的主要有美国的 GPS 定位系统、俄罗斯的格洛纳斯（GLONASS）系统、欧洲的伽利略（GALILEO）系统和我国的北斗（BEIDOU）导航系统。全球导航卫星系统可对对象进行导航定位，并同时提供卫星的完备性检验信息（Integrity Checking）和足够的导航安全性告警信息。

全球卫星导航系统具备全天候连续提供全球高精度导航的能力。GNSS 能满足运动载体高精度导航的需要外，还能服务于高精度大地测量、精密授时、交通运输管理、气象观测、载体姿态测量、国土安全防卫等多个领域。现今从军用的导弹、战机和军舰到民用的汽车、飞机、个人电脑乃至手持式通信设备,几乎处处都能用到卫星导航定位技术。

由于全球卫星导航系统具有政治、经济、军事等多方面的重要意义,许多国家都在竞相发展全球定位卫星系统。随着研究和应用的不断深入,GNSS 已经成为全世界发展最快的三大信息产业之一。GNSS 技术现已基本取代了地基无线电导航、传统大地测量和天文测量导航定位技术,并广泛应用于导航、天文地球动力学研究、地理信息获取和工程建设等领域。

2. CORS 技术

CORS(Continuously Operating Reference Stations),是利用多基站网络 RTK 技术建立的连续运行卫星定位服务综合系统,是卫星定位技术、计算机网络技术、数字通讯技术等高新科技多方位、深度结晶的产物。CORS 系统通过建设若干永久性连续运行的 GPS 基准站,提供国际通用格式的基准站站点坐标和 GPS 测量数据,以满足各类不同行业用户对高精度定位,快速和实时定位、导航的要求,及时地满足城市规划、国土测绘、地籍管理、城乡建设、环境监测、防灾减灾、交通监控,矿山测量等多种现代化、信息化管理的社会要求。

测绘地理信息技术的基础是建立一套统一、可靠、开放的空间基准体系,地理信息公共服务平台的建设需要一套基于 CORS 的统一空间参考基准。统一的空间基准,快速的高精度移动定位、综合服务能力,为后续公共服务平台建设和各子系统的运转打下了坚实的基础。城市级 GPS 综合服务系统示例如图 3.7 所示。

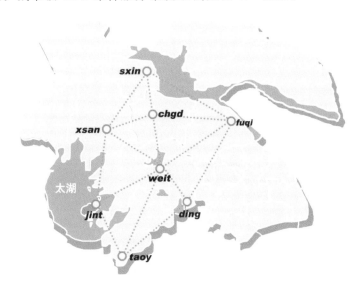

图 3.7　城市连续运行卫星定位综合服务系统

苏州连续运行参考站服务系统由苏州 GPS 连续运行参考站系统和基于 WEB 的连续参考站数据管理分发及自动化解算系统两部分组成。

苏州 GPS 连续运行参考站系统包括参考站网、控制中心、数据传输系统、用户应用系统四个部分组成；各参考站与控制中心通过数据传输系统连接成一体，形成专用网络；控制中心通过有线或无线网络为用户提供差分改正数据。使用当前世界上应用最广、最成熟的 GPS 网络系统——Trimble 虚拟参考站系统。系统地建立完善了现代基础测绘，为苏州的可持续发展与基本测绘提供了一组永久性、能自我完善、不断更新的动态基准；满足"数字城市"的切实要求，高精度三维控制网是"数字苏州"地理空间基础框架工程的基础和重要组成部分；现代测绘技术发展的必然结果，可为多行业提供服务，可为城市设施的数字化、交通智能化等应用提供综合服务。

苏州连续运行参考站服务系统依托 VRS 技术、网络技术、空间定位技术，适时建成了覆盖苏州 8700 km² 的连续运行参考站系统，站点分布均匀，结构合理。为苏州提供了统一的高精度的空间参考框架和高效率的空间定位数据采集手段。数据服务系统填补了国内其他系统服务内容的空白，深化了 CORS 系统的服务。苏州连续运行参考站服务系统不仅是江苏省的首个 CORS 系统，而且为江苏省建立覆盖全省范围的 CORS 系统奠定了技术基础。为配合推进江苏信息化发展的战略目标，服务系统中心已被确定为江苏省地理空间信息技术工程中心 CORS 技术工程中心 SZCORS 分中心。同时鉴于服务系统在安全性、稳定性、可靠性方面所作的技术研究和运营效果，系统已经成为 Trimble 技术在中国运行最稳定的系统之一，吸引接待了全国各地有建设意向或已建成 CORS 的城市前来进行技术交流、学习。

3. 水准测量和沉降分析

水准测量主要是通过测出一系列水准点的高程，了解地表的形状、地壳的变化，建立国家和地区的高程基准，以及指导工程的设计、施工、监测。长久以来，水准测量技术在城市地面沉降监测中的应用也较为广泛，具有施工过程简单且设计精度能够充分满足工程要求的特点，通过对观测资料进行科学的分析，及时发现可能存在的隐患，从而制定合理的防治措施，为城市的健康稳定发展提供坚实的技术保障。

地面沉降又称为地面下沉或地陷，矿产资源的开采（油、气、水、金属矿、煤、岩盐等）、地下及地表构造物的建设以及地震等因素的影响，会引起地层的压缩、变形，导致地表标高发生局部的运动。

随着对地面沉降的深入研究，各种大范围地表沉降监测手段不断涌现。近年来，国内一些城市先后采用 GPS 融合技术开展了城市水准测量和沉降分析工作，取得了显著的成效。GPS 水准测量具有前期投入小、施工过程简单，精度能够满足工程设计需要的特点。

随着电子水准仪的不断普及，水准测量中人为误差得到减小，作业效率大幅提高，劳动强度降低，为精密水准测量的大量应用创造了良好的技术条件。并易于对技术的流程和数据处理过程进行规范控制，保证了测绘质量。

通过三等水准的测量（图 3.8 为三等水准测量任务范围）园区测绘对 2000—2011 年园区的沉降量进行了分析，图 3.9 和图 3.10 为历年地面沉降等值线图。

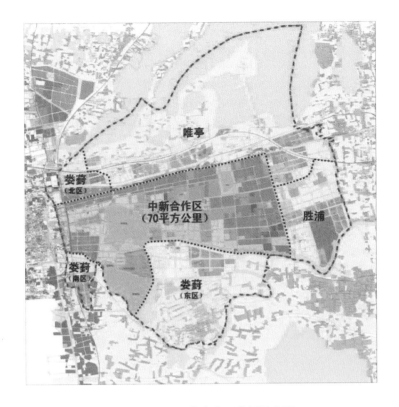

图 3.8　园区三等水准日常测量范围

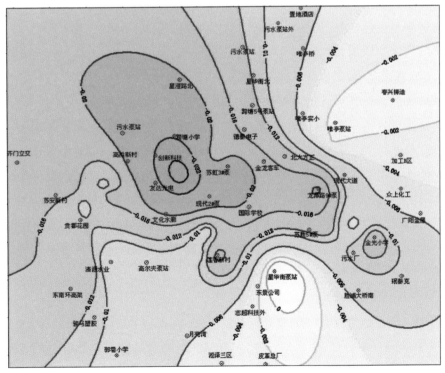

图 3.9　2000 年园区地面沉降等值线图

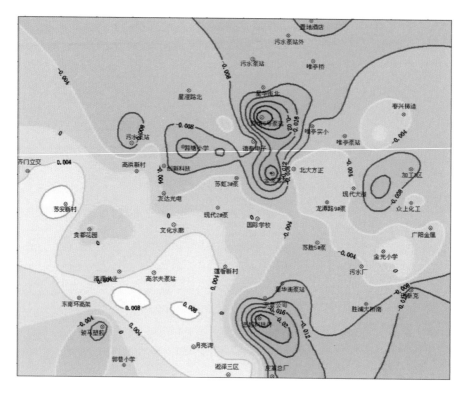

图 3.10 2009 年园区地面沉降等值线图

基于对园区的水准沉降分析建立了园区高程点数据库并保持数据的实时更新;划分了地面沉降易发区,制订园区地面沉降防治规划;验证了地面沉降监测新技术;整合了政府部门的工作职能,提高了公共服务的能力和效率。

4. 大地水准面精化技术实现 GNSS 三维测绘

大地水准面精化是综合利用重力资料、地形资料、重力场模型与 GPS/水准成果,采用物理大地测量理论与方法,应用移去-恢复技术确定区域性精密大地水准面。其对测绘工作具有重要意义。首先,大地水准面是获取地理空间信息的高程基准面;其次,高分辨率的大地水准面精化模型,结合 GNSS 技术,可以取代传统的水准测量方法测定正高或正常高,真正实现 GNSS 技术对几何和物理意义的三维定位功能;再次,在现今 GNSS 定位时代,精化区域性大地水准面和建立新一代传统的国家或区域性高程控制网同等重要,是一个国家或地区建立现代高程基准的主要任务,并以此推动国家经济建设和测绘科学技术的发展以及相关地学的研究进程。

5. GPS 观测数据模拟技术

GPS 观测数据的仿真是一个非常复杂的过程,在模拟 GPS 观测值时,首先计算任意历元 GPS 卫星的三维坐标,然后根据测站及 GPS 卫星的位置及事先确定的卫星高度截止角等计算该测站可观测到的 GPS 卫星,并计算出测站和可视卫星之间的距离,作为 GPS 模拟观测值的真值。利用 CORS 站点数据,建立区域内误差模型,在生成观测文件时,引入该误差模型,即在距离真值上模拟卫星钟差、接收机钟差、电离层和大气层延迟等各种系统误差,可使模拟的观测数据值更为接近真实值。

GPS 观测值的模拟一般由专门的模拟软件或模拟发生器实现。以全面增强 CORS 系统服务为出发点,也是基于 GPS 定轨定位的原理和数学模型,通过软件实现虚拟基站的模拟和仿真。不同之处在于它的模型参数、系统误差、随机误差都是利用 CORS 系统基站的原始观测数据、基站的精确坐标、基线的固定解等对应某时间的数据产品(精密轨道、精密钟差、电离层模型等)来实现的。因此该方法仿真的观测值更逼近 GPS 系统的实际值。通过苏州 CORS 覆盖范围内的系统测试,其在精度和可靠性等指标方面满足工程应用的实际需求,对于在 CORS 系统下挖掘 CORS 原始观测数据利用,完善 CORS 系统动态、静态等不同要求的高精度快速定位的应用研究具有很强的实用价值及推广意义。

模拟观测值的实现包括选择 GPS 卫星、CORS 基站数据信息、接收机的状态确定、计算接收机和卫星之间的几何距离、计算模拟的伪距、根据伪距确定载波相位和观测值输出几个环节。GPS 模拟观测值实现子系统功能模块如图 3.11 所示。

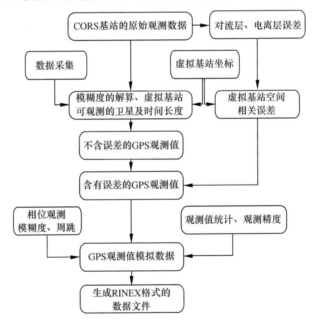

图 3.11　GPS 模拟观测值实现子系统功能模块

GPS 虚拟数据模拟软件运用.net 技术,结合上述实现路径进行了基于图形化的相关研发,软件界面见图 3.12,功能模块列表见图 3.11。

6. 应用案例

1) 基于 SZCORS 北斗服务平台建设及应用

该项目建设内容:

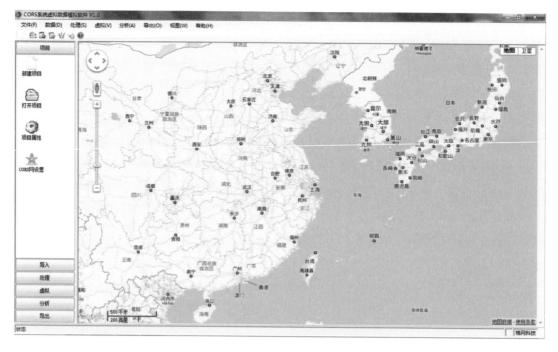

图 3.12　CORS 系统虚拟数据模拟软件主界面

图 3.13　基于 SZCORS 北斗服务平台网型图

（1）建设北斗卫星导航定位差分信号服务系统,建立覆盖苏州行政辖区 $8800km^2$ 范围的全天候、高精度差分信号服务系统,构建导航定位平台服务,提供自主导航定位服务。

（2）研发基于北斗系统的高精度定位产品,提供分米级的定位服务,填补北斗系统在城市运维级别应用的空白。

（3）研究北斗系统在国土资源环境、城市运维管理、全球化灾害监测等行业的深度应用,形成行业示范应用,为不同行业提供服务支撑。

该项目特色：

（1）通过对北斗导航卫星的利用，构建城市级导航定位服务平台，提供自主导航定位服务。

（2）研发基于北斗卫星的定位终端，搭建基于服务器端的定位数据云处理平台，创新定位服务模式。

（3）提供城市运维环节及高精度定位的整套解决方案，为城市信息化发展提供统一、权威的导航定位信息服务。

基于北斗卫星导航定位技术已应用于机动车驾驶人驾驶技能考试培训（图 3.14）和管线巡查等领域（图 3.15）。

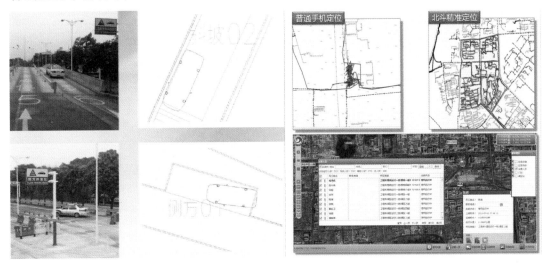

图 3.14　机动车驾驶人驾驶技能考试培训系统　　图 3.15　管线巡查系统

2）苏州工业园区大地水准面精化与 GPS 高程测量应用

（1）研究分析基于 SZ-CORS 的 GPS 精密定位的误差源。分析 CORS 系统与卫星，接收机，传输路径等因素有关的误差来源，如何通过实时观测数据对覆盖区域进行系统综合误差建模，对区域内流动用户站观测数据的系统综合误差如何进行估计，分析消除系统综合误差影响的模型。

（2）分析了苏州工业园区似大地水准面确立方法和成果，及其存在的问题，评估和检核该区域内求得的正常高和正常高高差精度。大地高经过似大地水准面转换后得到的正常高与水准高比较，进行精度分析；正常高高差和水准高高差进行比较，进行精度分析。

（3）比较分析苏州工业园区内各种 GPS 高程测量的技术方案，确立基于 SZ-CORS 在苏州工业园区内 GPS 测高的最佳技术方案。分别采用高程异常拟合，区域似大地水准面模型转换，或两者结合的方法，对内插高程异常得到的正常高与实际测量的水准高进行比对,比较各种方法的特点,得到适合园区内的 GPS 测高的最佳技术方案。

(4)实现了苏州工业园区的 GPS 高程测量应用软件的设计。在分析 CORS 系统差分信息 RTCM 格式数据、Ntrip 协议以及区域似大地水准面精化的基础上,实现基于地方平面坐标系统和高程系统的实时定位,分析和验证其精度。通过应用软件实现大地高向水准高的自动转换。

3)连续运行参考站管理软件产品

(1)开发了基于 GIS 的动态用户管理系统,实现了 CORS 与其他 GIS 应用系统的结合,实现了用户在时间和空间上的跟踪管理(图 3.16)。

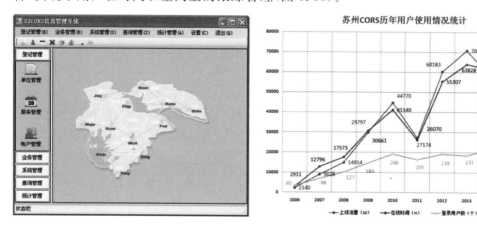

图 3.16 连续运行参考站管理软件

(2)WebCORS 源数据管理与分发。以 WEB 方式建立 CORS 系统的数据库,负责苏州连续运行参考站的数据管理和发布,研究内容包含:多种数据的管理方案、用户管理、数据发布(测站坐标序列分析、时间序列分析,TEC 电离层模型)、图形化显示和安全性研究。

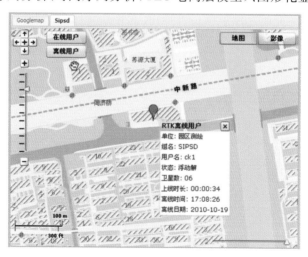

图 3.17 流动站实时位置

（3）基于 WEB 的 GNSS 基线解算。基于 GAMIT 软件实现 CORS 系统数据的在线自动处理。对基线解算过程中数据格式的规范化、测站数据的参数设定、解算类型的选取方法、基线解算、基线解算结果的精度评定、解算结果的规范化、整周跳变的修复算法和整周未知数的确定方法做了相应的分析研究（图 3.18）。

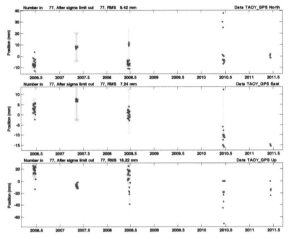
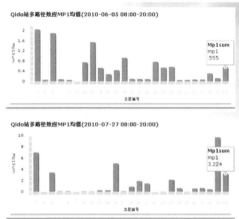

图 3.18　CORS 系统数据的在线自动处理

（4）USSP（统一系统共享平台）研究解决了"CORS 系统数据（Windows 系统、FTP 在线同步系统）"、"GPS 数据自动处理服务器（Windows 系统、Linux 系统、FTP 在线同步系统）"、"WEB 服务器（Aparch 服务器）"之间的数据通信等关键技术，利用虚拟技术和 Linux 系统，使得 GAMIT 软件和 Windows Server 系统能够在同一台计算机上运行，提供数据流转服务、数据库服务。

4）基于 VRS 的公共设施管理系统的研究

基于 VRS 的城市公共设施管理系统主要研究内容包括基于 VRS 的移动定位技术研究、无线信息采集器的设计与开发、中心数据库与移动数据库之间的同步技术、系统安全技术方案研究。

（1）移动定位技术研究。研究 VRS 相关的通信技术与协议，在对解码方法进行测试与验证的基础上，设计 VRS 移动定位系统架构，从而确定移动定位方案（图 3.19）。

（2）无线信息采集器的设计与开发。以通用的移动设备，比如带 GPS 定位功能的智能手机、PDA 等设备，通过移动 GIS 系统软件开发，实现地图浏览、精确定位、信息采集等功能，提供基于地图和动态数据的各类城市公共

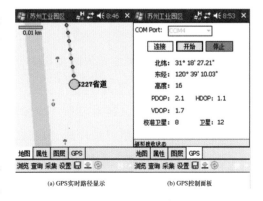

图 3.19　移动定位功能

设施的地图浏览、信息采集、查询和编辑，对于设施实际状况通过照片等实时多媒体信息进行即时再现(图 3.20)。

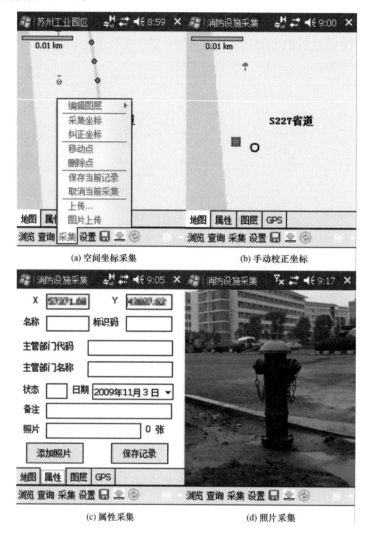

图 3.20　城市部件采集系统

(3) 中心数据库与移动数据库之间的同步技术研究。研究后台城市公共设施中心数据库与移动端数据之间的同步与更新机制(图 3.21)。

(4) 系统安全技术方案研究。通过对系统不同级别对象的安全控制研究,实现多等级、多角色的系统安全技术方案。安全控制模块主要用于增强系统和数据的安全性,主要通过设备级控制、用户级控制、服务级控制和数据级控制四个级别实现。

系统实施分为六大步骤,即城市公共设施管理系统需求、调研与论证、移动定位实施方案的确定、城市公共设施管理数据准备、城市公共设施管理系统设计和系统软件开发与集成。技术路线如图 3.22 所示。

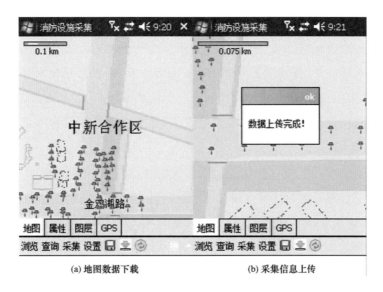

(a) 地图数据下载　　　　(b) 采集信息上传

图 3.21　数据同步模块功能

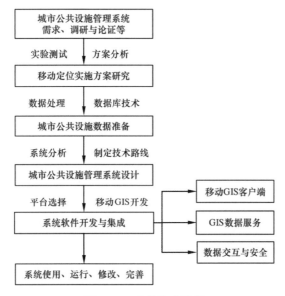

图 3.22　系统技术路线

3.3.2　数据获取与处理技术

1. RS 技术

RS(Remote Sensing,简称 RS)技术,即遥感技术,是指从高空或外层空间接收来自地球表层各类地理的电磁波信息,并通过对这些信息进行扫描、摄影、传输和处理,从而对地表各类地物和现象进行远距离控测和识别的现代综合技术。

RS 技术按传感器选用的波谱性质可分为:电磁波遥感技术、声呐遥感技术、物理场(如重力和磁力场)遥感技术;按照遥感探测的工作方式可分为:主动式遥感技术和被动式遥感技术;按照记录信息的表现形式可分为:图像方式和非图像方式;按照传感器使用的平台可分为:航天遥感技术、航空遥感技术、地面遥感技术;按照遥感的应用领域可分为:地球资源遥感技术、环境遥感技术、气象遥感技术、海洋遥感技术等。

目前,RS技术主要用于陆地水资源调查、土地资源调查、植被资源调查、地质调查、城市遥感调查、海洋资源调查、测绘、考古调查、环境监测和规划管理等。

2. 数字化测绘技术

数字化测绘技术实质上是一种全解析的、机助测图的技术,是测绘技术与计算机技术有机结合的产物。它实现了测绘过程自动化,成果管理信息化,产品维护便捷化的转变。相比于传统测绘,数字化测绘技术的优越性是有目共睹的,符合现代社会信息化的要求,让测绘产品的应用走上了科学化、自动化的道路,大大提高了测绘产品的技术含量和应用水平。

3. 内外业一体化技术

内外业一体化技术是数字化测绘的一种重要的作业模式,是从模拟测图方法向自动化、数字化方向革新、发展而来的,它使得测图过程与中间环节大大精简,内、外业的界限也越来越模糊,呈现出内业向外业拓展、外业向内业延伸的发展态势。内外业一体化技术实现了信息获取由静态向动态的转变,具有实时更新和动态监测的功能,达到了现代测绘对测量的全天候、全方位服务保障要求。

4. 管线探测技术

地下管线探测技术是指通过一种或者多种探测方法、按照一定的步骤将地下管线的信息全面完整地再现出来的技术,是建立"数字城市"基础信息数据库工作的关键点之一。它一直肩负着为城市规划建设管理提供及时、可靠的地下空间信息服务,为地下管线的安全运行管理和维护提供依据,实时确保城市生命线正常运行,并在防灾、减灾以及建立城市应急系统工作中扮演着重要角色。目前地下管线探测技术比较常见的主要有磁感应法、惯导测量、CCTV检测等。

磁感应法探测是应用电磁感应原理,以介质的导电性、导磁性和介电性的差异为基础,通过观测和研究电磁场的空间分布和时间(频率)的变化规律,从而对管线进行定位、定向、定深的探测方法。根据探测原理分类,主要有管线探测仪和探地雷达两种方式。管线探测仪主要用于探测金属管线、电/光缆以及一些带有金属标志线的非金属管线的探测工作。而探地雷达可对所有材质的地下管线进行探测,此外,其对地下掩埋物的查找也有重要意义。

惯导测量系统内搭载惯导+里程计组合导航测量元器件,设备沿管道从起点至终点运行过程中,里程计模块会随时将设备运行里程传输给内部处理模块,与惯导系统数据融合、处理。通过惯导和里程计的组合导航、定位技术,解算设备的空间运行轨迹。由此,设备从管道起点运行至管道终点,设备的全程运行轨迹即是管道的空间姿态。其最大的特点是不受管材和埋深的限制,可以得到高精度的管道三维坐标。

CCTV 检测技术,即管道闭路电视检测系统(Closed-Circuit Television),是一项新型的应用工程技术,它利用工业管道内窥摄像系统,连续、实时记录管道内部的实际情况;技术人员根据摄像系统拍摄的录像资料,对管道内部存在的问题进行实地位置确定、缺陷性质的判断,具有实时、直观、准确和一定的前瞻性,在环境保护的积极预防、采取有针对性治理技术措施方面,为对排水管道进行维护、排除雨、污水滞流以及防治管道泄漏污染,提供可靠的技术依据。

5. 激光雷达技术

激光雷达技术即 Light Detection And Ranging(LiDAR),是一种全新的遥感技术,是传统雷达技术与现代激光技术相结合的产物,是利用光频波段的电磁波先向目标发射探测信号,然后将其接收到的回波信号与发射信号相比较,从而获得目标的位置(距离、方位和高度)、运动状态(速度、姿态)等信息,实现对目标的探测、跟踪和识别。它具有极高的角分辨率、距离分辨率、速度分辨率高、测速范围广、能获得目标的多种图像、抗干扰能力强、比微波雷达的体积和重量小等优势。但是,激光雷达的技术难度很高,至今尚未成熟,而且在恶劣天气时性能下降,使其应用受到一定的限制。

随着互联网技术的发展和物联网传感器的大规模应用,在具体测绘过程中,天空地全方位遥感技术和传感网与物联网技术也为测绘带来的极大的便利。

6. 天空地一体化遥感技术

天空地一体化遥感技术是大数据时代产物,是多源多数据融合技术的现实体现。它是在"天"、"空"、"地"遥感系统的基础上,取长补短,相互融合的综合系统。"天"是利用各种卫星提供的数据进行筛查,发现问题存在的可能性。"空"主要是利用无人机遥感确认事件。"地"是使用地基车载遥感、船载原位探测及在线光谱监测系统等对现场进行精细化综合监测。

7. 物联网传感器

物联网,也称传感网,是通过射频识别(FRID)、红外感应器、全球定位系统、激光扫描器等信息传感设备,按照约定的协议,把任何物品与互联网连接起来,进行信息交换和通讯,以实现智能化识别、定位、跟踪、监控和管理的一种网络。它是互联网的延伸和扩展,将用户端延伸和扩展到任何物品之间,进行信息交换和通讯。它可帮助不同地区、不同行业的人们更加直接、自由、平等地获取信息,消除各种信息偏差,创造最佳的社会、经济和环境效益。

8. 应用案例

以上所介绍的几项技术,已被园区测绘广泛应用于多个具体的项目中,并且取得了非常好的效果。下面结合具体技术简单介绍数字化成图系统、土石方计算和地籍测绘软件、地下管线测量技术、无人机技术和正射影像技术的应用情况。

1) 数字化成图系统应用

数字化成图系统是以计算机为核心,结合数字化测绘技术和内外业一体化技术,对地形空间数据进行采集,输入,处理,绘图,存储,输出和管理的测绘系统。现已成为目前最为常用的成图技术之一,而数字化成图系统所提供的电子数据也是地理信息系统(GIS)一个非常重要的数据来源。

基于三维 CAD 软件平台开发的地形成图与管理软件,主要可用于地形图生产、GIS前端数据加工,能提高地形图生成的效率,提高地形图数据的规范化与标准化,增强对地形图数据的管理能力。该软件个性化、易用性,能使地形图生产与 GIS 数据紧密结合并具有良好的可扩展性。

系统可以实现如下主要功能,包括:

(1)地形图的生产:包括测量前资料搜集(图形管理、查询、调阅)、野外数据采集、展点、地物绘制、出图、地形图更新。

(2)GIS 建库前端数据加工:严格遵照规范要求,对 12 大类中的每种实体进行了编码。用户在使用图式、绘图工具时软件会自动对各种实体进行分层、分类、编码,通过将某类实体的属性附加实体主要的线上,并可通过该线来进行读取属性、构线、构面等,通过骨架线描述陡坎、半依比例尺的线状图等,充分地为 GIS 建库做好了准备。图 3.23 即为地形成图与管理软件——居民用地面积的分类与统计,图 3.24 即为地形成图与管理软件——图形管理器和图形定位功能的展示。

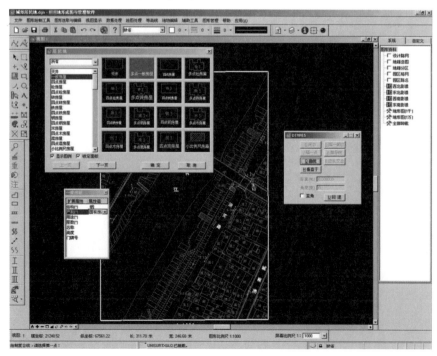

图 3.23　地形成图与管理软件——居民用地界面

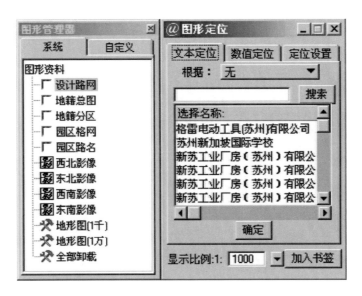

图 3.24　地形成图与管理软件——图形管理器和图形定位

通过建立数字化成图系统,可以大大提高测绘工作的效率,保障了地理信息系统的数据的准确性和现势性,也为公共服务平台的建设提供了基础。

2)土石方计算软件

土石方计算是土石方工程预算的一个重要部门,在工程中经常遇到,并且其工程量的计算及影响造价的因素很多,传统的计算方法过于复杂,随着计算机技术的发展和数字化测绘技术在工程中的大规模使用,现在的实际工程中已经大范围的采用专业的土石方计算软件来计算相关工程量。

由于数字化测图技术基于 CAD 软件平台,获取土石方测算的所需数据变得异常简便,园区测绘开发出的工程测算软件在苏州园区的工程建设中发挥了重要的作用。软件以项目方式管理原始数据、中间成果和输出成果数据;充分发挥 CAD 平台 MicroStation 的图形功能,生成直观的断面图和断面叠加成果图;快速、准确地生成三角网数据;根据用户需求计算出所需的工程方量,操作便捷,提高效率。

土石方软件的主要功能包括:

(1)断面自动生成:包括添加和删除断面里程桩、添加和删除断面数据点(图 3.25)。

(2)断面图的绘制:选择出图比例尺、加载图廓、说明等(图 3.26)。

(3)土石方量测算:设置设计断面参数(图 3.27),叠加断面成果,生成计算表。

3)地籍测绘软件

传统的地籍测绘工作量大,流程复杂,费时费力且容易出现错误。计算机技术在地籍测绘中应用日趋成熟,对地籍信息数据的处理和地籍图的编辑技术都有实质性的突破。由于宗地的属性数据复杂多变,处理起来极不容易,这时候就可以利用应用软件来分析处理。在数字化成图平台上可以对宗地面积精确核算,同时将宗地号与图形数据建立联系。应用计算机

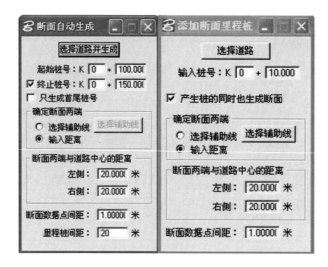

图 3.25　土石方测算软件——断面确定

图 3.26　土石方测算软件——断面绘制向导

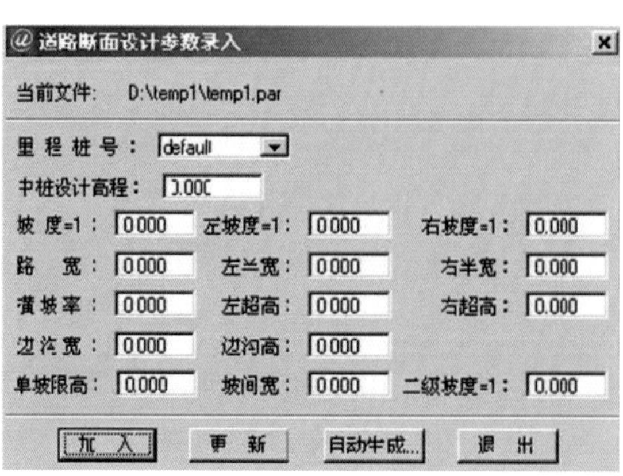

图 3.27　土石方测算软件——断面设计参数录入

技术通过对系统数据的分层处理,体现了它扩展性大、伸缩性强的优势。

园区测绘开发的地籍测绘管理软件(图 3.28)以"宗地"为核心实体,是实现地籍信息的输入、存储、检索、处理、综合分析、辅助决策以及输出的综合信息系统。通过地籍测绘管理软件可以保证地籍信息的管理工作高效、持久、和谐地运转,是实现土地现代化管理的先进技术手段。通过该系统可以全面掌握园区范围内国有土地和集体土地的土地权利情况,查清每一权利人用地的位置、权属、用途、界限、四至、面积等信息,从而真正实现"以图管地"。

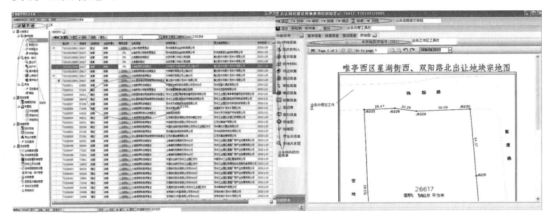

图 3.28 地籍测绘管理软件

采用该技术对园区的建设和发展具有重要的意义:

(1)能理清园区土地、房产业务关系,优化数据库结构设计,进一步体现园区"房地合一"的体制优势;

(2)能进一步加强图形管理功能,实现"以图管地";

(3)能按照国家有关要求以及新的"土地登记办法",规范土地登记程序,提高园区地籍管理水平;

(4)能实现国土房产局内部各个业务系统之间信息共享和联动,提高管理和决策的科学、准确和效率。

(5)能实现 CAD、GIS 平台的协作、统一,充分发挥两者各自的优势,对国土房产局内部业务系统进行统一管理和维护,降低维护难度和复杂度。

4)地下管线信息系统

系统运用 GIS(地理信息系统)/CAD、网络、数据库等技术开发了的管线信息系统,能够全面、准确、及时、有效地对各类、各阶段管线信息进行管理,辅助管线规划审批,为规划、建设、招商、管线管理等部门提供基础信息。该系统曾获中国地理信息系统协会颁发的 2005 年地理信息系统优质工程银奖;以及获得苏州市科学技术局颁发的高新技术产品认定证书。

该系统已经在园区测绘投入使用多年，系统功能完善、信息规范、安全稳定。该系统在苏州工业园区将近 $300km^2$ 的全部地下管线的入库、管理上发挥了巨大的作用。

管线信息系统可以实现如下主要功能：

（1）入库：管线总规、详规信息入库、展点、重复点检查、图形分配、任务删除。

（2）图形调阅：常用图形调阅、管线图调用、地形图调阅、遥感影像图调阅、图形搜索、临时文件管理、图例生成、图廓制作与管理。

（3）常用工具：闪烁显示、图形定位、图例、显示控制、属性查询、管线间距分析、单元截取、断面生成、专题统计、属性编辑。

（4）查询：属性浏览、多媒体数据查询。

（5）专题与统计：管线总规、基础设施开发进展专题图制作与专题统计、长度统计。

（6）分析工具：管线间距检查、单元截取、断面生成、专题统计、碰撞分析、爆管分析、流向分析、管线间距检查、单元截取、断面生成、专题统计。

（7）标注工具：管点信息注记、管线注记和扯旗、自流管流向标注、图例生成、图廓制作与管理。

园区测绘现已通过使用该技术分两个阶段完成了园区 $278km^2$ 范围内 16 类，7500km 地下管线的普查、入库工作，建成了园区地下管线数据库，成为园区数字城市建设基础地理信息资源库的重要组成部分。详见图 3.29。

图 3.29　园区地下管线普查成果图

5）无人机技术的综合应用

无人机航空摄影测量的方式，作为传统摄影测量方式有效的补充，在一定程度上解决了传统的测量方式需要周期长和摄影测量方式成本高的问题，在开发区级别（10km² 以上）的数据制作上具有明显的优势。

园区测绘通过对目前的无人机的数据获取过程、获取数据的特点及数据处理方式的研究，建立了一种适合城市开发区级别的工程级小型无人机摄影测量解决方案，相对于传统测量方式而言，可以快速地获取小范围地区的（适合于城市的工程级项目）高分辨率的影像，通过对这些影像进行处理，可以形成满足规划、建设、国土等部门乃至公众应用的基础地理信息数据。

该应用的意义在于通过采用小型无人机用摄影测量的方式来获取影像并对获取的影像进行处理从而获取相应的信息，将工程项目级别的数据采集方式从地面模式采集变成立体采集模式，减少数据采集的强度、提高数据采集的效率、丰富成果的内容，同时通过对摄影测量产品的组合应用，利用最小限度的工作量来最大限度的满足用户的需求，改变传统的工程级测量成果的提供方式。

本应用将小型无人机航空摄影测量引入城市级工程测量领域，对原有的工程测量、项目进度监测、验收和档案等项目可以综合进行考虑，解决了传统的测量只能提供单一的地形图，紧急情况很少能够快速获取现场像片、进度监测、验收和档案等工作。为规划建设项目的实施提供丰富的地理信息资源、为项目管理和决策层提供丰富的现场资料。

社会效益上：本技术采用小型无人机摄影测量的方式进行工程级地形图、正射影像等数据的获取、处理，结合用户对相应的测绘资料的需求，找到一条适合城市局部规划、市政建设、重点工程等项目的测绘资料的快速获取的解决方案。可以解决常规测量工期长、测量产品单一（地形图）的缺点，能够快速获取地形（规划前、竣工后）、正射影像（规划前、施工期间定期摄影、竣工后）、现场施工照片（实施的各个阶段）、现场空中 360°全景、鸟瞰图等丰富的资料，为城市的规划建设提供全方位、立体式的测绘跟踪服务，为相关工程项目的规划、建设、监测、验收、档案提供丰富的现场资料，拓展工程项目的管理深度。

经济效益上：本技术通过小型无人机摄影测量的方式来获取地形图、正射影像等基础数据，可以减小此类数据采集的劳动强度、大幅提高采集效率（相对于传统的测量方式，预计可以提高数倍的效率）、提供丰富的基础数据（正射影像数据、地形数据等）。同时此项技术还可以获取和现场资料（现场施工照片、现场鸟瞰图、现场 360°全景等），为管理决策提供重要的依据。

6）正射影像制作

"数字城市"建设离不开图像的采集，通过采用天空地一体化遥感技术和数字化测绘技术，制作了园区范围内的数字化卫星影像图。其中正射影像可直接用于影像判读、量测和专题制图,为资源与环境调查研究服务,也可用于制作各种影像地图和地图更新,图 3.30 是1∶2000彩色正射数字影像,图 3.31 是彩色正射数字影像航带划分,图3.32为测区划分。

该技术在本项目的最终成果形式表现为分幅图和共享平台服务图。由于本技术采用工艺流程的先进性和准确性,项目成果具有较高的成图精度。

图 3.30　2011 年 1∶2000 彩色正射数字影像

3.3.3　空间信息服务技术

1. 地理信息系统

地理信息系统(Geographic Information System,GIS)是一种专门用于采集、存储、管理、分析和表达空间数据的信息系统,它既是表达、模拟现实空间世界和进行空间数据处理分析的"工具",也可看作是人们用于解决空间问题的"资源",同时还是一门关于空间信息处理分析的"科学技术"。

2. 地理信息科学

地理信息系统,从广义上讲,也被称之为地理信息科学(GIScience,即 GISci),它是一个具有理论和技术的科学体系,也意味着需要研究存在于 GIS 和其他地理信息技术

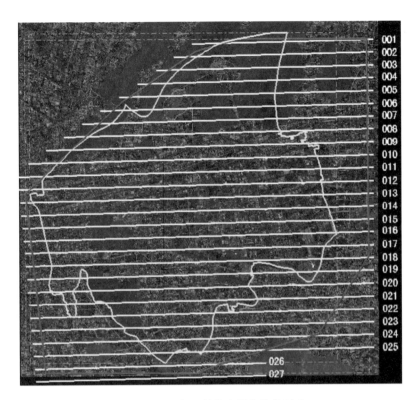

图 3.31　彩色正射数字影像航带划分

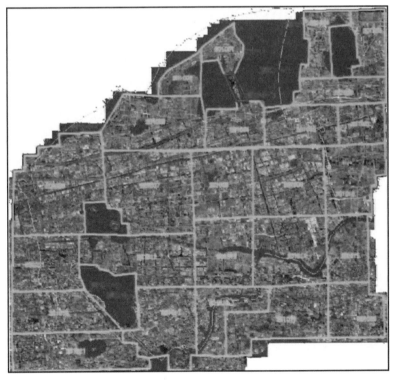

图 3.32　测区划分

后面的理论与观念。它是以信息流为手段研究地球系统内部的物质流、能量流和人流的运动状态和方式。GISci 主要由三部分组成：地理信息学、地理信息技术和全球变化与区域可持续发展。其中，"地球信息学"是其理论研究的主体，"地球信息技术"是其研究手段，"全球变化与区域可持续发展"是其主要应用领域。

3. 地理信息服务

随着信息技术、互联网技术、计算机技术等的应用和普及，地理信息系统已经从单纯的技术型和研究型逐步向社会化地理信息服务（GIService，即 GISer）层面转移，它在更多地吸引潜在用户，提高地理信息系统的利用率建立一种面向服务的商业模式。用户可以通过互联网按需获得和使用地理数据和计算服务，如地图服务、空间数据分析等。GISer 正在向网络化、社会化、大众化迈进，正在发展成为人们日常生活中的一部分，如移动 GIS 服务等。

4. 应用案例

以上介绍的有关技术形成了园区空间信息服务系统的基础，并在此基础上开发出了移动招商系统、电子报批系统和数据交换中心等诸多具体的应用。

1）GIS 公共服务平台

地理信息公共服务平台重点解决了面向精细管理需求的精细地理空间实体构建与更新、柔性平台设计以及业务协同应用支持等方面涉及的关键技术问题。在精细地理空间实体资源构建方面，除常用的基础库外，将宗地、红线、建筑单体、功能用地、权属单元、建设工程以及对各类规划、在建、建成的地理实体相关的各类审批发证、指标等信息纳入基础共享库建设范围，并通过与核心管理部门（测绘、规划、建设、土地、房产、城管、交通管理、地下管线运维单位、环保等）的实时成果对接，解决了地理信息资源的实时性、权威与法定性；平台采用 SOA 设计，通过服务聚合尤其是 REST 服务的聚合，并结合可定制、可配置的接入应用策略，有效地实现了平台的扩展可维护性；项目着重解决了现有 GIS、MIS 与 CAD 系统的协同问题，通过数据同步、采集前置、逆向工程以及不同粒度网络服务设计，较好地解决了公共服务平台与应用对接难的问题，在此基础上，项目实现了国内少有的测绘、规划、房产、土地、建设、城管等跨部门、跨业务阶段信息实时共享与业务协同。

地理信息公共服务平台的建设是一项系统工程，它既需要针对不同用户需求提供多样化的服务，又需要维护数据的现势性、数据的安全性以及服务消费者与提供者的权益保证；地理信息公共服务平台的建设既需要一次性的较大经济投入，又需要长期维护的经济、技术、人才以及制度支撑；地理信息公共服务平台的建设既需要政府部门主导，又需要测绘以及各应用部门、企业的广泛参与密切协作。

目前，很多行业都需要地理信息数据作为业务开展的基础。综合分析，对地理信息数据的应用主要有三类：

（1）地理信息数据仅作为工作底图，即需要的是电子地图，而不是数据本身。

（2）在地理信息数据上生成专业地理信息数据，即对地理信息数据仅是读取。

（3）本身负责生产和维护地理信息数据。

基于上述三类应用，设计如下地理信息公共服务平台框架。

结合对平台的总体设计和软件支持，开发出系统的软件模块有如下三个子系统。

（1）公共服务平台数据服务子系统。可制定服务标准，为用户提供“一站式”数据服务。

（2）公共服务平台管理子系统。提供平台管理所需用户管理、服务管理、日志管理与运行监控等功能，实现平台安全、灵活、高效的运行。

本子系统主要由三个模块组成，系统界面，即服务发布与管理、用户与权限管理、运维管理（图 3.33）。服务发布与管理模块，主要负责服务的发布、查询、启动、停止。用户管理与权限配置模块，主要负责用户的新增、更新、删除和用户权限配置。运维管理模块，主要负责监控实时日志、查询分析归档日志。

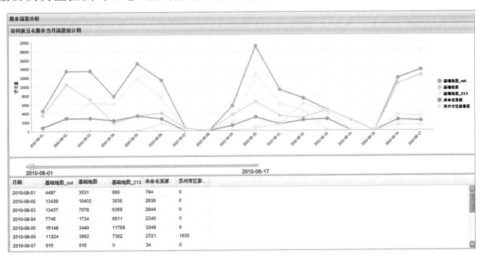

（a）

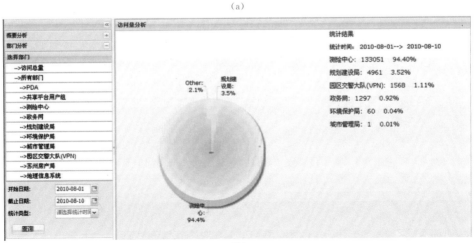

（b）

（c）

图 3.33　运维管理模块界面

（3）公共服务平台行业示范应用子系统。供使用方便、内容丰富的空间信息查询分析系统（图 3.34）即为苏州工业园区地理信息公共服务平台——空间信息查询分析系统界面。

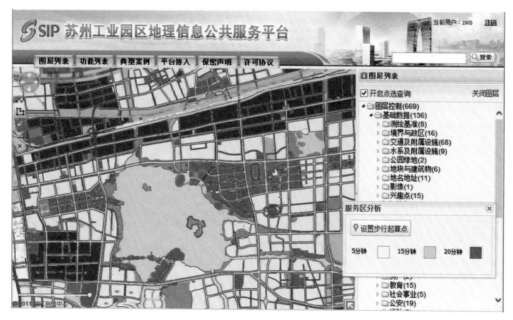

图 3.34　苏州工业园区地理信息公共服务平台——空间信息查询分析系统

① 展示平台如图 3.35 所示。

（a）资源浏览运维监控

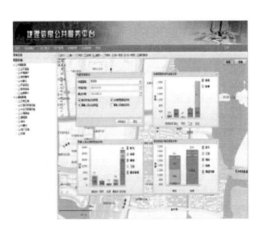

（b）查询与定位统计分析（建设开工情况）

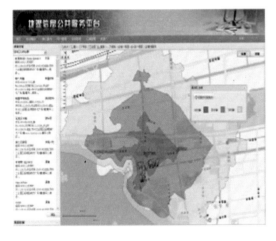

（c）图形编辑与属性录入服务区与兴趣点分析

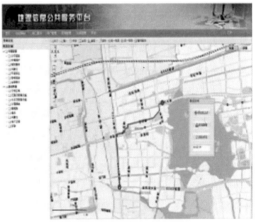

（d）路径分析坐标转换

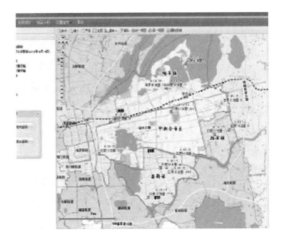

（e）数据下载服务实时监控服务

（f）360°街景三维展示

图 3.35　各种功能的展示

② 系统应用如图 3.36 所示。

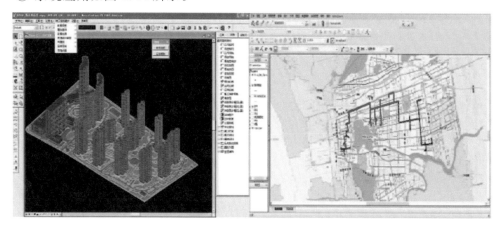

（a）测绘应用（电子报批）规划综合管线

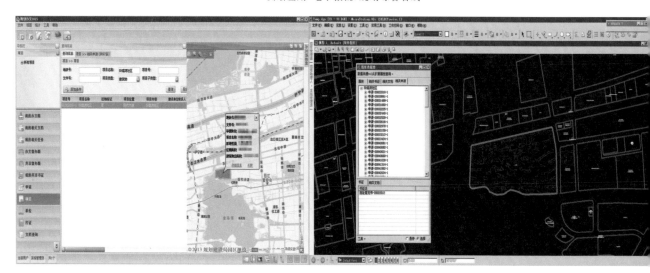

（b）规划办文建设管理

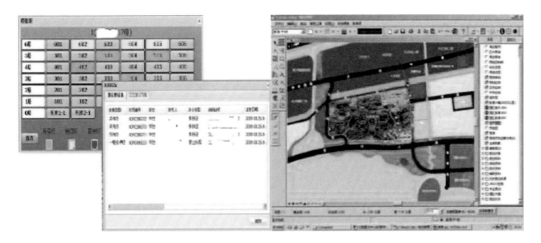

（c）房产管理土地管理

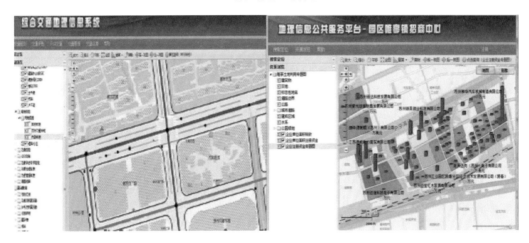

（d）综合交通/移动招商系统

（e）环保/应急招商载体配套系统

图 3.36 系统不同应用的展示

企业信息管理系统(图 3.37)可以实现对企业机构代码、法人代表、注册地址、投资金额、税收金额、行业分类等内容的查询,方便政府对企业服务理与管理。

图 3.37　企业综合信息管理

本平台的实施,实现了城市建设、管理部门之间的横向及其内部程序审批的纵向、直观、立体、可视化的表达形式和对多参考、跨系统、海量数据整合的协同办公环境。并通过该平台,在共享数据库的分布建设策略研究、使用连接服务的管理体制研究以及数据库内容的异质性的技术问题的取得技术与管理上的突破,使得全息规划展示、建设成果展示、虚拟现实能融入行业应用、走近了民众生活,实现了"营造数字园区,共享地理信息价值"的目标。

2)电子报批系统

"基于数字化平台的规划电子报批系统"是一种新的规划审批模式,利用先进的计算机技术将传统规划审批模式中的各种文本以及图纸资料转变为电子介质的形式,结合 CAD 技术、GIS 技术以及网络技术,通过制定和贯彻一系列数据标准、技术规程和管理规程,实现计算机辅助的规划报建审批。

2010 年 5 月,园区规划局正式实行电子报批制度,将传统报批使用的纸介质转变为电子介质,由计算机自动核算各项规划指标,如容积率、绿地率、建筑密度、建筑高度等,实现了计算机辅助规划审批,极大地提高了规划管理部门的工作效率和准确度。受园区规划局委托,园区测绘公司在完成日常项目的竣工和房产测量后,进行电子报批数据加工,同时将电子报批数据进行了入库,初步建立起建筑基底、标准层以及功能用地数据库。

系统从更高的视角设计,满足了规划需求以及满足地理信息在规划、建设、土地、房产以及城管等业务部门信息共享的需求角度。其建设目标有如下五点:①精确计算量化规划指标;②动态管理建筑单体规划审批;③建立规划电子报批相关管理和服务体系；④为基础地理信息资源库提供城市建设的实时信息；⑤继续推进"大建设"相关的业务部门、阶段的业务协同。

系统在实施管理、信息共享利用机制以及与数据交换关键技术的解决方面做出了技术创新，并且在一些方面达到了国内领先水平。

（1）系统突破了传统规划电子报批中数据规整的两种模式。解决了规划电子报批实施的难点，有效降低了规划电子报批的实施成本，在管理上具有创新性。

（2）系统提升了规划电子报批的应用水平。在满足规划审批的同时，对城市建设管理的相关业务办理提供了支撑，在地理信息采集与共享方面具有机制创新。

（3）系统拓展了主流 CAD 平台 Microstation 的应用领域。本项目为国内首个基于 Microstation 实现的规划电子报批系统，在技术上具有创新性。

电子报批系统为规划快速、准确以及透明审批提供了技术保障，能有效避免规划审批中的开发商虚报指标损害公众利益以及政府公信力的问题；通过跨部门业务阶段的数据共享为土地、房产、建设以及城市管理等部门的信息化管理提供有力的支持。同时，对建筑市场业务监管实现了管理信息化、透明公开化，对建筑市场各主体诚信体系建设提供了技术支撑。此外，系统的实施运行将为国内其他城市的规划管理提供一个示范效应，系统的推广运用将加速城市信息化建设的进程，促进城市建设的管理水平迈向一个新的台阶。

3）基于 GIS 技术的城市建设项目监管

建设工程涉及规划、建设、国土、监察、一站式服务、质量监督、安全监督、市政工程管理部等多个部门的多个业务阶段，如何直观快捷地监管建设项目的工程进展、法定程序办理及其他相关情况，既是建设系统信息化的重点，又是城市管理数字化的重点。

（1）系统功能

建设项目监管地理信息系统采用分层设计方法，分为基础层、数据层、支撑层和应用层，可以实现项目信息查询（图 3.38）、书证查询、移动平台端的功能。

移动平台端可以实现现场的监管与信息的采集。

① 现场定位。现场信息采集可以通过 GPS 定位功能获取当前位置，也可以通过在地图上标定的方式来确认位置。

② 信息采集。信息采集的内容和数据标准采用可定制方式实现，设有问题上报模块，对于当前位置的项目所存在的质量或安全问题，填写上报信息提交，用于监督参考。图 3.39 为现场采集和报告问题界面。

③ 危险源信息调阅。现场监督的重点内容通常需要查阅资料，而资料的携带一般不太方便，因此方便地调阅已入库的现场资料至关重要，图 3.40 显示了该系统开发的危险源信息调阅功能。例如，快速、直观地判断存在诸如非法施工、重点危险源以及建设缓

图 3.38　文件号、地块号等查询

图 3.39　现场采集和报告问题界面

图 3.40　危险源信息查询

期等情况的项目存在于哪些地方,应该怎么去有效的安排监管行程,监管现场怎么快速有效地采集信息等问题。

（2）关键技术

① 建设项目信息空间化。对于建设工程项目的数据管理采用基于实体的 GIS 空间数据组织方式,每一个实体都拥有确定的位置、属性和空间关系特征。

② 建设现场空间数据的传输和显示技术。在建设工程现场监管的移动 GIS 应用中,如何对地理空间信息进行快速存储、传输和显示是其关键技术之一。

③ WebGIS 地图服务。地图服务采用行业领先的 ArcGIS Server 解决方案,是一个发布企业级 GIS 应用程序的综合平台,支持的 GIS 软件可以集中管理并且支持多用户,并可以满足各种客户端的各种需求。

（3）创新点

① 基于 GIS 的建设项目全生命周期信息跟踪。根据建设项目全生命周期各阶段的 GIS 应用要求,依托要素级高精度地图,从现实世界地理对象的空间位置出发,以最符合人们认知模式的信息组织方式将建设工程监管过程产生的大量信息和资料关联起来,实现对建设工程全生命周期的 GIS 跟踪服务。

② 建设工程室内-室外作业一体化监管模式。基于 GIS 无线定位、WebGIS Service、远程数据传输、Ajax 等空间定位与空间信息服务技术,探讨了利用 GPS、智能手机、平板电脑、定点视频等多技术手段从建设工程现场获取信息的方法,实现了从工程现场到监管部门的建设项目监管信息采集、管理、发布以及应用统一的基于 GIS 平台建设监管室外-室内作业一体化无缝集成。室内-室外作业一体化模式下的系统架构如图 3.41 所示。

③ 建设项目监管信息的空间化展现。基于 GIS 的建设项目监管依托要素级的高精度地图,将建设工程要素信息以空间地物的形式进行可视化展现,能够从一张地图上查看建设工程的位置、面积、周围地物,并借此关联查询其建设单位、施工进度、危险源分布情况,实现从传统信息列表方式查看到空间化显示的转变,方便建设信息的高效快捷查询;另一方面,借助 GIS 对建设项目的容积率、绿化率、建设密度等空间参数进行监管和核查,保证这些数据的准确性、有效性和自洽性。

4）城市地理信息交换中心

数字城市建设的核心是资源共享。但是,目前地理信息资源的共享存在很大问题,已经成为制约我国地理信息产业发展的瓶颈,主要表现在:数据类型不完善,缺乏统一的空间数据标准,大量的空间数据在格式、空间参考、属性字段等方面都没有统一的标准规范,难以实现共享;空间数据大部分采用文件方式进行管理,没有建立统一的空间数据库系统,无法实现有效的分发和共享机制;另外数据更新速度慢,现势性差,要保证

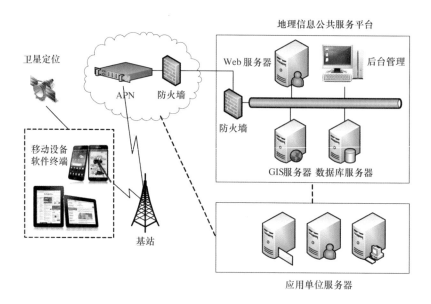

图 3.41　室内-室外作业一体化模式下的系统架构

数据的现势性必须要有有效的数据更新机制；行业保护，重复建设，系统功能过于专业化，难以普及和推广等情况。

基于上述问题，地理信息数据交换共享平台建设势在必行，以实现各种数据资源应用系统间互通互联，从而解决不同数据源之间各种数据交换与共享需求。本课题的主要指导思想是基于测绘部门在地理信息获取和管理方面的独特地位，结合多年积累的地理空间信息资源优势，探讨一种测绘部门如何利用现代技术，与政府信息化工作有机结合，以地理空间框架数据为核心，搭建一个基础的、开放的共享交换平台，最大限度节约资源，解决地理空间信息共享问题，并为其他信息资源的整合奠定基础。

城市地理信息交换中心的建设主要包含以下两方面的内容。

（1）城市地理数据的自动采集与共享交换机制。城市地理信息数据交换中心建设是以基础地理数据为基础，需要在此之上建立网络流转平台，以实现地理信息的汇总与专业化、社会化服务，这就需要有效的协调各部门的业务系统，建立地理数据的共享交换机制。

根据地理数据在数据共享交换体系中业务应用的不同，将地理数据进行分类，并对不同类别的数据在数据生产、发布和交换过程中的责、权、利、等级、粒度以及数据交换方法等作相应的规定，以便于管理与实施。

（2）地理数据交换中心构建技术。在分析各种交换技术、方法的基础上，总结了数据交换中心建设的原则，初步构建了地理数据交换中心的技术框架，并对其重要模块与服务内容作了分析，在此基础上，针对地理信息数据交换的服务对象的不同，提出了交换中心建设的三个层次，并通过恰当的技术路线与技术创新，使数据交换中心的建设与现有业务系统很好的融合在一起,保护了已有投资,为小规模投入、分阶段增量建设数据交换中心提供了示范。

结合园区部门需要,选取了城市建设与管理中具有典型性的建筑单体信息共享交换作为课题原型系统,在管理与技术两个层面对系统所需数据/服务进行了梳理,并制定了相应的标准,通过恰当的技术路线选取与技术创新,初步建立了跨测绘、规划、土地、建设、房产以及产权中心等多部门间数据共享交换的机制与流程,并在应用中体现了价值。

数据交换中心的关键技术为空间数据建库、统一数据服务平台、共享数据自动采集三项。

(1) 基础地理空间数据分类、建库技术。建立数据共享交换机制,需对各职能部门职责进行类别划分,明确数据应用体系中的权责分配,合理架构共享力度,促进共享平台建设的合理性与可操作性。数据交换中心需要高效的存取基础地理空间数据与全局共享的业务数据,当前通用的解决方案是数据访问中间加后台数据库或是直接采用空间数据库,针对各部门的现有情况,选取 Oracle 数据库保存空间数据与业务数据,可以较好地满足已有系统以及共享平台的需要。

(2) CAD、GIS、MIS 的互通技术。由于现有业务系统平台有 Microstation V8、Bentley Map、ArcGis 以及各类办文系统等,如何通过有效的手段基于网络向用户提供空间数据、属性数据服务是平台建设需重点考虑的问题。空间数据必须经过 GIS 组件或 GIS 系统来解析处理才能为用户所接收。各平台能对共享的 Oracle 库中的属性进行访问,但对于空间数据则可能不能直接访问。通过相关的插件开发,调用不同的空间数据系统会寻找相应的服务组件,实现了读取共享的空间数据对象。

(3) 统一数据服务平台技术。统一数据服务平台(Universe Data Service,UDS)是把其他系统中开发的 Web Service 服务或者需要公开的数据信息通过手动注册的方法集成到系统中,然后通过系统提供的统一数据服务接口向外公开。UDS 是数据流转的核心平台,所有的数据访问服务都通过 UDS 进行,这样既统一了服务的发布、访问机制,便利了第三方系统的开发,又可通过对平台上数据流转的记录,能较好地进行数据安全的控制。

通过搭建基于网络的地理数据共享平台,提供基于网络平台的分布式多源地理数据共享,解决建库技术和 GIS 技术在地理信息数据交换系统建设中的技术问题,实现了地理数据在网络环境中的协同工作共享效率的最大化,开发了数据服务、数据转换等系统接口,快速高效地提高了各专业系统的使用效率,创建了基础地理信息数据的共建共享全过程应用示范工程。在"数字城市"建设方面具有很大的推广应用价值。

3.4　前沿技术

3.4.1　云计算技术

1. 云计算

云计算(Cloud Computing)是基于互联网的相关服务的增加、使用和交付模式,通常涉及通过互联网来提供动态易扩展且经常是虚拟化的资源。其中"云"指的是网络、互联网的一种比喻说法。过去在图中往往用云来表示电信网,后来也用来表示互联网和底层基础设施的抽象。云计算可以发挥数以万亿次的运算能力,用以模拟核爆炸、预测气候变化和市场发展趋势等计算量庞大的工作。个人用户可通过移动终端的方式接入数据中心,按自己的需求进行运算。

云计算是分布式计算、并行计算、效用计算、网络存储、虚拟化、负载均衡、热备份冗余等传统计算机和网络技术发展融合的产物。私有云是指企业可以完全控制的云计算方式,例如云存储的存储资源的访问可以完全由企业建立和控制,而不是哪一个云计算服务提供商。私有云有以下特点:能对数据、安全性提供有效控制,提供更高的服务质量,充分利用现有硬件资源和软件资源,不影响现有 IT 管理的流程,部署方式灵活。

2. 并行计算

并行计算是指同时使用多种计算资源解决计算问题的过程,是提高计算机系统计算速度和处理能力的一种有效手段。它的基本思想是用多个处理器来协同求解同一问题,即将被求解的问题分解成若干个部分,各部分均由一个独立的处理机来并行计算。并行计算系统既可以是专门设计的、含有多个处理器的超级计算机,也可以是以某种方式互连的若干独立计算机构成的集群。通过并行计算集群完成数据的处理,再将处理的结果返回给用户。

3. 虚拟化

虚拟化,是指通过虚拟化技术将一台计算机虚拟为多台逻辑计算机。在一台计算机上同时运行多个逻辑计算机,每个逻辑计算机可运行不同的操作系统,并且应用程序都可以在相互独立的空间内运行而互不影响,从而显著提高计算机的工作效率。

虚拟化使用软件的方法重新定义划分 IT 资源,可以实现 IT 资源的动态分配、灵活调度、跨域共享,提高 IT 资源利用率,使 IT 资源能够真正成为社会基础设施,服务于各行各业中灵活多变的应用需求。

4. 地理信息系统的云计算技术

日益进步的数据采集技术使得我们可以从各种不同的渠道得到丰富的数据。与此同时,这一趋势带来的问题是海量的数据,使得任何单一的系统都很难保存或处理。此外,GIS 系统对获取的地物要素位置、逻辑或物理数据进行空间分析,其过程繁琐复杂,且对运算能力要求极高。为了与分散在不同位置的用户分享 GIS 数据和运算结果,一个像云计算这样的高扩展、低成本的计算平台对 GIS 来说至关重要。

5. GIS 云服务

GIS 云服务包括私有云服务和公有云服务。私有云是为一个客户单独使用而构建的,由企业自己来管理和维护云端的各种资源,实现对数据、安全性和服务质量的最有效控制。公有云是为外部客户提供服务的云,它所有的服务是提供给大众而不是某个用户群。云服务遍布整个因特网,能够服务于几乎不限数量的拥有相同基本架构的客户。

本书后续章节中会具体介绍苏州园区地理信息云的 IAAS,DAAS,PAAS,SAAS 的建设情况。

3.4.2　大数据与数据挖掘技术

1. 大数据

"大数据"是指无法在可承受的时间范围内用常规软件工具进行捕捉、管理和处理的数据集合。它是需要新的处理模式才能具有更强的决策力、洞察发现力和流程优化能力的海量、高增长率和多样化的信息资产。

2. 大型数据库技术

大型数据库是 IBM 公司开发的两种数据库:一种是关系数据库,典型代表产品:DB2;另一种则是层次数据库,代表产品:IMS 层次数据库。

大数据技术的战略意义不在于掌握庞大的数据信息,而在于对这些有意义的数据进行专业化处理。换言之,如果把大数据比作一种产业,那么这种产业实现盈利的关键在于提高对数据的"加工能力",通过"加工",实现数据的"增值"。大型数据库的数据定义包括数据库模式定义和外模式定义,其中,大型数据库的数据库模式是物理数据库记录型的集合,每个物理数据库记录型对应于层次数据模型中的一个层次模式,由一个 DBD 定义,且物理数据库记录到存储数据库的映射包含在这个物理数据库记录型的 DBD 定义中;而大型数据库的外模式是逻辑数据库记录型的集合。每个逻辑数据库记录型由一个 PCB 定义。一个逻辑数据库记录型到大型数据库模式的映射包含在这个逻辑数据库记录型的 PCB 定义中。用户是按照外模式操纵数据的。

3. 多源异构数据模型

多源异构数据模型是用来对各种异构数据提供统一的表示、存储和管理,这些功能在异构数据集成系统中实现。多源异构数据摒弃了各种异构数据间的差异,通过异构数据集成系统统一操作。因此,集成后的异构数据对用户来说是统一的和无差异的。总体来说，多源异构数据的目标是为了实现各异构数据源之间的数据共享，有效地利用资源，提高整个异构数据集成系统的性能。而多源异构数据模型的理想目标是在分布式环境下给用户提供一个单一系统的映像。也就是说把所有相互作用的细节向用户隐藏起来，使用户把各个子系统看成是一个完全无缝的数据集成系统。它强调融合，着眼于要素的相互竞争、制约和依存。

4. 应用案例

大数据技术与数据挖掘技术为园区的诸多系统提供了有力的技术支撑，园区测绘以此为基础开发了许多数据库，以下介绍园区地理信息资源库、视频共享规划、法人地理信息库、综合交通数据库的相关情况。

1）园区地理信息资源库

为应对信息化环境中政府部门和社会大众对地理信息在线服务的迫切需求，苏州工业园区测绘中心做出了建设园区地理信息公共服务平台（以下简称"公共服务平台"）的决策。"公共服务平台"由数据层、服务层和运行支持层组成。其中数据层是"公共服务平台"的建设重点之一，其主体内容是公共地理框架数据，包括地理实体数据、电子地图数据、地名地址数据、影像数据与高程数据。

地理信息资源库是平台建设的基础，为了满足数据分发、空间分析服务的需要，地理信息资源库必须在并发性能、稳定、安全等方面满足多层次应用的需求。针对各类数据的更新方式与周期，平台建立了适当的更新机制和规范。

构建多尺度、多分辨率、多种类、覆盖面广、精细度高、统一权威、实时更新的地理信息资源库，在时间上需涵盖过去、现在和未来，在空间上应包括地上和地下，在业务上是跨部门、跨阶段的。数据的深度到权属单元，区分度为米，精度为厘米。

园区的空间数据具有以下特点：①涵盖了苏州工业园区地上、地表以及地下；②主要包括城市建设部门所产生的数据，如规划、房产、土地、建设；③数据具有日常更新的长效机制。

根据这些特点结合实际情况，设计的资源库制作流程如图3.42所示。

由城市建设部门（规划、房产、土地、建设部门）所产生的数据，采用汇集日常测绘项目成果的方式更新空间数据，由园区测绘中心根据统一的数据标准，生产并更新以上部门所产生的空间数据。

经过园区测绘的不断努力，截止到2013年，总数据库的图层数达到669个，其中基础地理信息图层136个，共享及专有图层533个。目前园区测绘取得平台相关软件著作权4项。公共服务平台的在线接入单位达到22家。

地理信息资源库的建设过程中，园区测绘主要完成了以下几方面的工作：①278km^{2}园区基础地理信息资源；②400km^2 1：1000正射影像；③278km^{2}地形图框架要素更新；

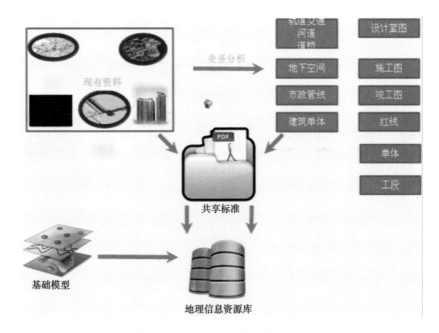

图3.42 地理信息资源库设计方法

④278km² 宗地、红线、建筑单体数据加工;⑤278km² 功能用地、权属单元数据、城市建设工程数据加工;⑥278km² 地名地址信息采集;⑦100km² 数字城管数据;⑧278km² 地下管网数据建库。

为了保证地理信息资源库的准确性,园区测绘还考虑到园区每年约有20%的城市空间在进行建设,这些空间的信息不可或缺,于是在建设中进行地理信息跟踪服务,保证了规划目标的有效实施,保证了城市建设的质量。高质量、内容丰富的地理信息数据库满足企业法人库、人口库的资源建设与信息利用,还满足了行政监管、"权利阳光"的要求。

2) 视频监控共享融合

频监控资源按照应用类别分为社会治安、电子警察、治安卡口、城市管理与交通流检测等,其中治安视频监控要求全方位、全天候监控,能识别车型、车牌、人脸,固定整体监控与重点跟踪监控结合;电子警察要求固定监控,识别车牌,能进行交通违法抓拍,视频分辨率要求高;治安卡口要求固定监控,能识别车牌人脸;城市管理要求识别道路抛洒漏、乱搭乱建、占道经营,要求实时监控、及时处理;交通流检测要求置顶安装,只监测固定车道。图3.43为园区视频监控分布图。

城市现有视频资源主要呈现分布范围广、网络结构复杂、设备种类多、设计厂商多、视频编码各异、数字模拟并存、新旧设备并存等特点。视频设备的新建与共享既需要统一的扎口部门进行管理,又需要视频技术、地理信息技术、网络与存储技术等方面的专业服务团队。

视频管理机构,是视频设备共享和新建的审批机构,掌握视频设备的属性、参数、网

105

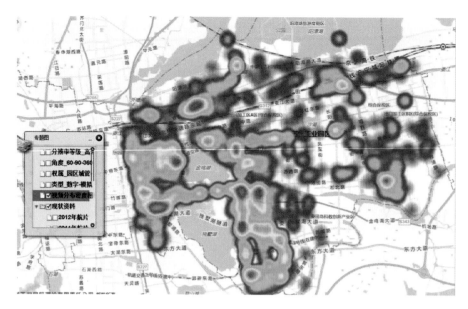

图 3.43　园区视频监控分布图

络架构和地理位置等信息,接受视频设备使用或新建申请,通过论证和评审,确定视频设备的共享、利旧、新建等具体实施办法。此外,视频管理机构也有义务综合园区视频现状,对园区视频建设、利用方面进行规划。

依据以上提及的数据库技术和共享模型,园区测绘建立了专业的服务机构提供视频共享建设与维护过程中的各项技术服务,比如网络、存储及云平台服务、测绘与地理信息服务、软件开发服务等。

开发出的共享视频平台系统应包括但不局限于以下内容。

(1) 系统管理服务软件(CMS)。系统管理服务软件是一个基于数据库的后台管理信息软件,是系统的核心业务服务器。负责处理监控的业务逻辑,进行权限等控制。根据业务逻辑需要,会发送命令给 VMTS、VSS 等服务器进行处理。

(2) 智能视频内容分析(VCA)。根据接入的前端摄像机以及 DVR、DVS 及流媒体服务器等各种视频设备,通过智能化图像处理技术,对各种安全事件进行主动报警,通过实时分析将报警信息传导至综合监控平台及客户端。具体应用包括交通流量检测、排队长度检测、交通违法检测(逆向行驶、跨线行驶、违章停车等)、入侵检测、人脸识别、物体识别、火焰烟雾检测、遗弃物检测、目标密度检测等。

(3) 视频流媒体转发服务软件(VMTS)。视频流媒体转发服务软件能够对多客户端复用相同现场图像的流媒体转发管理和现场流媒体带宽限制管理,保证有限带宽下的多路同时访问和降低现场存储设备的网络负荷,支持视音频流的转发,支持网内多用户对一个音视频流的访问。

(4) 视频流媒体集中存储服务软件(VSS)。视频流媒体集中存储服务软件能够实现在监控中心集中录像功能,包括中心存储管理、录像备份管理和删除管理等,应能够适用不同厂商的产品,用于解决动态视频监控系统中前端设备远程数字监控中心数据的存储问题。支持中心存储、分中心本地存储等多种存储方式;支持自动存储、周期存储、计划存储、手动存储等多种存储策略和存储策略的配置功能;支持 ASF 流媒体文件格式的存储和 RTSP 实时流媒体国际协议的回放。

(5)WEB 远程管理软件(WMS)。WEB 远程管理软件主要包括用户管理、日志管理、报警管理、系统对时、设备管理等方面的管理及应用。

(6)GIS 系统集成模块。可实现基于 GIS 地图的视频监控查询定位、周边查询、警力搜索、报警展示、视频点播、专题图展示等。

(7)网络数字矩阵软件(SNVD)。网络数字矩阵软件要求达到监控中心的网络数字矩阵软件专用客户端软件,支持灵活的解码卡与矩阵卡输出控制。支持对其他标准客户端软解码 VGA 输出的协同控制,支持管理最大多台客户端软解码输出上电视墙。提供本机显示控制,提供分组、轮巡、联动等多种控制方式。提供矩阵卡输出模拟视频信号复合方式控制(单画面、多画面、画中画)。

(8)客户端软件。提供独立的视频客户端软件,可实时浏览视频,可回放历史视频,提供可用于集成应用的视频插件。

园区建立的视频监控共享平台拥有如下特点:

(1)多业务融合。平台应支持多种业务应用模块整合,如治安动态智能卡口、电子警察、交通诱导、警情案情等,通过统一用户操作界面,单屏多屏组合显示,方便指挥中心和各相关业务人员的工作。更可提供警情全网巡查、可疑信息采集、案件研判、车辆追踪、人员协查、典型案例分析、业务统计分析等公安特色业务,发挥全网统筹的资源优势。

(2)预案管理。对大型活动及重大案件设置监控预案,如设置活动现场卡口摄像头的虚拟巡逻等预案,确保活动安全和可掌控。

(3)设备兼容。平台应兼容不同分辨率的高清卡口抓拍主机,兼容主流设备厂商的 DVS/DVR/IPC、高清网络摄像机。

(4)多级联网。平台提供分级、分权、分域部署模式,更可平滑扩容,进一步提升系统容量,满足业务长期快速发展的需要,并支援多级级联部署。

(5)无线应用。支持中国电信的 CDMA2000 EVDO、中国移动的 TD-SCDMA、中国联通的 WCDMA 等目前主流 3G 无线车载终端和单兵巡检终端。可实现智能手机、PDA 终端的接入,应支持移动抓拍、视频监控、云台控制、录像回放等功能。

3)法人地理信息数据库

园区法人库是园区信息化三大基础信息库之一,园区法人是园区城市建设和经济活动的主体,是城市管理的基本单元之一。园区法人库建设通过两年多的建设已形成了覆盖面广、信息完整、更新及时的资源库，并逐步成为园区电子政务系统建设的基础信息库。

法人基本信息中，法人名称、法人地址都是直接与地理位置信息有关，与地理信息资源库中的地名、地址数据可以直接关联，从而得到法人的空间坐标，这个关联的过程即为地理编码。此外，组织机构代码可用于查阅组织机构代码证，是获取地理位置信息的间接手段。法人库与地理信息库之间的关联主要依靠这两个字段实现。

（1）园区法人库

批量法人基础数据是园区法人库提供的状态为"正常户"的基本信息列表，除去地址在园区范围以外的数据 664 条，不纳入本项目的作业范围，共计 23276 条数据记录。包括组织机构代码，法人名称、注册地址、实际经营地址、投资国别、行业大类、企业类型七个数据字段。法人地理信息数据库的成果包括法人定位数据和地名地址库更新两个部分。

法人库界面如图 3.44 和图 3.45 所示。

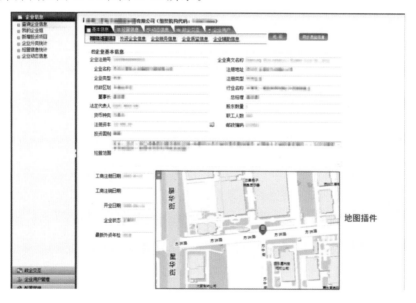

图 3.44　园区法人库地图服务

使用园区的地名地址调查成果数据（包括命名区域、门牌号、建筑单体、道路名称等）作为基础参考数据，以便将法人落到地图上。同时，地理信息资源库中的规划、建设、国土、房产各阶段地理数据以及行政村历史数据、城市兴趣点等数据也是重要的参考资料。此外，地理数据常有多种数据构成，比如地名至少包括现状地名和历史地名等，例如，命名区域由现状命名区域与历史命名区域组成。

此外系统定制开发采用了托管的方式，为用户提供了全套解决方案和云计算能力的支持。

法人地理信息共享服务查询分析系统依托法人地理信息库建设成果以及园区地理信息公共服务平台，构建法人地理信息的应用系统，系统采用微软. net 技术开发，B/S 结

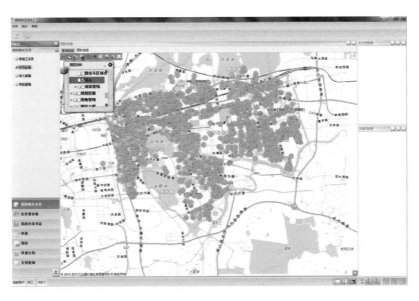

图 3.45　规划管理系统与法人库数据共享

构，使用 SQL Server 数据库，基于三层的体系架构和 ArcGIS JavaScript 技术，接入法人地理信息共享服务，实现法人地图浏览、法人信息查询、空间分析等功能模块。

查询展示与分析系统是空间信息和属性信息浏览以及多功能查询的集成，可以有效地利用该模块提供的功能菜单、按钮等对信息进行有效的检索、定位等。基于电子地图可以完成园区法人企业名称、地址、组织机构代码、行业代码、企业类型、企业状态等甚至更详尽经济户口信息的检索和查找，下面是系统的一些截图(图 3.46—图 3.49)：

图 3.46　分类企业查询

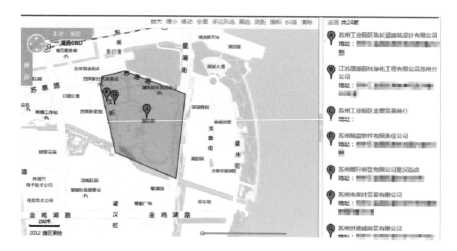

图 3.47　企业空间查询

图 3.48　以"制造业"为例展示出的投资密度图

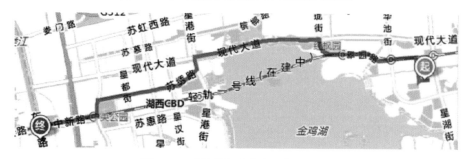

图 3.49　路径分析功能查询最短路径

4）综合交通数据库

园区综合交通数据库不仅仅是交通及相关数据的存储管理系统,而是面向园区各规划、建设、管理及相关业务部门,面向园区领导决策层,面向公众的交通信息化业务分析、业务决策支持系统基础数据平台。主要目标包括:

（1）整合园区土地利用、社会经济、交通营运、交通规划、基础地理信息等数据,搭建园区统一的综合交通数据库,开发相应的数据分析与管理平台,服务园区城市交通规划、建设、管理和养护等部门及单位;

（2）对接园区新版综合交通体系规划,建成一个可靠、权威的交通规划模型,为园区交通政策评估、交通影响评价、交通工程辅助设计、交通设施优化提供科学、准确、可靠的技术支撑;

（3）对接园区规划管理系统、地理信息公共服务平台、智能交管等相关数据源,制定相应的数据交互标准和共享机制,组建专业、稳定的团队,形成长期、有效的数据更新维护机制。

本系统主要由硬件支撑层、软件支撑层、数据层、应用层和用户层这五层架构组成,同时系统预留对外部系统提供服务的接口(图 3.50)。

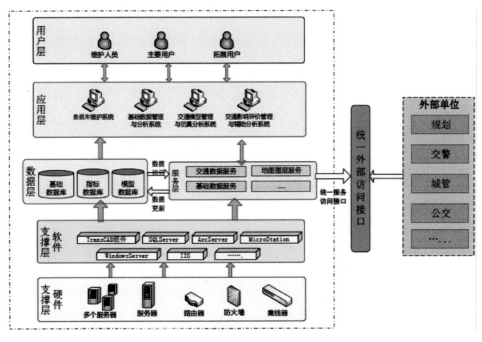

图 3.50　综合交通数据库管理系统架构

5）地下管线库

苏州工业园区行政区划面积约 $278km^2$,维护的综合管线覆盖整个园区,目前共计维护 14 类管线数据,包括雨水、污水、供水、燃气、电力、电信、有线电视等,约 7 120km。作为重要的城市地理信息建设内容,结合测绘地理信息技术和有关的数据库管理技术,建立了地下管线库。

园区综合管线功能主要有以下 7 个模块：

（1）地图数据基本 GIS 浏览功能模块，该功能模块的作用是提供用户浏览地图数据时需要用到的工具；

（2）管线数据管理功能模块，将外业数据导入系统数据库的临时数据集中，提供对系统数据库中各类管线数据的访问功能；

（3）管线数据业务化编辑功能，该功能模块提供的对管线数据的修改、删除、新增等工具。工具在设计时，充分考虑到了管线数据的逻辑结构；

（4）管线数据入库功能模块，该功能模块的功能是将外业调查的新数据，正确的更新到系统数据库中的正式管线数据中；

（5）数据查询统计功能模块；

（6）管线分析功能模块，包括连通性分析，断面分析；

（7）系统管理功能模块，包括系统设定，系统运行维护。

以上模块组成的数据库系统通过组合，发挥了平台效益，提升了信息服务效率。平台拥有如下四个特色。

（1）数据采集质量控制的规则化与标准化处理，在数据采集时，对数据进行先验性处理，如悬挂点，超长（短）线，相邻点高差容差等，保证数据采集的质量；

（2）强大的空间数据分析能力，可进行叠加分析，断面分析，连通分析，上（下）溯分析，为决策提供依据；

（3）能自动化生成成果图（图廓，注记，报告），极大提高生产效率；

（4）二三维一体化，在进行数据生产时能切换进行三维数据浏览查看，能直观感受地下管线的空间分布，发现地下管线的相交情况。

3.4.3 可视化与虚拟仿真技术

1. 可视化技术

可视化技术是随着现代仿真技术发展而衍生出来的一种仿真形式，通过增加文本提示、图形、图像、动画表现，使仿真过程更加直观，结果更容易理解，并能验证仿真过程是否正确。

2. 虚拟仿真技术

虚拟仿真技术，则是在多媒体技术、虚拟现实技术与网络通信技术等信息科技迅猛发展的基础上，将仿真技术与虚拟现实技术相结合的产物，是一种更高级的仿真技术。

3. 三维可视化应用案例

1）三维数据加工与建库/三维数据采集与建模

　　传统的三维建模数据一般只是针对某种单一平台设计,制作完成的三维模型数据很难转换成适合其他平台的中间格式,数据可移植性差。通过采用先进的可视化和虚拟仿真技术,可以使三维建模的效率和效果大大提升。图 3.51 为三维建模的内容和层次。

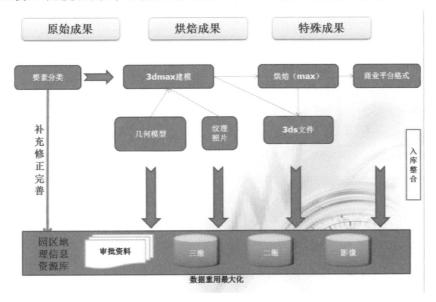

图 3.51　三维建模的内容和层次

　　利用这些先进的技术,园区测绘对园区范围内的三维数据采集与建模、全景数据采集、二三维信息整合与原型系统建设等工作。通过我们对建模方案细节的层层把控,着眼于数据的通用性原则,定能够使三维模型数据达到"一套数据满足多种平台"的总体目标,最终实现三维模型数据独立于三维平台。

　　该应用的建设内容主要包括以下几个部分:

　　(1) $100km^2$ 城市设计、在建、建成相关阶段的建筑物模型(建筑物阶段变化不再建模);道路、水系、植被、地面、地下空间设施等模型,含原始照片及其他相关中间成果。

　　(2) $100km^2$ 建模区三维烘焙图片。

　　(3) $100km^2$ 高程测量成果及高精度地形模型。

　　(4) 苏州文化艺术中心室内精细模型。

　　(5) $100km^2$ 主、次干道 360°全景照片。

　　(6) 二、三维信息综合与整合解决方案。

　　(7) 三维地理信息公共服务平台详细设计方案。

　　(8) 三维查询展示系统。

　　在具体建模过程中,工作流程如图 3.52 所示。

　　图 3.53~图 3.61 是项目应用过程中的部分成果。

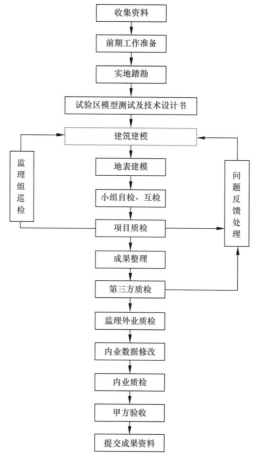

图 3.52　三维建模工作流程图

图 3.53　建筑物的图像采集

图 3.54 道路的采集

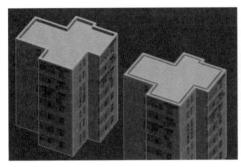

图 3.55 建筑模型

图 3.56 道路模型

图 3.57 景观小品图　　　　图 3.58 水系模型

图 3.59　桥梁模型图　　　　　　　　图 3.60　室内模型

图 3.61　场景渲染效果

在三维模型的建立和渲染工作完成后,再对模型进行数据入库处理。

三维地理信息资源库建设以地理信息公共服务平台为支撑,信息在时间上跨城市规划、城市建设、城市管理等全业务过程,在空间上实现了地上地下统一,以及地表、地块、建筑平面、建筑标准层及三维表面模型等多层次模型,精确、权威、时效性强,一方面能有效地满足日常规划建设管理需求,也能为企业法人、人口等需定位到产权单元的精细粒度空间管理提供可能,另一方面为园区智慧城市建设和地理区情监测提供了三维空间数据支撑。

(1)高精度,细粒度。项目以贯穿园区建设全过程的电子报批、竣工测量数据为依据,从中提取建筑基底、标准层为核心的空间位置、高度、结构等信息,进行三维建筑模型的生产加工,几何精度与实体粒度优于规范最高Ⅰ级。三维模型精细至标准层,各层平面精度中误差小于10cm,高程中误差小于20cm,做到了既满足大场景三维城市仿真,又无缝支撑权属单元级的精细管理的需求。

(2)二、三维一体,自动整合。项目研发的二三维数据自动整合系统,通过在三维建模与入库环节实现的二三维信息自动绑定与集成,很好地实现了在大规模三维模型建设生产条件下二三维信息高效准确的整合,充分利用已建地理信息公共服务平台信息,形成了基于统一平台的二三维一体化。

（3）一套数据，多个平台。实现了"平台无关"的重要构想。三维数据可以在目前国内外的流行的三维平台软件系统上运行展示。

（4）机制保障，高效更新。项目以地理信息公共服务平台"云服务"为支撑，以涵盖城市建设、城市管理全过程的行政审批为驱动，一站式的实现城市空间信息更新维护需求的自动推送以及更新成果的自动集成应用，信息更新维护高效、权威、时效性强，有效地提升了三维地理信息资源库的生命力。

2）基于 GIS 服务平台的三维模型全景查询与展示

基于地理信息公共服务平台，利用三维模型项目采集的数据进行全景查询展示模块的开发，将全景查询展示功能通过模块配置的方式向地理信息公共服务平台的用户提供功能。

其中利用 WebGIS 技术的空间数据管理技术，通过多种关系型数据库来管理基于多用户和事务的地理数据库。同时，对 GIS 提供基于浏览器的访问方式；支持多种网络环境的 GIS 网络服务发布，应用.NET 开发个性化应用程序，满足用户各种特殊的需求；应用行业标准软件集成 GIS 和其他 IT 技术；提供集中管理、多用户编辑的能力；在服务器上实现集中的空间分析。

系统功能主要分为两个模块，即全景模块和单点模块。可以分别对的目标周边的全景和对象进行查询显示图 3.62 为三维模型查询展示界面。

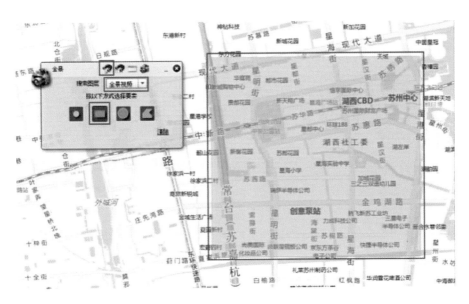

（a）属性查询

（b）属性查询

（c）查询结果选择

（d）全景查询

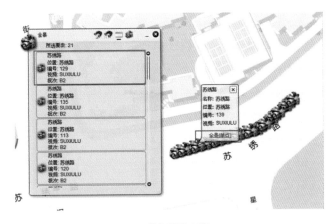

（e）详细信息查询

图 3.62　三维模型查询展示界面

3）三维科技载体资源库

基于园区科技载体管理的现状,运用可视化技术和数据库技术,将多种专题信息有机整合到统一的基础底图上,实现了信息图属交互查询,辅助相应的分析和决策。

三维科技载体资源库被用于日常科技载体的资源管理,包括数据查询与地图展示。通过数字化、可视化的管理,提高园区资源管理的工作效率和管理水平,加强载体资源的充分有效利用。

系统具有地理方位的可视化、信息来源的透明性、信息结构的综合性、表现形式的简单性、企业服务的普及性等功能和特征,满足科技载体升级管理、招商引资、加快发展的需求。项目建设架构如图 3.63 所示。

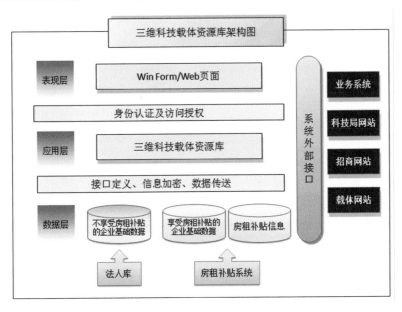

图 3.63　三维科技载体资源库框架

该应用案例的主要建设内容是如下四个方面。

（1）设定、完善数据库的建设、管理和应用等一系列技术标准，实现科技载体资源的信息快速准确发布、共享和交换机制。

（2）建设科技载体数据库。开展数据整合工作，对科技载体建筑实体、建筑物室内图、入驻企业信息等不同类型、不同专业的多源、异构数据进行梳理，完成本项目核心数据库的建库工作。

（3）梳理业务流程，与法人库、科技企业信息综合管理系统进行数据对接，在此基础上建设园区三维科技载体资源库查询系统及房租补贴管理应用。

（4）利用地理空间信息技术，加强科技载体资源的充分有效利用，充分揭示载体使用效率、享受园区房租补贴优惠政策等信息，实现科技载体运营的常态化监管，奠定园区科技载体精细管理与高效服务的基础。

该项目是综合数据库技术和可视化技术的典型应用案例，项目的投入使用对数字城市的建设具有重要的意义。

（1）成为展示园区建设成就的新窗口。三维科技载体资源库的建成，将园区科技载体成果以地理位置为索引通过信息聚合、三维可视化展示等方式呈现给用户，具有很好的宣传效应。图3.64为三维科技载体资源库管理系统界面。

图3.64　三维科技载体资源库管理系统界面

（2）实现科技载体精细化管理。三维科技载体的应用，使得日常管理工作从二维数据管理转变到三维空间中来，更为方便地对载体进行三维综合研究和空间分析（图 3.65），带来更直观、更高效、更快捷的地理信息服务，在提高工作效率、减少管理成本等方面，有着重要的意义。

（3）促进园区科技载体招商开展。与现有科技发展局官网集成，发布科技载体可租赁房源，企业可以快速地查看科技载体的房源信息，为科技载体招商工作开展献力。图 3.66 为入驻企业内部平面图查看。

图 3.65　科技载体的地块查询

3.4.4　BIM 技术

1. BIM 技术简介

BIM 技术是一项应用于设施全生命周期的 3D 数字化技术，它以一个贯穿期生命周期都通用的数据格式，创建、收集该设施所有相关的信息并建立起信息协调的信息化模型为项目决策的基础和共享信息的资源。BIM 技术有如下四大特点：①操作的可视化；②信息的完备性；③信息的协调性；④信息的互用性。

国内研究结合目前国内 BIM 技术的发展现状、市场对 BIM 应用的接受程度以及国内工程建设行业的特点，对中国建筑市场 BIM 的典型应用进行归纳和分类，得出了规划、设计、施工和运营四个阶段的 20 种典型应用（图 3.67）。

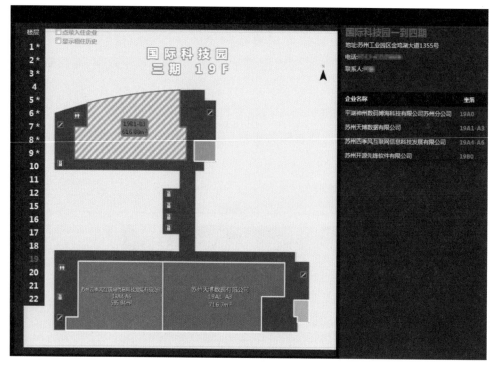

图 3.66　入驻企业内部平面图查看

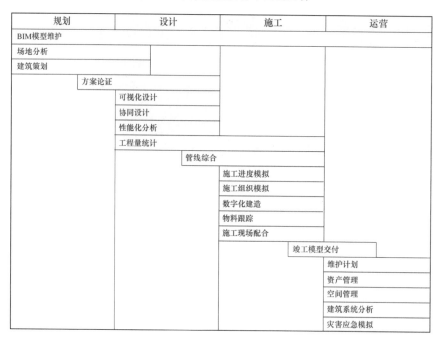

图 3.67　BIM 技术在国内的 20 种典型应用

BIM 技术大大改变了传统建筑业的生产模式,利用 BIM 模型,使建筑项目的信息在其生命周期中实现无障碍共享、无损耗传递,为建筑项目全生命周期中的所有决策及生产活动提供可靠的信息基础。BIM 技术较好地解决了建筑全生命周期中多工种、多阶段的信息共享问题,使整个工程的成本大大降低、质量和效率显著提高,为传统建筑业在信息时代的发展展现了光明的前景。

2. BIM 技术与 GIS 的结合

目前,BIM 已经开始和地理信息系统(GIS)结合起来,两者的结合已经成为 BIM 应用研究的新课题。GIS 系统具有强大的空间分析和建模能力,并且支持从互联网调用数据。BIM 要定义的信息是建筑内部的信息,与 BIM 相比,GIS 的数据范围主要集中在建筑物的外部。

随着 BIM 应用的发展,也需要一些建筑外部空间的信息以支持进行多种类型的应用分析,例如结构设计需要地质资料信息,节能设计需要气象资料信息,而这些在地球表层(包括大气层)空间中与地理分布有关的数据都可以借助 GIS 得到。反过来,通过 BIM 与 GIS 的集成(图 3.68),BIM 可以给 GIS 环境带来更多的信息,从而扩展了 GIS 的应用,提升了 GIS 的应用水平。因此,BIM 与 GIS 的结合是一种发展的趋势。

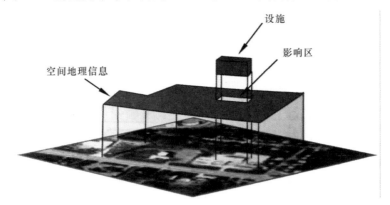

图 3.68　BIM 与 GIS 的关系

3. BIM 技术与场地分析

在设计的前期阶段,应用 BIM 进行基地分析,如场地建模、场地处理等的主要目的,在于确认项目的可行性以及项目潜在的目的与需求。地的日照条件、气候以及地理空间条件可以通过读取气候数据包和 GIS 数据获取。在设计前期阶段,GIS 的场地分析功能(如叠加分析、接近分析、表面分析、连通性和跟踪分析)将为建筑设计提供更多的决策参考。

但传统的基地分析存在诸如定量分析不足,主观因素过重,无法处理大量数据信息等弊端,通过 BIM 结合地理信息系统(GIS),对场地及拟建的建筑空间数据进行建模,利用 BIM 及 GIS 软件的强大功能,可以迅速得出可信的分析结果,帮助项目在规划阶段评估场地的使用条件和特点,做出最理想的场地规划、交通流线组织和建筑布局等关键性决策。

在苏州中心项目中,园区测绘通过 BIM 与 GIS 结合对场地进行了高质量测量和分析,同时在项目管线测绘中进行了 BIM 探索应用(图 3.69)。

图 3.69　苏州中心整体 BIM 模型

　　此外,在建筑设计除应考虑现有地形条件外,还应妥善处理建筑场地与周围建筑物、公用设施的关系,如交通出入口设置、周边建筑的协调、绿地树木的保留等,要充分合理地分析和利用。现状道路建模通过采集道路的平面走向、纵断高程和横断宽度数据,通过三维道路建模软件如 Civil 3D、InfraWorks 或 Power Civil 等软件复原现状道路,建模精度以满足建筑场地设计出入口设置要求和反应现有交通状况为宜。现有建筑可根据原建筑竣工图纸翻建,若无法找到图纸,可采用现场测量翻建、三维激光扫描,需要大范围建筑群数据时,亦可采用航空倾斜摄影等手段完成现有建筑的建模。

　　4. BIM 技术与道路勘测

　　GIS 和 BIM 都是信息模拟技术,在各自领域均可进行多种查询、统计分析、提供三维模型等功能。BIM 侧重于在直角坐标系中对建筑物自身框架和内部详细组成的三维体现;GIS 则可以使用任何坐标系统来呈现出建筑物的造型、立面和外部空间等整体轮廓的三维细致描绘,在大地坐标下的空间感具有很大的优势。

　　新建道路工程。在道路工程项目中利用 BIM 和 GIS 技术,从规划选线阶段中 GIS 对线网的外轮廓勾勒,到设计施工阶段中 BIM 对内部构造组成的细致描绘;从建设时期资产的布局与设置,到运营期间设备的归整与管理;从每一条线路的沉降偏移,到整个路网的联动影响,无不为设计者、管理人员及决策者提供强有力的技术支撑和依据。

　　5. BIM 与智慧城市

　　随着智能建筑、智慧城市的发展,由于牵涉到设备、构件在设施内的定位,物联网(IOT)与 BIM 的结合越来越密切,除了在设施的施工阶段可以应用物联网来管理预制构件外,物联网更大量的应用实在设施的安装与运营阶段。BIM 与 GIS 以及物联网的结合,将为智慧城市的发展开辟广阔的前景。

　　BIM 和 GIS 数据的交换也将成为发展"智能城市"(Smart City)的一个关键。除了地理和气候信息,城市信息还包括三维实体类数据,城市空间类数据,运动行为类数据以及文本类数据。目前三维实体通常采用三维激光扫描仪获取点云之后转为三维的矢量信息。城市空间类数据通常利用航测图像的处理获取数字高程模型(DEM)和数据正射影像图(DOM)。运动行为类信息通常以实地调查或问卷为主,通过 Java2b 或 Java3b 进行数据可视化,获取更多直观的影像。随着便携式 GPS 和智能手机的普及,采用的以上设备进行动态跟踪,签到和轨迹记录可以获取更多的城市数据。BIM 则有望成为智能城市中建筑数据的主要提供者,为城市能源、水、垃圾处理、城市管网、公共安全、教育、医疗、绿色建筑、交通和市民服务提供综合决策的依据。

第4章 苏州工业园区空间信息基础设施建设标准规范与体系

国家测绘局《关于加强数字中国地理空间框架建设与应用服务的指导意见》中曾强调提出：健全政策法规与标准体系，重点完善基础地理信息分级分类管理、信息使用权限管理、信息采集与更新、信息交换与共享、信息开发应用、知识产权保护和信息安全保密等方面的政策法规。信息化标准体系、信息共享管理政策法规、信息共享运行机制和信息资源整合等作为数字园区建设的重要内容和前提条件，有效地保障了基于空间信息的智慧园区的正常运行。

4.1 政策法规建设

政策法规是围绕数字城市建设实施、管理、维护和长效机制建设等各方面而建立的一整套管理制度体系。加强政策研究和法规建设，重点完善基础地理信息分级分类管理、信息使用权限管理、信息采集与更新、信息交换与共享、信息开发应用、知识产权保护和信息安全保密等方面的政策法规。

4.1.1 规划建设方面

《中华人民共和国城乡规划法》鼓励采用先进的科学技术，增强规划的科学性，提高规划实施及监督管理的效能，这给规划信息化提供了更多的理论依据及指导思想。

2011年6月，住房和城乡建设部颁布了《关于进一步推进住房城乡建设系统依法行政的意见》（建法〔2011〕81号），意见指出"充分发挥信息技术在行政执法中的作用。建立和完善行政执法办案管理系统，利用信息化手段，及时发现违法行为，为迅速查处违法案件提供技术支持。建立行政执法责任制信息化管理系统，提高行政执法管理信息化水平。完善网上电子审批、一个窗口集中办理和'一站式'服务的工作机制，加强对许可权力的有效监督和制约，提高服务质量和效率。"《意见》的发布对政策法规在执法领域进行信息化建设和应用起到了推动作用。

随着国家城乡规划法、物权法、江苏省规划管理条例、苏州市规划管理条例的颁布实施，在法制层面上要求规划建设行政审批业务需进一步规范。为此，苏州园区规划建设局积极开展工作，将规划建设行政审批工作落实到信息化层面上。

国土资源是事关国家社会可持续发展和国计民生的重要战略资源,开展国土资源"一张图"建设是当前国土资源信息化工作的重点任务之一,并已列入《国土资源信息化"十二五"规划》。2009 年国土资源部明确提出抓好国土资源"一张图"工程建设的要求,2010 年又发文进一步明确了国土资源"房地一张图"工程建设的指导思想、总体要求、主要目标、主要任务和保障措施。

为满足国家在宏观决策和突发应急时的迫切信息需求,2010 年,李克强副总理做出"加强基础测绘和地理国情监测,着力开发利用地理信息资源"的重要指示。

4.1.2　信息化建设方面

1. 加快信息产业发展

2008 年,国家测绘地理信息局贯彻中央关于扩大内需的有关精神,出台了《国家测绘地理信息局关于为国家扩大内需促进经济增长做好测绘保障服务的若干意见》(国测办字〔2008〕11 号),提出加快试点推广。

2011 年 2 月,工信部制定发布《工业和信息化部关于实施 2011 年通信村村通工程的意见》,强调完善农村通信基础设施建设,提升农村信息服务能力。随着国家对农村信息化建设的引导,城乡"数字鸿沟"将逐步减小,为数字城市向乡镇推进奠定基础。紧接着 5 月,工信部发布《工业和信息化部办公厅、财政部办公厅关于做好 2011 年物联网发展专项资金项目申报工作的通知》,根据通知,国家加大了政策扶持力度,保障了数字城市基础通信设施和物联网的建设。2011 年底,受工业和信息化部的委托,国家信息中心发布了《中国信息化城市发展指南(2012)》,该《指南》旨在指导和推动我国信息化城市健康发展,构建信息化城市建设的基本理论框架,系统地回答了信息化城市是什么、怎么做等问题,分析了信息化城市跨越发展、可持续发展中需要注意的问题。

2011 年 6 月,国家测绘局根据《中华人民共和国国民经济和社会发展第十二五年规划纲要》精神,按照国家关于"十二五"规划编制工作的统一部署,组织编制了《测绘地理信息发展"十二五"总体规划纲要》(以下简称《纲要》)。《纲要》提出"十二五"期间,我国将按照"构建数字中国、监测地理国情、发展壮大产业、建设测绘强国"的发展战略,大力发展基础测绘事业,繁荣地理信息产业。

2. 构建数字中国地理空间框架

《国务院关于加强测绘工作的意见》要求:"着力自主创新,加快信息化测绘体系建设,构建数字中国地理空间框架。"

2006 年,国务院办公厅转发了原国家计委等 11 个部门和单位编制的《关于促进我国国家空间信息基础设施建设和应用的若干意见》,推进了我国空间信息基础设施的全面发展。

《关于加强数字中国地理空间框架建设与应用服务的指导意见》(国测国字[2006]35号)中指出:"数字中国地理空间框架是国家空间信息基础设施的重要组成,是国民经济和社会信息化的基础支撑平台。数字省区、数字城市等数字区域地理空间框架是数字中国地理空间框架的有机组成部分,与数字中国地理空间框架在总体结构、数字体系、标准体系、网络体系和运行平台等方面是统一的和不可分的。测绘部门是数字中国地理空间框架建设的主题,分别负责数字中国、数字省区、数字城市地理空间框架建设。"

《关于全面加快数字城市地理空间框架建设试点与推广工作的通知》(国测国字[2008]38号)中指出:"在总结试点城市经验的基础上,各省(区、市)测绘行政主管部门参照试点城市的遴选条件和程序,每年可推荐部分'认识明确、需求迫切、监管到位、经费落实'的城市,经我局核准后列入'数字城市地理空间框架建设与应用'推广计划。例如推广计划的城市,我局将在城市影像获取、国家基础测绘成果使用、公共平台建设的指导思想等方面予以支持,支持的力度按照每个城市地理空间框架建设投入总额度的10%掌握。为确保建设质量,每个省(区、市)每年列入推广计划的城市原则上不超过5个。"

2010年,针对推广工作的部署和要求,国家测绘地理信息局起草了《关于加快数字城市地理空间框架建设推广的意见(讨论稿)》。全面推进数字城市地理空间框架建设与应用,促进城市地理信息资源的统筹开发与共享利用,进一步提升测绘为经济建设主战场服务的能力,成为测绘部门推动事业科学发展的又一项重要战略举措。

2012年10月22日,国家发展改革委印发《国家空间信息基础设施建设与应用"十二五"规划》。

2013年,为进一步加快数字城市建设步伐,全面推动应用于发展,充分发挥成果效用,国家测绘地理信息局发布《关于加快数字城市地理空间框架建设全面推广应用的通知》(国测国发[2013]27号),就机制建设、数据更新以及应用方面提出了要求。

3. 苏州工业园区信息化建设

地理空间信息基础框架是数字城市的重要基础,根据国家相关法律法规,各地方政府结合本地实际情况制定了空间信息资源的管理规定,这有利于加强政府各部门与应用服务主体之间的地理信息资源共享和利用,提高地理信息资源的共享程度和网络化服务水平,避免重复建设。江苏省、苏州市及园区管委会也积极制定相关信息化扶持政策,建立完善代建、运维等制度规范,不断规范信息化管理;密切关注国家关于智慧城市相关政策动向,加强对上政策争取等。

2003年,园区管委会下发了《关于园区信息化建设若干问题》《苏州工业园区信息化发展纲要草案》《园区电子政务建设总体方案》,作为园区信息化和电子政务建设指导性文件,从制度上规范了部门电子政务建设行为。

2006 年,编制了《苏州工业园区经济和社会信息化"十一五"规划》,明确了"十一五"期间全区信息化发展目标,主要任务和措施。

2009 年,园区成立了以管委会主要领导为组长、各部门主要负责人为成员的园区信息化领导小组,先后制定了《苏州工业园区信息化建设与发展规划(2009—2011)》、《苏州工业园区信息化专项资金管理办法》、《苏州工业园区信息化重点项目管理办法》等相关规章制度,设立了信息化发展专项资金,建立了相对完善的信息化管理运维体系,在机制、资金上为信息化建设与发展提供了有效保障,使得信息化机制日臻完善,园区扶持引导电信运营商、IT 企业、学术机构等社会各方力量共同参与园区信息化建设,扩大信息化工作推进面和成效,形成"以信息化建设促产业发展,以产业发展带动信息化应用"的双轮驱动的信息化建设与发展模式。

2013 年 8 月 27 日,江苏省经信委发布《关于加快智慧城市建设的实施意见》(苏经信信推〔2013〕694 号),明确提出"提升城市基础设施支撑。以城市各类信息资源为核心,推进各类信息基础设施和资源的整合共享。加快完善地理空间框架建设,加强多种类、多尺度地理信息数据的获取、处理与更新,不断丰富和完善基础地理信息数据体系。全力打造符合数字城市、智慧城市建设要求的含有地名地址、城市三维精细模型、地下空间设施、遥感影像、实时位置信息、多维度可视化地理信息等数据的地理信息数据库和平台。"

4.1.3　城市管理方面

2006 年来,国家测绘局已先后批准多个数字城市建设试点,服务于科学管理与决策,工业和信息化部、国家遥感中心从国家发展规划、产业发展、政策支持和信息发展等方面推进数字城市建设的发展。

中共中央第十七届五中全会通过的《关于制定国民经济和社会发展第十二个五年规划的建议》中明确提出:"加强重要信息系统建设,强化地理、人口、金融、税收、统计等基础信息资源开发利用。以信息共享、互联共通为重点,大力推进国家电子政务网络建设,整合提升政府公共服务和管理能力。"

国务院办公厅转发的《全国基础测绘中长期规划纲要》提出:"2020 年,基本建成数字中国地理空间框架。建设数字城市地理空间框架,利用现代地理信息技术整合城市信息资源,促进城市地理信息资源的统筹开发和利用,为城市科学管理与决策提供支撑,对于提升城市软实力、推进经济结构调整、增强可持续发展后劲将产生积极的推进作用。"

2012 年,国家测绘地理信息局发布《关于加快数字城市建设推广应用工作的通知》(国测国发〔2012〕1 号),表明数字城市建设全面进入推广阶段。

近年来,江苏省积极推进数字城市建设,2011 年印发了《江苏省数字化城市管理系统建设与运行管理办法》和《江苏省数字化城市管理系统运行验收标准》,在《苏州市国民经济和社会信息化"十二五"规划》和《苏州工业园区 2011—2015 年经济和社会发展规划纲要》中,也对智慧城市建设提出了明确要求。

2012 年 1 月 16 日,苏州工业园区管理委员会印发了《苏州工业园区信息化建设与发展"十二五"规划》,提出,以建设"智融服务、慧聚创新"的智慧新园区为宗旨,力争到 2015 年,基本实现电子政务协同高效、社会资源畅达易用、公众服务整合创新、企业应用广泛深入,将苏州工业园区建成全国领先的信息化高科技园区和国际一流的智慧型城区。

4.2 规范标准建设

规范标准建设贯穿于整个智慧城市建设,涉及的信息数据具有涉及面广、数据量大、数量类型多等特点,因此必须遵循相应的规范标准来加以实施,严格遵守既定的标准和技术路线,确保整个系统的成熟性、拓展性和适应性,规避系统建设的风险。

4.2.1 概述

1. 国内外标准化工作进程

从 20 世纪 60 年代起,随着地理信息系统技术在国际上的迅速发展,信息系统的标准化问题也日益受到国际社会的高度重视。

目前,国际标准化组织地理信息技术委员会、欧洲开放信息交换组织、美国联邦地理数据委员会、开放式地理信息系统协会、我国有关部门等在地理信息标准化方面做了很多工作。从范围上讲,地理信息标准可分为国际标准、区域标准、国家标准、地方标准、其他标准等五大类。从城市空间基础数据生成、管理、发布、共享等方面讲,应当由参考系统标准、数据模型标准、数据字典标准、数据采集标准、数据质量标准、数据交换标准和元数据标准等一系列标准组成完整的标准体系。

数字城市空间数据基础设施的建设、管理和应用设计城市建设和管理的方方面面,其工作的标准规范也来源于各个行业和部门。其中,最基础、最集中的标准规范来自四个方面:一是城市建设系统,二是国家测绘系统,三是国土资源系统,四是信息产业、统计、公安等其他相关系统。这些标准规范有的是国家标准,有的是本系统、本行业的标准。

国外数字城市建设的标准化程度很高,其通信网络基础设施和空间数据基础设施建设,严格执行国家标准或国际标准。我国地理信息标准化从 20 世纪 80 年代初开始,始终将地理信息的标准化和规范化作为 GIS 发展的重要组成部分,但针对我国国情而言,城市地理信息标准化还存在许多问题,主要表现:地理信息更新和应用服务标准相对比较薄弱;标准之间的协调和统一不够充分。

要实现城市地理信息的标准化,必须根据系统的内在技术规律,从实际应用出发,围绕系统的共性特征,针对统一术语定义,统一设计与实施办法、统一体系结构、统一信息分类与编码、统一的空间定位、统一数据质量要求、统一数据描述、统一数据交换格式、统一接口规范等问题,提出一系列标准化的原则和具体要求;同时也要对城市地理信息系统的软硬件环境、数据通信与系统互连、系统的安全与保密等方面提出相应的标准化、规范化要求。只有这样,才能达到信息资源共享的目的,为系统开放打下基础。

2. 相关国家标准

目前,较为常用的国家标准有以下标准。

(1) 测绘方面

- 《城市测量规范》(CJJ8-99);
- 《数字航空摄影测量空中三角测量规范》(GB/T 23236-2009);
- 《全球定位系统(GPS)测量规范》(GB/T 18314-2001);
- 《测绘成果质量检查与验收》(GB/T 24356-2009);
- 《数字测绘产品检查验收规定和质量评定》(GB/T 18316-2001)。

(2) 数据标准层面

- 《地理空间框架基本规定》(CH/T 9003-2009);
- 《基础地理信息数据库基本规定》(CH/T 9005-2009);
- 《基础地理信息标准数据基本规定》(GB 21139-2007);
- 《地理空间数据交换格式》(GB/T 17798);
- 《基础地理信息城市数据库建设规范》(GB/T 21740-2008);
- 《数字城市地理空间信息公共平台地名/地址编码规则》(GB/T 23705-2009);
- 《三维地理信息模型数据产品规范》(CH/T 9015-2012);
- 《三维地理信息模型生产规范》(CH/T 9016-2012);
- 《三维地理信息模型数据库规范》(CH/T 9017-2012);
- 《数字城市地理空间信息公共平台地名/地址分类、描述及编码规则》(CH/Z 9002-2007);
- 《地理信息公共服务平台电子地图数据规范》(CH/Z 9011-2011);
- 《地理信息公共服务平台地理实体与地名地址数据规范》(CH/Z 9010-2011)。

(3) 公共平台建设层面

- 《地理信息公共平台基本规定》(CH/T 9004-2009);

- 《数字城市地理空间信息公共平台技术规范》(CH/Z 9001－2007);
- 《数字城市地理空间信息公共平台建设要求》(CH/T 9013－2012);
- 《数字城市地理空间信息公共平台运行服务规范》(CH/T 9014－2012);
- 《地理信息网络分发服务元数据内容规范》(CH/Z 9018－2012);
- 《地理信息元数据服务接口规范》(CH/Z 9019－2012)。

3. 苏州工业园区标准化建设

苏州工业园区标准化建设项目是以地理信息参考模型和标准化理论为基础,从地理信息共享和标准一致性原则出发,通过分析研究地理信息技术标准系统模型和结构,结合中国城市的实际情况,给出城市地理信息标准化体系框架,并探讨性地构建基于地理参考模型的空间数据标准体系,基于 ISO 19101 地理参考模型和标准化原理,依托该标准化建设项目,整理、归纳现有国家标准,参照国际国外先进标准,建立中小城市空间信息标准化体系,并研究其实际应用来描述数据标准,为我国中小城市地方地理空间数据标准的制定提供方便。

同时,提出城市地理空间信息标准化的应用的实现方法,利用 ArcGIS 提供的基于 Visio 的 UML 模版,结合 ArcGIS 构建标准空间数据库,并将工业园区现有数据导入空间数据集,研究基于空间数据集的城市地理空间框架标准及其应用,提出建立城市空间数据标准框架方法,利用通用建模语言(UML)建立基于空间数据集的地理空间框架,简述了不同种类数据加载到城市空间数据框架的方法,具体阐述空间数据的共享、标准化及其实施,从而提高空间数据管理的效率。

最后,在城市地理空间数据标准化框架指导下,收集、整理和分析现有国家标准,行业标准和先进地方标准,制定苏州工业园区部分空间数据采集标准,满足苏州工业园区城市建设发展和空间数据共享的需求,最终实现"数字工业园区"。

苏州工业园区地理信息标准化系统仿照地理空间数据的生产过程,将园区标准系统(图 4.1)分为城市地理空间信息基础标准和专业技术标准。城市地理空间信息基础标准包括:地理信息术语、地理信息模型、地理信息空间参考系(椭球体、高程基准、大地基准)、时间参考系、地理信息分类与编码切、地理信息模型描述语言、地理信息数据字典、地理信息数据精度、地理信息数据记录格式和文件格式等。地理信息专业技术标准包括:城市空间数据采集与处理、城市空间信息存储与管理、城市空间信息应用与服务和城市空间信息更新。

4. 园区空间信息标准化体系框架

在收集、整理国家和现行标准基础上,经过分析、归纳,构建地理信息标准化体系框架,完善相应的标准系列,并建立科学合理的标准参考模型,然后探索性的利用 UML 或 GML 进行数据标准的描述,形成 Geodatabase 文件的空间数据库,并将园区现有空间数

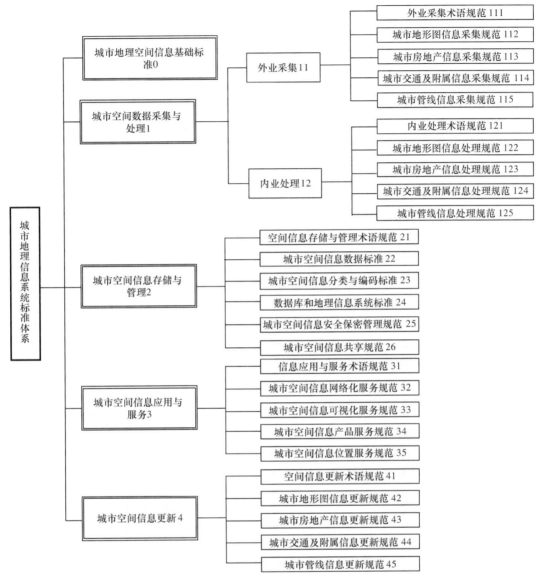

图 4.1　苏州工业园区地理信息标准化系统

据导入数据库,形成园区标准空间数据集,促进园区空间数据的共享和互操作,达到数据标准化应用的目的。

园区基础空间数据标准框架在整个苏州工业园区标准化建设项目中起主导作用。内容分为以下几部分:

(1)第一章提出城市空间信息标准化研究的总体背景;

(2)第二章讲述了标准化建设的目的和意义,当前国内外标准化工作的现状及其比较,分析存在的不足,以及研究发展趋势;

(3)第三章讲述了地理信息标准化体系的研究内容,即分析和研究城市地理信息技术标准体系的系统特性和标准化目标,研究地理信息共享的原理和主要要素、标准一致性原则,研究地理信息技术标准体系的结构框架,并用于苏州工业园区地理信息标准体系构建;

(4)第四章介绍了地理信息参考模型分析,分别介绍了 FGDC 标准参考模型、欧洲标准化委员会地理信息技术委员会的"地理信息参考模型"和 ISO 19101 地理信息参考模型,并分析了他们之间的差异;

(5)第五、六、七章讲述了城市地理信息标准化体系内容,即在收集、整理现有国家标准、行业标准的基础上,参考 ISO 19101 地理参考模型,归纳、总结并制定出符合我国现有国情的城市地理空间信息标准化体系,并分析了其实现所依赖的技术支持条件;

(6)第八章介绍了城市地理空间信息标准化应用,提出了两种方法:第一,利用 GML 描述地理空间对象,并用 ArcGIS9.2 转换为 Geodatabase 文件,最终形成相应的符合统一数据标准的空间数据集;第二,利用 ArcInfo UML Model,在 Visio2003 环境下,构建自己的 Geodatabase 的 UML 模型,通过 ArcCatalog 转换为 Geodatabase 文件,最终形成相应的空间数据库,并将园区现有各种格式数据导入,形成符合园区的标准空间数据集,有利于园区空间数据的共享和互操作。

在苏州工业园区空间信息标准化体系框架指导下,依据现有国家标准,参照国家测绘局等单位制定的测绘行业标准,借鉴其他地方先进标准,整理和制定苏州工业园区部分测绘地方标准,包括具体以下几部分:苏州工业园区空间信息采集与处理规范;苏州工业园区空间信息存储与管理规范;苏州工业园区空间信息更新规范。

4.2.2 数据采集生产作业规范

数据的采集的质量取决于数据标准的科学、高效的程度和数据库的更新周期,也受到数据采集方式、精度的影响。基础数据的采集工作是不可避免的,制订科学的城市信息建设标准,并依据其进行数据采集和生产,能够有效地提高工作效率和数据精度,减少无谓的人力物力资源消耗,方便进行数据资源的共享和发布。苏州工业园区标准化建设,制订的空间数据采集处理规范,正是为了这一目的,规范主要内容包含以下内容。

(1)第一章介绍地形图采集与处理规范,共包括苏州工业园区 1∶500,1∶1000,1∶2000数字地形测量技术规程,苏州工业园区 1∶500~1∶2000 基础测绘数据采集标准,苏州工业园区 1∶500,1∶1000,1∶2000 数字地形图图式,苏州工业园区 1∶5000,1∶10000数字地图图式,苏州工业园区 1∶5000,1∶10000 地形图航空摄影测量内业规范。

(2)第二章介绍房地产信息采集与处理规范,结合苏州工业园区实际情况,参照深圳市房屋建筑面积测绘技术规范,制定苏州工业园区房屋建筑面积测绘技术规范。

（3）第三章介绍苏州工业园区管线采集与处理规范，参照诸暨，苏州等城市地下管线测绘技术规范，制定苏州工业园区地下管线探测技术规程。

1. 数据采集规范

城市空间数据采集与处理按采集与处理的场所和方式可以分为外业数据采集和内业数据处理。

（1）外业采集分为外业采集术语规范，城市地形图信息采集规范，城市房地产信息采集规范，城市交通及附属信息采集规范，城市管线信息采集规范。

（2）外业采集术语规范，按照采集方法和设施的不同，分为：大地测量术语规范，摄影测量与遥感术语规范，GPS测量术语规范，城市工程测量术语规范，水准测量术语规范，平板仪测量术语规范，三角测量术语规范等。

城市地形图信息采集规范，按照采集的方法和手段不同，分为测绘技术规范，地形图航空摄影规范，光电测距规范，水准测量术语规范，GPS测量规范，工程测量规范，三角测量规范，导线测量规范等。

城市房地产信息采集规范，按照不同的类型，分为地籍测量规范，房产测量规范，土地利用要素采集规范，土地规划要素采集规范，土地分等定级要素采集规范和房产分户定丘要素采集规范。

城市交通及附属信息采集规范，按照内容不同，可分为公路信息采集规范，铁路信息采集规范，水路信息采集规范，道路附属设施采集规范。

城市管线信息采集规范，分为地下管线探测规范和长距离管道测量规范。

（1）内业数据处理分为内业处理术语规范，城市地形图信息处理规范，城市房地产信息处理规范，城市交通及附属信息处理规范，城市管线信息处理规范。

（2）内业处理术语规范，按照方法和处理的内容不同，包括地图术语规范，地形图汇编术语规范，地图数字化术语规范，遥感影像术语规范。

城市地形图信息处理规范，按照不同的内容，包括地形图制作规范，地形图测量数据处理规范，地形图汇编规范，地形图图式规范，地形图分幅与编号规范，地形图数字化规范，导航电子数据编辑处理规范和外业数据信息质量评价规范。

城市房地产信息处理规范，按照内容不同，分为地籍管理规范，土地管理规范和房产信息管理规范。

交通及附属设施信息内业处理，按照内容不同，分为公路信息处理规范，水路信息处理规范，铁路信息处理规范和交通附属设施信息处理规范。

管线信息内业处理，按照内容不同，分为地下管线信息处理规范和长距离管道信息处理规范。

2．IT 标准与规范体系的建设

地理信息共享服务平台的建设是一个地理信息与 IT 技术结合的过程。公共服务平台不但反映了地理信息与地理信息技术的关系，也反映了通用 IT 技术在地理信息技术中的应用。特别是在对地理数据获取方法、数据精度、数据分析与处理方面，IT 技术对平台的建设产生了重大影响。

地理信息共享服务平台建设将基于面向服务架构（SOA）的设计、并遵循"软件即是服务，服务即是软件"的开发理念，以封装良好的、可重用的、易拓展维护的、可跨平台使用的 Web 服务为编程基本单元，按"数据-服务-应用"的逻辑结构来组织，以服务模式来实现数据的共享。

3．规范的内容

分析国家标准，参照测绘行业标准和一些城市的地方标准，整理和制定空间信息采集与处理方面标准如下：

（1）苏州工业园区 1∶500,1∶1000,1∶2000 数字地形测量技术规程；

（2）苏州工业园区 1∶500～1∶2000 基础测绘数据采集标准；

（3）苏州工业园区 1∶500,1∶1000,1∶2000 数字地形图图式；

（4）苏州工业园区 1∶5000,1∶10000 数字地图图式；

（5）苏州工业园区 1∶5000,1∶10000 地形图航空摄影测量内业规范；

（6）苏州工业园房屋建筑面积测绘技术规范；

（7）苏州工业园区地下管线探测技术规程。

4.2.3　地理数据建库规范

在构建基础空间数据库，基础空间数据入库的方面。由于多种属性、图层，要分别存储到相应表中，因此存在着原始数据与数据库表、字段不能完全匹配的问题，同时在多源数据向 Geodatabase 数据的转换中，会带来数据的丢失和错误，需要对各个没有能直接进行匹配的字段进行检查和增补，对于出错的实体，要进行修改重画或者删除。要减少这一部分的工作量，必须在数据采集和处理阶段按照规范，以一定的手段进行，以产生较为整齐、统一的数据源，方便入库时候处理。

在城市地理空间数据标准化体系框架下，参照现有国家、行业和地方先进标准，进行修改，结合苏州工业园区实际情况，制定苏州工业园区空间信息存储与管理系列规范。本规范分为三章：第一章讲述空间数据标准，具体介绍了苏州工业园区基础地理信息系统数据规程，苏州工业园区规划图数据格式标准，苏州工业园区 1∶500,1∶1000，1∶2000 矢量地形图数据标准；第二章讲述城市信息分类与编码标准，分别制定了城市管理部件分类与编码，事件分类与编码，专门部门代码和地理编码规则等规范；第三章讲述了空间要素标识标准,包括单元网格划分与编码规则。

1. 储存与管理规范概念

城市空间信息存储与管理可分为空间信息存储与管理术语规范,城市空间信息数据标准,城市空间信息分类与编码标准,数据库和地理信息系统标准,城市空间信息安全保密管理规范和城市空间信息共享规范。

空间信息存储与管理术语规范,按照内容的不同,包括:地理信息系统基本术语规范,分类编码通用术语标准,数据库语言术语标准,空间信息术语标准,空间信息质量管理术语,电子数据交换格式术语规范和软件工程术语规范。

城市空间数据标准,可分为:城市地理格网规范,数据模型及算符规范,地理点位置表示规范,数据分类标准,数据编码系统标准,数据存储介质规范,数据文件命名规范,图像和栅格数据,图像、栅格和数据覆盖层数据框架,图像和栅格数据传感器参数模型和数据模型,数据覆盖层几何图形和函数的模式和图像和栅格数据集合成。

城市空间信息分类与编码标准,包括:城市空间信息分层规范,城市管理分区与代码规范,城市定位分区规范,城市信息分类和编码规范,地图分类和编码规范,国土信息分类与编码规范和城市地理要素编码规范。

数据库和地理信息系统标准,包括:地理信息系统数据库命名规范,地理信息系统建库规范,地理信息系统数据库查询规范,地理信息系统数据库连接规范,地理信息系统软件开发规范,地理信息系统软件接口开发规范,地理信息系统总体设计规范,地理信息系工程质量评价规范,地理信息数据库字典,数据库更新及内容规范,数据库维护规范,土地管理信息系统技术规范,地籍信息系统技术规范,城市管线信息系统技术规范,海洋信息系统技术规范和资源与环境信息系统开发建设规范。

城市空间信息安全保密管理规范,包括:空间信息分级用户规范,空间信息申请和分发审批规范,空间信息分级管理规范,空间信息物理安全规范,空间信息处理设备的安全,空间信息的存取安全与保密规范,空间信息处理的安全要求,空间信息加密算法标准,空间信息离线管理规范,空间基础信息成果立案归档技术规范和空间基础信息成果档案管理与保护规范。

城市空间信息共享规范,包括:地理信息服务标准,数据交换格式规范,数据发布形式规范,地理信息共享接口标准,地理信息系统网络设施和通信协议,地理信息系统互操作规范,地理信息系统局域网设计规范和地理信息数据生产局域网技术规范。

2. 地理信息标准与规范体系建设

地理信息共享服务平台建设是依托相关的地理信息标准与规范的基础上建立起来的。国家虽然已有一系列按指导标准制定的导则、规定和方法,也有一系列有关测绘、数据库、软件工程、系统设计、文件编写、网络与通信以及安全与保密等方面的标准。但这些对于公共服务平台的建设还是不够,还需要在按照"遵循、执行"的原则下进行若干地方化与补充的工作。主要进行两方面工作:一是根据城市实际情况,有计划收集、分析国家已有的各类专业的术语标准,整理编写为本系统所用;二是要在各部门、各专业通力合作下,编制具有城市本身需要和特点的专业名词术语的科学含义手册作为系统的统一标准。

国家已发布的相关的地理空间信息标准与规范主要有《基础地理信息标准数据基本规定》、《数字城市地理空间信息公共平台技术规范》、《数字城市地理空间信息公共平台地名/地址分类、描述及编码规则》。

在此基础上形成了《苏州工业园区地理数据标准》,该标准将园区的空间数据分为以下类别:行政区划;交通及附属设施;水系及附属设施;公园绿地;建筑物;地名;功能用地数据;兴趣点;地下空间;影像资料、照片资料、多媒体资料。

同时积极与相关行业部门协调,不断改进数据标准。

3. 空间数据标准

城市地理空间数据标准化,有助于实现开发的应用模块和数据库在各种计算机平台上移植,实现在硬件、软件和系统上的综合投资效益。同时,城市地理信息标准化可以促进用户从复杂的网络系统的不同节点上获取数据,最终实现数据的互操作。城市地理信息空间数据标准化的用途如此广泛,但标准化还需一定的技术支持才能实现。实现地理信息标准化,最终实现数据共享,存在关键的技术问题主要有:数据结构、数据模型和数据格式的统一;空间数据质量;空间数据挖掘;数据的互操作。

实现数据结构,数据模型和数据格式的统一,需要进行协商,实现地理信息行业的标准化,全部采用统一的地理空间标准参考模型进行定义数据结构和数据格式,最终实现数据结构等的统一。

空间数据质量,主要取决于数据采集精度和处理时采用的数据取舍精度。通过建立统一的空间数据采集和处理标准,可以保证空间数据质量良好。

空间数据的互操作能力主要包括:当需要时,独立于物理位置查找数据和处理工具;不考虑平台支持和物理位置都能理解和使用所发现的数据和工具;形成商业应用的处理环境,而不局限于某一商家的产品。空间数据的互操作实现需要以下技术支持:

(1)通过统一的网络协议互操作实现系统间的基本通信;

(2)通过实现在另一系统中以文件原有的格式打开和显示来实现文件系统的互操作;

(3)通过实现程序在不同操作系统下运行实现形式的互操作;

(4)通过实现查询和处理分布在不同平台上的公共数据库数据的能力来实现查询和访问数据库的互操作;

（5）通过应用统一的地理数据模型、服务模型和地理领域模型来实现地理信息系统间的互操作；

（6）通过实现利用翻译程序将数据库中的数据转换成所需数据实现语义的互操作。

4.2.4　数据共享规范

信息共享，首先要确定标准规范。城市空间信息应用与服务，分为城市空间信息应用与服务术语规范，城市空间信息网络化服务规范，城市空间信息可视化服务规范，城市空间信息产品服务规范和城市空间信息位置服务规范。

（1）城市空间信息应用与服务术语规范，包括：导航术语规范，地图产品术语规范，城市基础信息术语规范和城镇资源术语规范。

（2）城市空间信息网络化服务规范，包括：网络地图服务和服务器接口，网络数据服务及其接口，网络地图文档，坐标转换服务，地理信息元数据访问，地理空间数据检索查询和用户数据升级更新服务。

（3）城市空间信息可视化服务规范，包括：城市景观三维可视化，城市管线可视化，城市建筑设计与规划可视化和城市日照分析可视化。

（4）城市空间信息产品服务规范，包括：地理信息数字产品规范，地理信息产品标识规范，地理信息产品的注记和包装，地理信息产品质量分析统计方法，测绘产品质量验收规范，周期性产品逐批检验抽样方法，地形图产品规范，数字产品元数据，测量用航空摄影原始影像，摄影测量外业控制成果，摄影测量外业调绘成果，摄影测量内业空中三角加密成果，大地测量成果，数字地籍图，数字管线图，数字交通图，土地利用与土地覆盖图，数字地形图印刷规范，网格型数据产品规范，地名数据产品规范，复合型数据产品规范和文本型数据产品规范。

（5）城市空间信息位置服务规范，包括：地理空间定位服务规范，GPS 导航服务规范，静态位置服务规范，动态位置服务规范。

4.2.5　数据更新规范

分析国家标准，参照测绘行业标准和一些城市的地方标准，整理和制定空间信息存储与管理方面标准如下：①数字地形图更新测绘及规程；②苏州工业园区 1∶500，1∶1000，1∶2000数字地形图图式；③房地产空间信息变更测绘及规程；④交通附属设施更新方案；⑤管线设施空间信息更新规程；⑥空间数据库更新规程。

园区基础空间数据标准框架中的数据更新规范方面，主要包含如下规定和内容：第一章讲述空间信息更新规范的总则，包括范围、背景和概述；第二章介绍数字地形图更新测绘及规程，包括数字线划图信息变更测绘、数字高程模型、数字正摄影像图和数字栅格图;第三章讲述房地产空间信息变更测绘及规程,具体介绍房地产变更测绘的处理办法;第四、五章介绍交通附属设施和管线设施空间信息更新规程,具体介绍分类编码及现状调绘的方法;第六章讲述空间数据库更新规程,介绍空间数据分类与编码、编码方法及元数据的更新等。

城市空间信息更新,分为空间信息更新术语规范,城市地形图信息更新规范,城市房地产信息更新规范,城市交通及附属信息更新规范和城市管线信息更新规范。

空间信息更新术语规范,包括:数据生产技术术语规范,数字地形信息更新术语规范,土地信息更新术语规范,房产信息更新术语规范,交通及附属信息更新术语规范和管线信息更新术语规范。

城市地形图信息更新规范,包括:数字地形测量成果更新规范,影像信息更新规范和控制网数据更新规范。

城市房地产信息更新规范,包括:地籍测量信息更新规范,房产测量信息更新规范,土地利用要素更新规范,土地规划要素更新规范,土地分等定级要素更新规范和房产分丘分户要素更新规范。

城市交通及附属信息更新规范,包括:公路信息更新规范,水路信息更新规范,铁路信息更新规范和道路附属信息更新规范。

城市管线信息更新规范,包括:地下管线信息更新规范和长距离管道信息更新规范。

4.2.6　数据安全保障制度

安全保障体系是数字城市建设的重要组成部分,与管理规范标准的建设策略类似,安全保障也应该贯穿项目建设的始终,按照国家有关安全保密的标准、法律法规和文件精神要求,采用分域分级防护测量,一般从物理安全、运行安全、信息安全保密和安全管理4个层面进行计算机信息系统分级保护和等级保护建设,实现全网统一的安全保密监控与管理、建立各项安全管理制度。

1. 园区信息化安全体系

园区开展信息安全体系规划工作时,依据《国家电子政务信息安全等级保护条例》,明确园区信息安全策略、信息安全管理组织、信息安全技术规范标准,完善信息安全管理方法、流程和制度。在物理、网络、应用、数据等层面运用信息安全先进技术,增强信息安全保障能力。

园区信息化应用体系的灾备策略,依托了园区数据中心资源建立同城灾备体系,并利用异地数据中心资源建立数据级备份,形成"两地三中心"的灾备格局,为园区各类应用系统提供安全、稳定、高可用的备份数据中心,最大限度满足园区数据整合、数据管理和数据应用的要求,保障数据的可恢复性和业务连续性。

2. 园区测绘公司信息安全管理制度建设

苏州工业园区测绘地理信息有限公司依据 GB/T 22080－2008/ISO/IEC 27001：2005 标准建立健全信息安全管理制度以确保公司业务的有效性与连续性，在建立、实施与保证信息安全管理制度中，以下工作尤为关键：强化员工的信息安全意识，规范组织信息安全行为；对组织的关键信息资产进行全面系统的保护。

为确保信息安全管理被充分理解和实施运行，园区测绘公司制定《信息安全管理体系方针》，其中重要原则和标准是：法律法规和合同要求的符合性；与政府监督机构和特定利益集团保持适当的联系；安全教育、培训和意识要求；业务持续性管理。

1）信息安全管理制度保障

（1）建立全员安全意识，合理规划信息安全。安全意识的强弱对于整个信息系统避免或尽量减小损失，对整个具备主动防御能力的信息安全体系的搭建，都具有重要的战略意义。园区测绘公司建立起全员防护的环境。在意识上建立的防患意识，并有足够的资金支持，形成企业内部的信息安全的共识与防御信息风险的基本常识。

（2）建立信息采集、审核、发布管理制度，保障信息传递过程的安全性。

（3）建立涉密信息管理制度，加强对计算机介质的管理，对储存有秘密文件、资料的计算机等设备有专人操作，采取必要的防范措施，严格对涉密存储介质的管理。

（4）立数据库的信息保密管理制度，保障数据库安全。数据库由专人管理并负责。

（5）建立日志的跟踪、记录及查阅制度，及时发现和解决安全漏洞。

2）信息安全管理措施保障

为保证公司计算机系统的正常运作和公司业务数据安全，加强计算机设备及系统管理，避免误操作，减少人为损害，公司在技术上提供相应的保障措施。

（1）病毒防护监管措施。公司建立病毒防治机制；组织处理由病毒引起的信息安全事件；定期组织对计算机病毒防治情况的检查；开展计算机病毒防治知识的培训。

（2）用户账号和密码保护。公司对系统的安全、账号及权限进行有效管理，责任到人；对系统软件的管理；在系统维护过程中，产生的记录：系统维护日志、系统维护卡片、详细维护记录。

（3）数据和文件安全保护。公司 CORS 平台部利用存储设备的快照功能对服务器实施备份和检测可用性，并保留备份日前五天的数据。各部门根据职责范围内数据的重要性设定访问权限和授权范围，防止非法变更、泄露或破坏。

（4）网络接入安全与远程接入控制措施。公司采用互联网与内部网络二线合一方式，严格遵循公司信息安全标准控制要求，在互联网入口设有必须的防火墙等安全设备，并通过端口 IP 绑定、病毒查杀、逻辑隔离、客户端控制保证互联网与内部网络间的信息安全。虚拟专用网（VPN）可采用隧道加密技术等安全技术手段，确保其传送的数据不被窥视和篡改,防止非法用户对数据信息的访问。专线接入数据中心网络,必须经过防火墙并采取访问控制、路由控制等安全控制措施,确保专线接入的安全。

(5)用户使用权限。公司对各类信息系统的访问活动进行控制。信息系统包括但不限于各种应用系统、操作平台、数据库、网络系统和信息处理设施、设备等。以加强信息资产的保密性、完整性和可用性,避免未授权的访问。

(6)涉密数据管理措施。公司将涉密的数据进行单独存放管理。涉密数据存放于一台独立的服务器上,该服务器与公司办公局域网没有物理上的连接,数据也由专人管理。如果员工有需要访问到该服务器上的数据,需经管理员将物理连接线路更改后,再经专人将数据处理后,交由员工使用。如涉及大批量使用涉密数据的,需经过公司领导审批后,进行数据处理。

3)信息安全管理责任落实

(1)信息安全组织框架

为在公司内建立有效的信息安全组织框架,提供公司信息安全管理体系组织保障,推动信息安全各项工作的开展,公司成立信息安全管理小组,从而将安全工作落实到各个部门,做到分工明细,责任明确。从组织上切实保障了计算机信息系统的安全运行。信息安全管理组织构架图如图4.2所示。

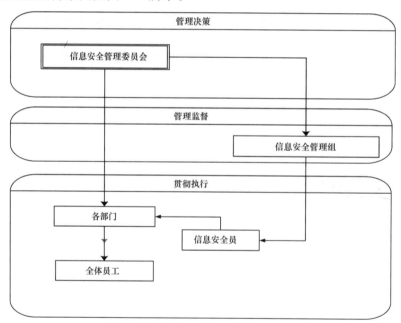

图 4.2　信息安全管理组织构架图

信息安全组织机构的职责是实现信息安全管理方针。主要负责制订、落实信息安全工作计划,对公司、部门信息安全工作进行检查、指导和协调,建立健全企业的信息安全管理制度,保持其有效、持续运行。

（2）信息安全协调与协作

公司采取相关部门代表组成的协调会的方式，进行信息安全协调和协作：

① 确保安全活动的执行符合信息安全方针；

② 确定怎样处理不符合；

③ 批准信息安全的方法和过程，如风险评估、信息分类；

④ 识别重大的威胁变化，以及信息和相关的信息处理设施对威胁的暴露；

⑤ 评估信息安全控制措施实施的充分性和协调性；

⑥ 有效地推动组织内信息安全教育、培训和意识；

⑦ 评价根据信息安全事件监控和评审得出的信息，并根据识别的信息安全事件推荐适当的措施。

（3）信息安全管理风险控制

公司安全风险管理通过对全网、特别是关键资产的周期性风险计算，合理分配资源，为安全控制的范围、类型和力度等提供决策参考。公司根据所要实现的信息安全目标选取适当的风险评估方法，并制定风险评估程序以持续适用于公司的信息安全管理体系。

信息安全风险在被识别后，进行分析和评价，根据其结果，选取合适的控制措施，以满足风险评估和风险处理过程中所识别的需求。控制措施的选择还应考虑可接受风险的准则以及法律法规和合同要求。公司风险接受准则是：如果降低风险所付出的成本大于风险所造成的损失，则选择接受风险。

可接受的风险级别为：按照公司所采取的风险评估方法，风险共分 5 级，可接受风险级别为低风险和一般风险，或者管理者批准接受的风险；较高风险和高风险不能接受。

为确保信息安全管理的有效实施，公司开展以下活动对已识别的风险进行有效处理：①形成《信息安全风险处理计划》，以确定适当的管理措施、职责及安全控制措施的优先级；②为实现已确定的安全目标、实施《信息安全风险处理计划》，明确各岗位的信息安全职责；③实施所选择的控制措施，以实现控制目标的要求；④确定如何测量所选择的控制措施的有效性，并规定这些测量措施如何用于评估控制的有效性以得出可比较的、可重复的结果；⑤进行信息安全培训，提高全员信息安全意识和能力；⑥对信息安全体系的运行进行管理；⑦对信息安全所需资源进行管理；h. 实施控制程序，对信息安全事故（或征兆）进行迅速反应。

4）信息安全管理相关文件和记录控制

（1）文件控制

信息安全小组按《文件控制程序》的要求，对信息安全体系所要求的文件进行管理。对信息安全管理手册、程序文件、管理规定和为保证体系有效策划、运行和控制所需的受控文件的工作实施控制,以确保在使用场所能够及时获得适用文件的有效版本。

公司文件控制保证:①文件发布前得到批准,确保文件是适宜的;②必要时对文件进行评审、更新并再次批准;③确保文件的更改和现行修订状态得到识别;④确保在使用时,可获得相关文件的最新版本;⑤确保文件保持清晰、易于识别;⑥确保文件可以为需要者所获得,并根据适用于他们类别的程序进行转移、存储和最终的销毁;⑦确保外来文件得到识别;⑧确保文件的分发得到控制;⑨防止作废文件的非预期使用;⑩若因任何目的需保留作废文件时,应对其进行适当的标识。

(2)记录控制

公司信息安全小组按《记录控制程序》的要求,对记录的标识、贮存、保管和处置等进行管理。信息安全管理记录可以是表、单、记录、报告、证书、图片等多种适用的形式,可以是书面的或电子媒体的。文本档和电子数据记录,均按记录控制程序执行。

4.3 城市空间信息服务体系建设

4.3.1 建设项目的全生命周期测绘跟踪服务体系

园区测绘从建设项目的规划、建设、国土、房产等各方面都作为技术支撑部门发挥着重要的作用,各阶段的测量工作如图4.3和图4.4所示。

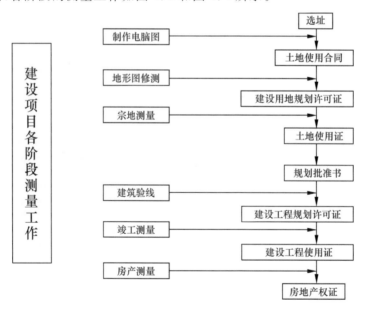

图4.3 建设项目各阶段测量工作

测绘工作在建设项目全过程中发挥着基础性的作用,信息在全过程中的有效传递和跟踪监督非常关键,园区测绘总结多年来测绘工作经验,构建了建设项目的全生命周

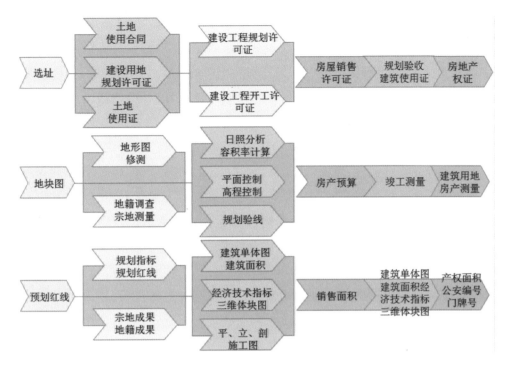

图4.4 服务于行政审批的跟踪测绘内容及成果

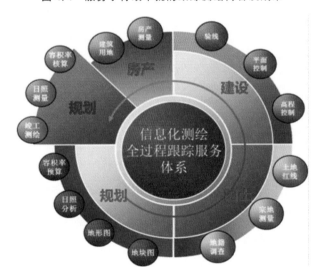

图4.5 建设项目的全生命周期测绘跟踪服务体系

期测绘跟踪服务体系(图4.5),为城市建设全过程的基础测绘提供保障。无缝地嵌入到规划、国土、建设、房产等各个政府管理部门的审批和管理工作当中,构建统一的测绘基准,依据各部门的专业标准和规范,提供精确、权威的数据信息,高效、优质的测绘服务,成为政府各个管理部门的重要技术支撑单位。在各个管理部门业务的流转过程中,通过数据的共享、发布,真正实现了建设项目全生命周期的测绘跟踪服务。为园区地理信息资源库的建设提供了机制上的保障。其中重点工作包括:三维城市基准的建设和运维;规划、建设、国土、房产等城市测绘;地理信息数据加工、采集、发布与应用;测绘地理信息数据采集监理等工作内容。

在建设项目规划阶段,园区测绘承担着规划部门的红线地形图测绘,检验预划红线指标是否满足规划要求,并共享给国土部门,结合土地管理要求,开展地籍调查与宗地测量任务。在对土地进行进一步量测后,检验规划用地是否满足国土用地要求,形成宗地成果与地籍成果,以上基础测绘成果均作为规划、国土部门重要的审批依据,通过后颁发建设用地规划许可证、土地使用证。同时,对房地产项目进行日照分析、建筑单体面积的计算和容积率计算、绿化率计算等,作为规划审批的重要依据,确保项目的各项经济技术指标满足规划管理要求,满足国家相关规范、标准的要求,适宜居民居住。

在项目建设阶段,园区测绘公司凭借统一的测绘基准优势,为项目提供平面控制与高程控制测量以及施工放样服务,并依据规划部门的要求,对项目进行实地规划验线,确保项目在建设过程中按照规划设计精确执行。同时对房地产项目,还需根据房产部门管理要求和客户房屋预售要求依据建筑施工图进行房产预算,对房屋预售面积进行精确预算,同时,园区测绘作为园区各个政府部门的数据服务和支撑部门,在做房产预算工作的同时,还须对建筑施工图与规划审批阶段的规划批准图进行比对,保证一致的同时,对规划数据与房产数据进行合并,将规划部门的日照分析结果数据共享给房产管理部门,使得房屋在预售阶段即明确标示规划部门的审批数据情况,保障购房者的权益。

在建设项目竣工阶段,园区测绘公司依据政府部门管理要求和客户委托,进行规划核实的竣工测量,并对房地产项目进行建筑用地测量、房产测量。其中竣工测量工作中,包括除传统的竣工图测绘外,还开展电子报批业务,对市政项目的关键规划指标与设计图进行对照核实,对房地产项目进行竣工后的容积率、绿化率、日照情况等的核实工作,切实保证项目规划标准的精确实现。并作为建设项目取得建筑使用证、房地产权证、土地使用证的依据,为规划、国土、房产部门的审批、发证提供权威数据。

全生命周期测绘跟踪服务体系,关键在于从项目规划—国土—建设—房产各方面进行信息互通,避免信息矛盾、丢失、传递效率低等问题,并在项目建设完成时,进行指标的准确核算,为项目后期运营工作提供指导。

园区测绘公司在基于信息化测绘的建设项目全生命周期跟踪服务方面取得了多个项目实施经验。根据建设项目全生命周期各阶段的信息化测绘应用要求,依托要素级高精度地图,从现实世界地理对象的空间位置出发,以最符合人们认知模式的信息组织方式将建设工程监管过程产生的大量信息和资料关联起来,实现对建设工程全生命周期的信息化测绘跟踪服务,避免了以往由于建设项目监管涉及部门广、包含信息多,而造成的传统关系数据组织方式信息关联困难、变更维护困难、信息查询不直观等问题。

建设项目的全生命周期测绘跟踪服务体系将必然成为数字城市乃至智慧城市建设

解决方案重要组成部分,以测绘跟踪服务为链条,打通各个政府管理部门之间的信息传递、共享与互动,作为数字城市建设当中的基础而重要的信息流,成为城市地理信息资源库建设的有力武器。

4.3.2　智慧城市整体解决方案

园区测绘公司伴随着智慧园区的建设,在智慧政务、智慧规划、智慧建设、智慧城管、智慧安监、智慧环保和智慧交通等各方面积累了丰富的经验和成果,形成了集技术、标准体系、规范制度为一体的智慧城市整体解决方案,为政府、公众、产业等提供全方位立体服务。

目前,公司智慧城市业务提供覆盖咨询方案、数据采集、数据处理、共享平台、行业应用建设和日常运营维护等全过程。如图 4.6 所示。

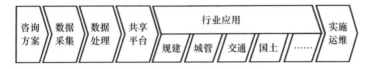

图 4.6　智慧城市整体解决方案

咨询方案业务则通过对智慧城市的体系架构的规划设计,提供项目咨询、项目立项评审、项目管理、项目验收、项目绩效评估等咨询服务。

数据采集和数据处理主要是提供智慧城市建设过程的数据采集、数据整合、数据质检和数据融合服务,建成地理库、人口库、法人库等城市公共基础数据库产品以及多库融合,为智慧城市各应用系统建设和基于行业的大数据分析提供基础数据。

共享平台是以政府各部门、行业、公众需求为导向,以促数据共享和多部门协同为目标,建设城市公共信息服务平台、集成交换管理平台等产品,为智慧城市的各应用提供城市公共信息的共享和交换服务。

行业应用服务则紧紧围绕智慧城市建设所需的智慧规划、智慧建设、智慧国土、智慧城管、智慧安监、智慧质监、智能交通等城市规划—建设—管理—运营等信息化应用开展,以及智能楼宇、智慧税务、楼宇经济分析等城市经济分析。

日常运营维护则是保障智慧城市整体解决方案得以落地和持续性发展的根本。通过日常运行维护使数据实时更新、应用系统运行稳定,同时也通过园区测绘公司提供的日常技术支持和日常业务分析服务不断优化和再造业务流程和服务流程,持续推进智慧城市建设。

第5章 应用案例

基于智慧城市完善的理论框架和扎实的技术支撑，园区测绘公司对各种不同类型的项目提出了不同的解决方案。本章通过三大方向的应用案例，介绍了园区测绘公司在智慧园区建设过程中所做的工作。第一部分介绍信息化测绘服务体系在城市建设过程中的应用；第二部分介绍了地理信息服务在城市管理过程中的应用；第三部分介绍了测绘地理信息服务于民生的应用。

5.1 城市建设方面

城市建设方面主要介绍苏州中环园区段项目和苏州地标建筑东方之门两个典型的项目。读者可以通过这两个分别代表市政工程和建筑工程的建设项目事例，看到园区测绘构建的建设项目全生命周期测绘跟踪服务体系在项目建设过程中的运行、实施情况，通过具体的测绘工作实现各个政府管理部门之间数据的链接、传递和共享，为政府部门的审批、管理提供依据，以及具体服务于工程建设的各个环节，为施工建设提供技术保障。可作为其他开发区建设的经验借鉴。

5.1.1 苏州中环园区段项目的信息化测绘服务

1. 项目概况

苏州中环快速路于 2012 年 1 月 31 日正式开工，2014 年底全线竣工通车(图 5.1)。中环快速路途经苏州高新区、工业园区、相城区和吴中区，全长 112.204km，是迄今为止苏州市投资规模最大的市政道路工程。主线采用双向 6 车道高架桥、隧道、地面道路等形式，设计速度 80km/h。全线设娄江、苏虞张、大同路、宝带路、车坊、东山等互通 27 处，工程总投资 220 亿元。其中园区段长约 17.1km，投资估算金额约 49.76 亿元。

随着中环快速路的建成，苏州将形成由快速内环、快速中环及绕城高速组成的三个快速环路，并以独墅湖大道、友新快速路等 8 条快速放射线加以串联，从而构成苏州中心城市对外辐射的快速路网体系。中环快速路的建成将与城市轨道交通网络共同奠定苏州特大城市发展框架，它对缓解快速内环交通压力，完善城市综合交通体系，实现城市间的快速联系，推动中心城市空间合理布局和优化发展，都具有十分重要的意义。图5.2为中环快速路园区段。

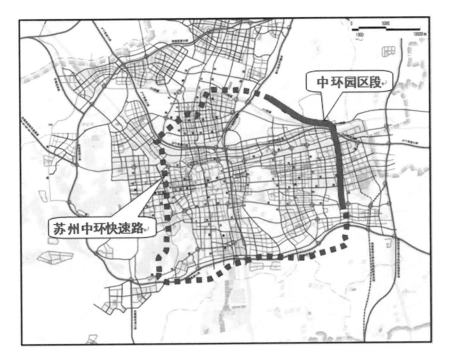

图 5.1　苏州中环路线示意图

图 5.2　中环快速路园区段

2．项目流程

中环项目立项后,从设计阶段到建设施工阶段,再到竣工及后期运营的项目全生命周期中,测绘工作发挥了重要的基础支撑作用,测绘服务跟踪流程如图 5.3 所示。

(1)征地测绘(国土局委托)。项目立项后,受国土局委托,将进行实地划定土地使用范围(图 5.4)、测定界桩位置、标定用地界线、调绘土地利用现状、计算用地面积供土

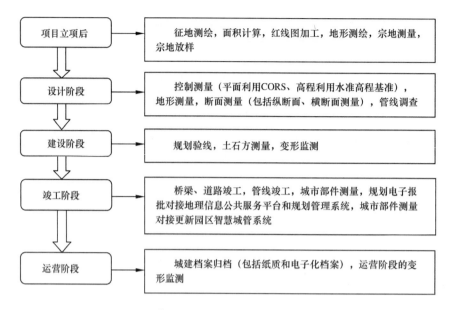

图 5.3　苏州中环园区段测绘跟踪服务流程图

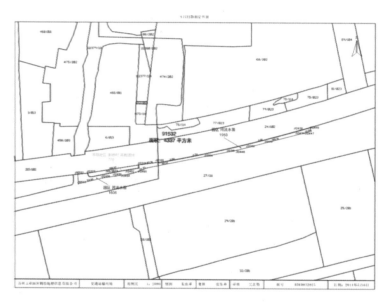

图 5.4　苏州中环园区段划定土地使用范围

地管理部门审查报批建设项目用地。

（2）面积计算（国土局委托）。征地测量完成后，受国土局委托，将开展用地面积计算工作。以《全国土地分类》规定为准，按照各乡镇土管所的村组调查对地块进行地类分析。分别计算征地范围内各类用地的面积，进而计算征地补偿费用，为土地管理部门征地补偿提供依据。图 5.5 即为不同用地面积的统计示例。

（3）红线图加工（规划局委托）。基于规划局提供的基础资料（控规资料、现状红线总图等），根据委托方需求进行红线图加工，如图 5.6 所示。为后续土地征用、划拨、挂

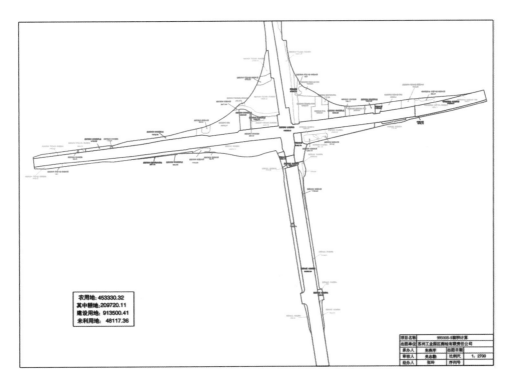

农用地: 453330.32
其中耕地: 209720.11
建设用地: 913500.41
未利用地: 48117.36

图 5.5　苏州中环园区段各个用地面积统计

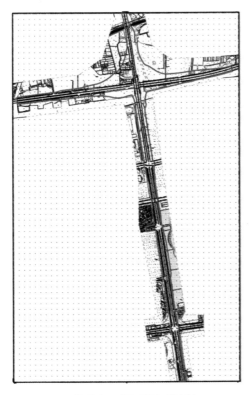

图 5.6　苏州中环园区段红线图加工

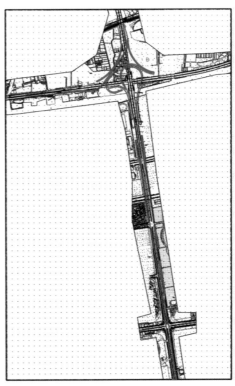

图 5.7　苏州中环园区段宗地图加工

牌、宗地图加工等提供依据。

（4）宗地图加工（国土局委托）。基于国土局提供的基础资料（红线图、土地报批资料等），根据委托方需求进行宗地图加工。为后续土地划拨、挂牌、发证等提供依据（图5.7）。

（5）宗地更名（建设单位委托，报国土局）。根据用地单位提供的宗地材料，对某一宗地的权属进行变更。为土地发证、管理提供依据。

（6）宗地放样（建设单位委托，报国土局）。根据用地单位的用地界线，将该宗地的平面位置测设到实地的测量工作。为土地管理部门发证、用地单位建设施工提供依据。

（7）控制测量（建设单位委托）。控制测量是为工程建立平面和高程基准而进行的测量工作，包括平面控制测量和高程控制测量（图5.8）。

（8）断面测量（建设单位委托）。为顺利开展市政道路工程的设计工作，需要对工程区域进行地形图测绘和纵横断面测量，为道路的平面设计、断面设计、竖向设计等道路设计工作提供重要的基础数据（图5.9）。

（9）管线调查（建设单位委托）。道路设计工作中很重要的一个环节就是与老路、市政管线设施的对接等，所以需要开展施工区域内的地下管线资料，为设计提供依据的同时，也防止施工过程中出现威胁地下管线设施安全的现象发生（图5.10）。

（10）规划验线（建设单位委托，报规划局）。规划验线是在实地检核准备开工的建

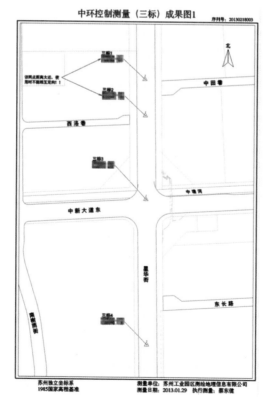

图5.8 苏州中环园区段控制测量成果图

筑物、构筑物、市政工程等工程的位置是否符合规划批准书或规划批准的设计图的要求的工作。在城市规划区内的建设工程必须按批准的图纸确定的内容进行实施,工程开工前必须申请工程规划验线。规划验线合格后才可以办理开工证。

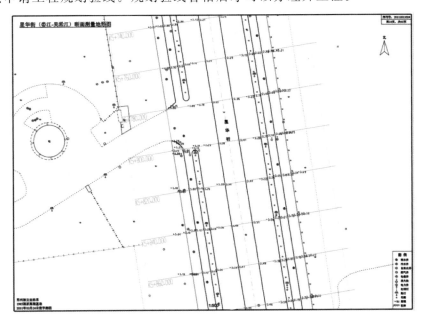

(a) 苏州中环园区段断面测量成果图 1

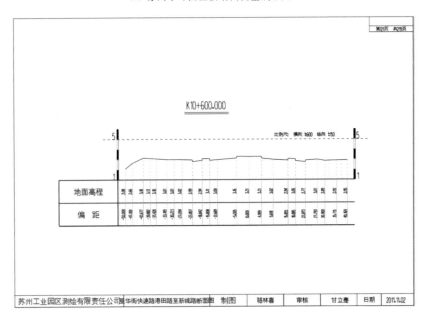

(b) 苏州中环园区段断面测量成果图 2

图 5.9 苏州中环园区段断面测量成果图

(11) 道路、桥梁竣工(建设单位委托,报规划局)。在工程竣工时,对建筑物、构筑物、市政工程、地下管线等的实地平面位置、高程进行测量,建筑竣工成果是工程竣工后

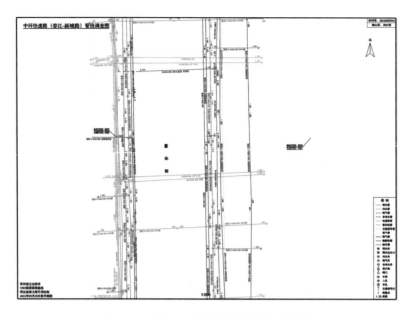

图 5.10 苏州中环园区段管线调查成果图

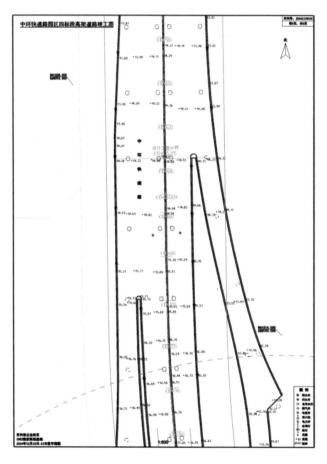

图 5.11 苏州中环园区段道路竣工图

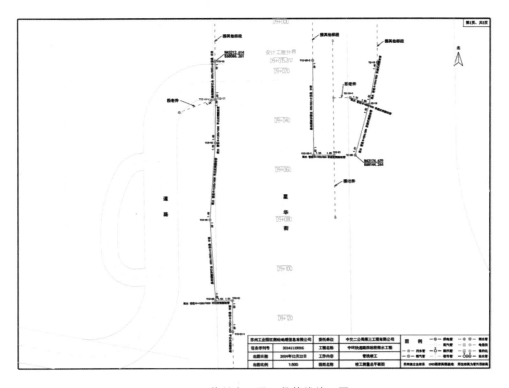

图 5.12　苏州中环园区段管线竣工图

管段编号	Y19-Y20	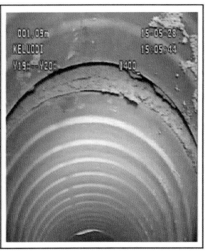
缺陷情况汇总表序号	——	
检测方向	——	
缺陷名称	破裂	
缺陷等级	二级	
时钟表示	——	
缺陷描述	破裂处已形成明显间隙，但管道形状未受影响且破裂无脱落	

图 5.13　苏州中环园区段管道检测成果图

规划局进行竣工验收的重要依据。竣工测绘成果同时作为重要的竣工档案资料被保存。竣工成果图的编辑、入库工作也是一项重要的地理信息系统数据加工工作（图5.11）。

（12）管线竣工（建设单位委托，报规划局、建设局）。管线竣工是在管线工程竣工后，对地上或地下管线的实地平面位置、高程进行的测量工作；是管线工程规划验收和管线信

中环快速路园区段照明工程部件测量成果图

图5.14 苏州中环园区段城市部件测量成果图

息动态管理的重要基础工作,是对经规划审批新建、改建的管线的空间位置和管线属性(材质、管径等)进行测定与调查。其目的:检验测量管线的平面位置和高程是否与设计、规划许可的一致,调查核实其种类、走向、规格、材质和埋设具体时间等(图5.12)。

(13)管道检测(建设单位委托,报建设局、环保局)。管道检查是采用CCTV检测仪、QV检测仪等高分辨率的彩色摄像设备,对新竣工的或运行过程中需要维护的管道内部情况进行检查,为建设部门、环保部门验收审批提供参考资料(图5.13)。

(14)城市部件测量(建设单位委托,报城管局)。随着城市管理数字化、智慧化要求的提高,需要对城市管理的重要城市设施、部件进行测量,确定其位置、高度,并调查其材质、状态等信息,是城市管理的重要基础信息(图5.14)。

3. 测绘服务的工作重点

在苏州中环园区段的建设项目中,园区测绘提供了全面的信息化测绘服务,其中控制测量、断面测量、地下管线测量和竣工测量是本次测绘服务的关键部分。

1）控制测量

为满足苏州中环快速路工程施工与安全运行的需要，确保工程在桥梁、墩台的位置、跨度结构的各部分的精确放样，以及能随时检查施工质量，保证工程施工按设计的要求进行，园区测绘受甲方委托对该工程进行了精密控制测量。测量内容包括：苏州中环快速路工程 GPS 首级控制网、苏州中环快速路工程各标段 GPS 点加密测量、苏州中环快速路工程高程控制网。

（1）GPS 控制网设计：根据《公路勘测规范》关于施工平面控制网中规定，"对于定测和施工中桩放线，中线桩位精度虽受到测站误差与测设误差的联合影响，但中桩放线的桩位误差规定为横向 ±10 cm，纵向 $1/1000$，这一误差是相对闭合差，即各点之间的相对偏离程度，并非点位的绝对误差大小，是中桩点位相对于邻近导线点的点位精度，与导线点的相对点误差有关，与点位中误差无直接关系。因此，一级及以下控制测量的最弱点点位中误差采用 20cm 作为平面控制网的基本精度规格"。

用 GPS 技术建立中环道桥施工控制网，估计控制网测量误差对中环道桥横向贯通误差的影响值没有成熟的计算方法，但由于施工测量采用常规测量方式，按照常规测量误差原理进行估算。根据设计控制网进行精度分析，采用误差传播定律计算：

$$M^2 = m_1^2 + m_2^2 = s_1^2(m'/\rho)^2 + s_2^2(m'/\rho)^2 \tag{5-1}$$

$$M^2 = m_1^2 + m_2^2 = s_1^2\sigma^2 + s_2^2\sigma^2 \tag{5-2}$$

经计算本工程控制测量需满足最弱边相对中误差小于 $1/43000$，方向中误差应小于 $\pm5°$。相当于城市四等 GPS 网的精度要求。考虑到以下的因素影响：

① 与园区已有的道路设施及建（构）筑物的无缝衔接。

② 首级控制网的点位误差对中环道桥工程的横向贯通误差的影响可以忽略不计。

③ 首级控制网内的点位破坏后的恢复，下一级控制网的扩展能在精度上更加可靠。

因此本工程的 GPS 平面控制网按照二等 GPS 城市网布设，二级为城市一级导线网（由施工单位根据需要自由布设）。首级 GPS 网的作业方法与精度指标如表 5.1 所示。

④ 苏州中环快速路工程控制网为整个工程的首级控制网。首级控制网 GPS 点分布园区段工程两侧并包含园区段工程，共计 13 个。同时联测苏州首级控制网点（唯亭中学、苏州常熟、上海青浦、苏州张家港、上海崇明）作为工程控制网的起算数据（图 5.15）。

GPS 首级控制网的精度应满足二等城市 GPS 网的规定。

表 5.1　　　　　　　　　　　　　GPS 网的精度指标

平均边长/km	a/mm	$b(1\times10^{-6})$	最弱边的相对中误差
1-2	$\leqslant10$	$\leqslant2$	1/120000

⑤ 考虑到工程起点与苏州市中环快速路相城区段工程的衔接，工程终点与苏州市

中环快速路吴中区段工程的衔接,在 GPS 观测时必须联测与园区段衔接的两标段工程的控制点,检核与园区衔接的两标段工程控制点坐标,以保证工程的顺利衔接。

⑥ 控制网由同步独立观测边构成闭合环或附合线路,每个闭合环或附合线路的边数应满足基本技术要求。GPS 控制网宜采用三角形网,以边连接方式构网。

⑦ GPS 点点位基础应坚固稳定,点位须能长期保存,建筑物上的控制点应选在便于联测得楼顶承重墙上。地面点采用 1.5～2m 的钢管,其中地面下不少于 1m,开挖现场浇筑,同时考虑对周边环境的美观处理。考虑到其中点位的可能破坏,同时便于复测网的精度控制。

⑧ GPS 控制网外业观测的全部数据的任一三边同步环的坐标分量闭合差小于 2ppm、全长闭合差应小于 3ppm。

⑨ GPS 控制网外业观测的全部数据的独立环的坐标分量闭合差、全长闭合差应符合以下规定:

$$\omega_x \leqslant 2\sqrt{n}\sigma \qquad (5\text{-}3)$$

$$\omega_y \leqslant 2\sqrt{n}\sigma \qquad (5\text{-}4)$$

$$\omega_z \leqslant 2\sqrt{n}\sigma \qquad (5\text{-}5)$$

$$\omega \leqslant 2\sqrt{3n}\sigma \qquad (5\text{-}6)$$

式中,n 为独立环中的边数;σ 为标准差;

⑩ 复测基线的长度较差,应小于下式的规定:

$$d_s \leqslant 2\sqrt{2}\sigma \qquad (5\text{-}7)$$

⑪ GPS 控制网的定期复测:为避免平面控制点点位的变形与位移带来的不利影响,对开工前布设的 GPS 控制网,应定期进行控制点的稳定性的全面复测。定期对 GPS 网进行全面复测的精度不低于施测时的精度。因为工程施工工期不是很长,多标段同时施工等因素,应在开工后进行不定期的复测。

(2) 高程控制网设计:

根据《公路工程质量检验评定标准》规定的纵面横向平整度和纵面高程允许偏差,分为高速公路、一级公路和二、三、四级公路两种标准。其中,高速公路、一级公路标准较高,如水泥混凝土路面的纵面高程为 ±10mm。由于高速公路和一级公路的设计、施工、运营使用等方面要求比较高,初测水准控制测量等级提高一个等级,采用四等水准测量。

根据《公路勘测规范》对公路划分等级,本工程桥梁与隧道均在 4km 以内,为提供控制精度,按"4000m 以上特长隧道、2000 以上特大桥"确定,采用三等水准测量。

① 水准线路应沿工程线路布设成附合线路。桥隧结合、隧道出入口等关键部分设置 2 个以上的水准点。

② 水准点应选在离线路 100～150m 的地方,水准点可单独设置也可以与 GPS 点共点,应沿线路每隔 500～1000m 布设 1 点。

③ 水准点应选择在土质坚实、安全僻静、便于观测、利于长期保持的地方。

④ 工程起始处、桥隧结合处埋设标石时,应使用不小于 10m 的钢管桩;其余点可采用普通混凝土标石。

⑤ 水准测量的技术要求应符合如表 5.2 所示规定。

表 5.2　　　　　　　　　　　　　水准测量技术要求

每公里高差中误差/mm		水准仪等级	水准尺	观测次数	往返较差、附合线路闭合差
偶然中误差	全中误差				
±3	±6	DS1	铟钢尺	往返	$\pm 12\sqrt{L}$

⑥ 全网严密平差,并计算每公里高差偶然中误差,高差全中误差、最弱点高程中误差和相邻点的相对高差中误差。内业计算最后成果的取位精确至 mm。

⑦ 高程控制点的稳定性监测因城市地面本身的沉降以及项目施工的影响,应对控制网进行定期的复测,复测精度不低于施测时的精度。高程网的复测与平面网复测要同期进行。

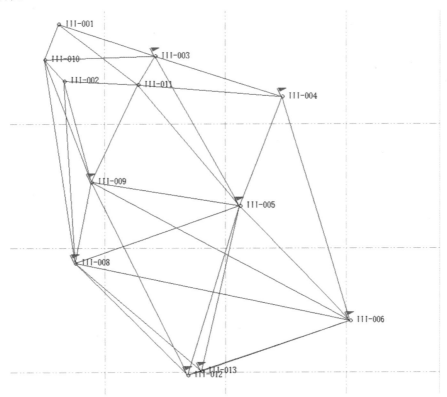

图 5.15　苏州中环快速路工程 GPS 控制网布置图

（3）GPS控制网实施：

① 外业观测

a. 星历预报：根据各点的遮挡情况，在正常作业时间内（8:00—19:00）均可观测。

b. 制订观测计划。

c. 固定的人员仪器及编组。

d. 观测并记录测站信息，均严格按操作规程执行。

e. 有关技术要求，见表5.3。

表 5.3　GPS 平面控制网技术要求

接收机类型	双频
接收机标称精度	≤10mm+2ppm
卫星高度角/(°)	≥15
观测时段长度/min	≥90
数据采样间隔/s	15
重复设站数	≥2
闭合环或符合环线路的边数	≤6
同步观测接受机台数	≥3

f. 特殊措施：二等GPS点中对于普通标石的点，垂球对中，天线及脚架保持不动，直至观测完与之有关的所有基线。

② 内业数据处理

a. 数据处理、检核。在基线解算过程中，采用随机软件TGO进行，HDS2003进行对比，并对解算结果进行了同步环、异步环、重复基线检核。

相邻点间基线长度精度按公式(5-8)计算：

$$\sigma = \sqrt{a^2 + (b \times d \times 10^{-6})^2} \tag{5-8}$$

式中，a，b，d 分别为固定误差（mm）、比例误差系数、相邻点间的距离（mm）。根据设计的要求，本控制网在计算相邻点间基线长度精度时，取 $a=5$，$b=1$，d 按照平均边长取400m，故标准差 σ 为5.02mm。

全网共检核了 65 个三边环，1 条重复基线。所检核的三边环均小于限差。闭合差精度统计如表5.4所示。

表 5.4　　　　　　　　　三边环闭合差统计表

$W_S < 1/3\omega$		$1/3\omega < W_S < 2/3\omega$		$2/3\omega < W_S < \omega$	
个	‰	个	‰	个	‰
53	81.5	11	17	1	1.5

其中：$\omega = 3$ppm。

重复基线的检核，根据重复边的互差的限差应满足 $ds \leq 2\sqrt{2}\sigma$ 规定。本次工程控制网的只有1条重复边，其符合限差的要求。

b. 网平差计算。网平差采用随机软件TGO进行，武测 PowerAdj4.0 版进行检核。先对GPS网在WGS84坐标系下进行无约束平差，然后将 WGS84 坐标系转换到苏州城市独立坐标系，转换中以"唯亭中学（WTZX）、桃源（TAOY）"为基点，嘉实大厦（JSDS）、斜塘民营(XTMY)、联发厂房(LFCF)为检核点。

c. 精度评定。所有独立基线组成 GPS 网在苏州独立坐标系中二维无约束平差基线向量改正数(V_x,V_y)绝对值≤4.7mm,低于规范要求($3\sigma=15.06$mm),满足精度要求。

基线最弱边相对中误差、点位中误差、误差区间统计见表 5.5～表 5.7。

表 5.5　　　　　　　　　　　基线及点位精度统计表

	最优	最差	平均值
基线相对误差	1/99575730	1/126893	1/1097206
点位误差/cm	0.19	0.34	0.24

表 5.6　　　　　　　　　　　基线相对误差区间统计表

	1/12 万～1/20 万	1/20 万～1/50 万	≤1/50 万	≤1/100 万
条数	3	4	24	68
比例	3%	4%	24%	69%

表 5.7　　　　　　　　　　　点位中误差区间统计表

	1cm～2cm	2cm～3cm	3cm～4cm
点数	1	22	3
比例	4%	85%	11%

由上可知,最弱边的相对中误差为 1/126893,达到了设计要求高于 1/120000 的标准。从点位中误差精度上分析也完全达到了二等 GPS 平面控制网的精度要求。

(4) 高程控制网实施:

① 外业测量:水准观测均在标尺成像清晰、稳定时进行。

尺垫均安置在稳固的路上,对于有浮土、碎石等不稳定覆盖层的立尺点,均进行了处理。

有关技术要求见表 5.8。

表 5.8　　　　　　　　　　　高程控制网技术要求

每公里高差中误差/mm		水准仪等级	水准尺	往返较差、符合线路闭合差
偶然中误差	全中误差			
±3	±6	DS1	铟钢尺	$±12\sqrt{L}$

② 内业处理:对于本项目来说,只要达到三等水准精度即可,《公路勘测规范》中4.5.2条规定当采用精密水准仪施测时每个测段只测一个往测,为保证成果可靠,对环线中每个测段进行了往测,对单独符合路线进行了往返测,成果计算时,取每个测段的高差中数,并计算每公里偶然中误差为±1.81mm。环闭合差及每千米高差中数全中误差见表5.9。

表 5.9 首次观测环闭合差、每千米高差中数全中误差表

环号	闭合差 W/mm	环限差/mm	环线周长 S/km	$W*W/F$
1#	6.79	40.7	11.5	4.0
2#	0.00	32.5	7.3	0.0
3#	4.13	42.8	12.7	1.3
$m_W = \pm \sqrt{\dfrac{1}{N}\left[\dfrac{WW}{F}\right]} = 1.84 < \pm 6\text{mm}$				

已知点检核。测量过程中,利用已有资料,测量了园区内每年复测的三等水准点,对比结果如表 5.10 所示。

表 5.10 已知高程点检核表

检核点	已知高程	本次高程	较差	路线长	限差
清源水业(Ⅲ02)	2.8·22m	2.828m	6mm	2.147km	18mm
金堰路(ⅢXT)	3.738m	3.733m	−5mm	7.663km	33mm

由上可知,本次水准网施测已满足设计要求,达到三等水准测量精度。

(5)控制网加密与复测:本工程控制网首级做过一次,考虑到各标段施工需要,对各标段进行加密测量(表 5.11)。

表 5.11

测量内容	GPS 控制点个数	高程控制点个数	测量日期
首级控制网	18	13	2013.01
标段一	4	2	2013.01
标段二	6		2013.01
标段三	4	2	2013.01
标段四	4		2013.01
标段五	4		2013.01
标段六	6		2013.01
标段七	4	4	2013.06
标段八	2	2	2013.08
标段九	4	4	2013.09

(6)质量保证措施:严格执行"两级检查一级验收"制度和测绘成果质量评定标准。作业组向公司质检部整理提交了完整的已完成计算、自检的产品。检查员对作业组提交的产品按有关规范及其作业依据针对产品的质量特性用规定的检查方法和要求的检

查数量进行认真检查,对记录发现的不符合项,作业组纠正的不符合项进行确认。检查结束后,由部门经理对产品进行一定比例的抽检,通过后最终提交给予总工办验收。总工办组织力量按《测绘产品检查验收规定》(CH1002—95)和《测绘产品质量评定标准》(CH1003—95)要求进行验收。对审查后的产品按质量特性的重要程度进行全查或抽查,对记录发现的不符合项,作业组和检查员纠正的不符合项进行确认,审核技术总结,对产品质量进行最终的质量评定。

根据本项目的特点,在人员、仪器配置上投入了最优组合。作业前按照各岗位要求作业人员进行质量职责和作业要求的培训,研究了在作业中可能遇到的质量和进度等方面的问题及其应该采取的措施,并作了相关记录。对所有在作业中要投入使用的仪器设备进行检查。水准测量采用的是 ZISS DINI 12 电子水准仪,GPS 接收机采用天宝5700、5800 双频接收机。

项目总工程师和检查员对本项目的实施过程中进行了全过程控制,及时解决了点位变动、坐标系统变换、软件应用等问题,保证了产品质量。

(7) 技术特点:在控制测量的过程中,将 GPS 静态控制测量技术与苏州 CORS 系统相结合,由于苏州 CORS 系统长期运行且精度较高,控制测量的效率大大提高,且得到的数据精度较好且可靠度较高。

2) 断面测量

(1) 项目概况。苏州中环快速路工程道路断面测量属于该工程中的工业园区段,本工程起点为娄江,终点为吴淞江,全长约 9.2km。主线设计车速 80km/h,双向六车道;辅道设计车速 40~60km/h,双向六车道,道路建设内容包括前期桥梁工程、道路工程、排水工程、交通工程、绿化及环保工程等。该项目总测量道路断面 144.8km,断面地形2.817km²。图 5.16 为中环快速路高架桥标准横断面图。

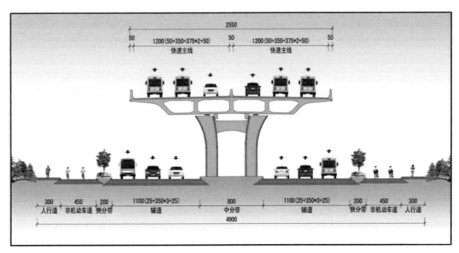

图 5.16　中环快速路高架桥标准横断面图

园区段全线共设置一级互通 2 座,分别为娄江立交(星华街—娄江大道)、独墅湖立交(星华街—独墅湖大道),二级互通 1 座(阳澄湖互通),全线共设置上下匝道 12 对,地面出入口 4 对。娄江立交是星华街和 G312 相交的节点,G312 西向与苏州内环北线相接,东向通往昆山。独墅湖大道互通是星华街和独墅湖大道的相交节点。近期实施西与北两条匝道,匝道设引坡与独墅湖大道地面道路衔接。远期独墅湖快速路实施时,拆除匝道接地引坡,接入快速路主线。阳澄湖互通位于苏州工业园区北部,是中环北线与东线(星华街)相接的节点。该节点跨越阳澄湖大道,南向为中环主线,北向通往阳澄湖度假区,东向通往昆山。

(2)项目资料和依据。基础资料为我公司前期测的 1∶500 地形图和设计单位提供的线路中桩坐标及测量要求等。平面坐标系统采用苏州独立坐标系;高程系统采用 1985 国家高程基准。本次测绘任务执行如下技术标准和规范:

① 交通部《公路勘测规范》(JTG C10－2007);

②《测绘产品质量评定标准》(CH 1003－1995);

③《测绘成果质量检查与验收》(GB/T 24356－2009);

④ 经批准的本技术设计书;

⑤《城市测量规范》(CJJ/T 8－2011);

⑥ 公司《日常生产服务作业指导书 2013》。

(3)项目实施内容。道路断面测量是道路工程在勘测设计阶段的一项重要工作。断面测量主要包括纵断面测量和横断面测量两个方面。

① 纵断面测量。纵断面测量是测量线路中心方向的平面配置和地面上各点的起伏形态的测量工作。纵断面测量是线路工程勘测过程中的主要工作内容,为各种施工图的纵断面设计提供依据,是各种线路设计的基础文件之一。纵断面测量在传统的线路勘测工作中称为中平测量,主要是在线路定线(中线测量)完成的基础上,采用水准测量的方法测绘线路中线沿线的起伏状况,该方法的优点在于准确性和主动性高,遇有不通视情况时施测难度较大。本次主要应用 GPS 技术对全线路进行全数字测量,通过地面模型的方法生成线路的纵断面及横断面,即采用地形测量结合断面测量的方法。

② 横断面测量。横断面测量是测量中桩垂直于线路中线方向的平面配置和地面上各点的起伏形态的测量工作。横断面测量是线路工程勘测过程中的主要工作内容,为各种施工图的横断面设计及工程量计算提供依据。在传统的线路勘测过程中,按工作流程划分为:方案研究、初测、初步设计、定测、施工设计五个阶段。针对苏州中环园区段项目工期紧的特点,我们将初测和定测两项工作综合一次完成,充分运用数字地面模型技术,将地形测绘与断面测量结合、同步完成,直接为施工设计提供测绘依据。

(4)测量实施阶段。项目在实际操作过程中主要分为内业流程和外业流程。

① 外业流程。断面测量技术采用"全野外数字断面测量技术",该技术极大地提高了外业过程的效率和质量。控制测量设备(Survey Controller)拥有智能化的操作系统,系统拥有道路定位、纵断面和横断面不同的模块。

在外业测量过程中注意选择道路定线的方法,一般选择"道路的位置",可以实时解算确出定测点在道路沿线所处的位置(里程桩号、偏距),从而测量人员可以据此同时完成中桩的定线,规定宽度范围内的地形图及断面图的测量。在外业的施测过程中,Survey Controller 对测点信息记录很完整,除了有三维坐标值,还有测点处的桩号和偏距的信息。测量过程中,测量人员要注意地形、地貌特征点的密度和分布,应尽可能地使测点在反映测区地形、地貌的同时,也能保证在纵横断面线内数据点的分布密度。一般平原地区,应保证在成图后图上距离为:2～4cm。

地形图的绘制:同于普通地形测图的内业过程,因为后续的工作中有数据加密的过程,所以必须准确画出一些重要的地形线:如水涯线、坡顶线、坡脚线。对于陡坎,坎上坎下须都有实测高程点的分布。

② 内业流程系统采用的是项目化的管理方式,主要可分为以下 7 个步骤。

a. 生成一个项目:同时生成项目所需的 6 个文件,主要包括图形文件、纵横断面数据文件、道路断面设计参数文件等。

b. 自动断面生成:共有两种方法,一为辅助线法,即断面线两端分别止于道路中线两侧的两条辅助线;一为固定距离法,即输入断面线分别在道路中线两侧的宽度,同时再输入起点处的桩号、里程桩间距、断面数据点间距几项参数,执行"选择道路并生成"按钮,即可完成地形图上断面线的绘制和纵横断面数据的生成。

c. 数据加密:以上是直接在地形图的基础上生成的纵横断面数据文件,而实测地形图的数据密度是不够的,接下来要在地形图的基础上进行数据加密,具体要求为:所有的地形特征线、特征点、变坡点必须有数据沿线加密,坎上坎下都有高程点,横断面内地形变化处尤其要有高程点。纵断面经过地形变化较大的地方时,必须加桩,可由"添加里程桩"功能来完成,横断面内加密点可由"添加断面数据点"功能来完成;加密完成后,再执行"更新高程"功能即可完成新的纵横断面数据的生成,横断面上取点可设置为 2m。

d. 纵横断面图绘制:执行"绘制断面图"功能,依据提示设定纵横断面图的比例尺、排列方式等信息即可完成绘制。图 5.17 即为横断面图的示意图。

e. 根据绘出的断面图逐个察看有无断面线异常,若有需对该条段面进行加密或剔出异常数据。

f. 对导出前的横断面数据进行检查:打开横断面图及导出前断面数据进行抽样比对,以确保导出前数据的正确性。

g. 数据导出:将生成的纵横断面数据导出成设计单位所要求的数据格式。如苏州设计院的格式意义为:里程,中心位置高程,偏距,相对中心位置的高差(偏距为相对于道路前进方向从左到右的顺序)。

(5)技术特点。"全野外数字断面测量技术"的使用极大地提高了外业过程的效率和质量。同过自主软件的开发也使得数字化模型的建立变得极为方便,经过简单的数据和模型检查即可得到较为准确的结果。同时基于数据,系统也可以直接进行其他诸如路线长度、土方量等相关参数的计算。

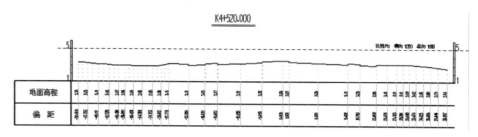

图 5.17 横断面图

3)地下管线调查

地下管线是城市基础设施的重要组成部分,是现代化城市高质量、高效率运转的基本保证,被称为城市的"生命线"。在苏州中环园区段项目的设计、施工过程中,更需要摸清工程范围内地下管线的现状,在探查的基础上采集地下管线相关三维空间信息,建立数据库,编绘地下管线综合图、专业图,为工程设计、施工提供依据,也是保证城市"生命线"不受施工影响,保障人民生命、财产安全的重要举措,园区测绘受甲方委托,对苏州中环快速路工程的地下管线进行普查、测量。从2011年9月底至2011年11月15日全面完成了各项任务,达到了预期的工作目的。

(1)项目概况。园区段全线共设置一级互通2座,分别为娄江立交(星华街-娄江大道)、独墅湖立交(星华街-独墅湖大道),二级互通1座(阳澄湖互通),全线共设置上下匝道12对,地面出入口4对。娄江立交是星华街和G312相交的节点,G312西向与苏州内环北线相接,东向通往昆山。独墅湖大道互通是星华街和独墅湖大道的相交节点。近期实施西与北两条匝道,匝道设引坡与独墅湖大道地面道路衔接。远期独墅湖快速路实施时,拆除匝道接地引坡,接入快速路主线。该测区南北向与东西向总长度约为12km。

(2)项目设计。园区测绘在接到甲方委托之后,积极开展项目评审、策划与实施,为使各项工作保质保量按期完成,共投入技术人员9名,投入各类仪器设备11台(套),精心组织,精心设计。本次地下管线普查的工作流程,如图5.18所示。

根据相关规范标准,本次地下管线的探查、测量精度应符合以下要求:地下管线隐蔽管线点的探查精度:平面位置限差 δ_{ts}:0.10h;管外顶高程限差 δ_{th}:0.20h。(式中,h 为地下管线的中心埋深,单位为厘米,当 $h<100cm$ 时则为以 $100cm$ 代入计算)。地下管线点的测量精度:平面位置中误差 m_s 不得大于±5cm(相对于邻近控制点),高程测量中误

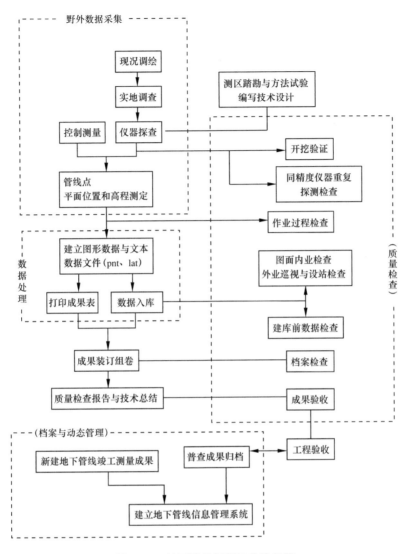

图 5.18　地下管线探测工作流程图

差 m_h 不得大于 ±5cm（相对于邻近控制点）。明显点的管外顶高程中误差取 8.7cm。

（3）外业实施过程。本次地下管线探查的管类有：给水、排水（污水、雨水）、蒸汽、电力（不含路灯）、电信（电信、联通、移动、网通、铁通、有线电视）、工业（氮气）、燃气七大类。主要查明它们的平面位置、埋深、走向、性质、规格、材质、埋设年代和权属单位等内容。

① 地下管线的实地调查，主要是根据运营商提供的设计资料，对明显管线点［包括消防栓、人孔井、手孔井、阀门井、检修井、仪表井及其他各种窨井等附属设施和建（构）筑物］逐一进行开井调查、量测、记录。查清各种管线的走向、规格、材质、特征、附属设施名称、电缆根数、电压、流向、埋设年代和权属单位等属性特征，同时采用经检校的钢卷尺、水平尺、重锤线及"L"形专用量测工具量测明显管线点的埋深，读数取至厘米。调查工作严格按《规程》和《设计书》要求进行，并将各种属性特征、埋深数据等清楚、准确、详尽

地填写于"明显管线点调查表"中。

本次测量采用同步测量,也就是边调查边测量,故不需要在现场对调查的管线点进行实地编号。

通过地下管线的实地调查,确定采用仪器探查的管线段。

② 隐蔽管线点的仪器探查。隐蔽管线点是指在必须用仪器探测的隐蔽地下管线的地面投影位置上所设置的测点。它包括隐蔽的管线特征点如交叉点、分支点、转折点、起讫点,也包括在没有特征点的较长直线管线段,中间加密设置的管线点。为了保证有效地控制管线的走向,本工程规定:直线段上管线点间距不大于80m。

隐蔽管线点探查是在现况调绘和实地调查的基础上,根据测区内不同的地球物理条件,选用不同的物探方法和仪器,探测隐蔽地下管线的平面位置和埋深。

通过方法试验工作,本次地下管线探测选用了英国雷迪公司生产的RD8000系列管线探测仪进行探测作业。雷迪系列管线探测仪具有如下优点:性能稳定,操作简便;具有较高的分辨率、较强的抗干扰能力;有足够大的发送功率,磁矩具有可选性,定位、定深精度高;有快速定向、定深的操作功能,重复性好,是探测地下金属管线较理想的仪器。

城市地下管线探测,可供选择的方法很多,有电磁法、电磁波法、直流电法、磁测法、地震波法、红外辐射法等等。各种物探方法均有其适用条件。根据本测区地下管线的敷设特点和测区内的地球物理条件,通过方法试验,本次地下管线探查主要选用的物探方法是低频电磁法。该方法能使被探查的地下管线与其周围介质之间产生明显的物性差异;使被探查的地下管线所产生的异常均有足够的强度,能在地面上用仪器观测到;能从干扰背景中清楚地分辨出管线所产生的异常;探查精度能满足《规程》规定的要求。

本测区地下管线共分七大类,各管类的埋设方式、材质各不相同,故探查作业采用的激发方式也有所差别,

地下管线测量采用GPS同步作业的方式,在探查式就进行地下管线点平面和高程位置测量。同时将隐蔽管线点探测的埋深(已换算成管或者管块外顶埋深)记录进GPS手簿。

本次地下管线探查共探查管线点3000个左右,调查管线总长度约30km,复核原有管线约170km。详见工作量统计表5.12。

(4) 内业过程。地下管线图的编绘是在新测合格的地形图和地下管线探测成果的基础上进行,采用管线信息系统2.0进行人机交互的编辑处理,按《规程》中的有关要求编辑综合地下管线图、专业地下管线图。

该系统运用GIS(地理信息系统)/CAD、网络、数据库等技术,能够全面、准确、及时、有效地对各类、各阶段管线信息进行管理,辅助管线规划审批,为规划、建设、招商、管线管理等部门提供基础信息。选用Bentley公司的Powermap8.1为系统开发平台。

表 5.12 地下管线探查工作量统计表

管类		管线点数/个（概略）			管线长度 /km	备注
		明显点	隐蔽点	合计		
给水		30	100	130	2	
排水	污水	20		20	2	
	雨水	60		60	3	
燃气		100	100	200	3	
蒸汽		50	50	100	2	
电力		40	100	140	5	不含路灯
电信	电信	40	150	190	3	
	联通	40	80	120	3	
	网通	40	80	120	3	
有线电视		40	80	120	3	
氮气		40	60	100	1	
合计		500	800	1300	30	

该系统曾获中国地理信息系统协会颁发的 2005 年地理信息系统优质工程银奖，以及获得苏州市科学技术局颁发的高新技术产品认定证书。

该系统已经在测绘公司投入使用了几年时间，系统功能完善、信息规范、安全稳定。该系统在苏州工业园区近 300km² 的全部地下管线的入库、管理上发挥了巨大的作用。本测区成果部分已入库到该系统中，因此选择该系统作为管线成果的管理系统，而无需再另外建立其他的地下管线信息管理系统。

（5）新技术和新设备的应用。本次项目实施过程中，对于电缆或者通信类等未通线的非开挖非封闭非金属管道，利用常规的探测方法无法取得较好的探测效果，因此采用了目前世界上最先进的惯性定位技术。

图 5.19 惯性定位仪组成示意图

该设备不需作业人员于道路上使用探测器追踪定位,对于交通影响较小,也降低交通事故的发生,即不受任何地型限制。定位方式与电磁波或磁场无关,无受干扰之疑虑。不受地形地物影响,只要管道到哪边,就可测到哪边。独立运行(无数据线羁绊),因而可以测绘任何深度。系统可以应用于任何类型材料的管道,包括钢管、聚氯乙烯(PVC)管、高密度聚乙烯(HDPE)管和混凝土管道。所有数据皆由惯性定位仪自行运算获得,并非人工计算,消除人为误差因素,并可进行重复验证。开放平台输出文件格式,便于大多数常用地理信息系统(GIS)平台无缝数据集成。

在本次测量过程中,部分管线受到管线材质、环境干扰、定位精度等因素的制约,利用地下管线与周围介质的物理特性差异探测地下管线效果不明显的时候,惯性定位仪达到了比较好的效果,数据精度高、可靠稳定。

(6)质量控制。为了切实保证地下管线普查的作业质量和成果质量,项目部始终坚持品质第一、信誉至上的质量方针,严格按照《规程》、《设计书》的要求,执行三级检查制度,按照公司质量保证体系的要求进行工序管理,建立了完整系统的作业质量保证体系,如图 5.20 所示。同时,还增加了由委托单位进行检查的过程,从而对提高成果质量起到了积极的推动作用。

① 管线点检查。本工程合计管线点数即本次提供成果共有点 7227 个,检查管线点 325 个,分别为:隐蔽管线点 136 个,占隐蔽点总数的 3.8%;明显管线点 189 点,占明显点总数的 4.5%;合计点 325 个,占总数的 4.2%,符合技术设计书中 4%~5% 的规定。

通过计算得:隐蔽管线点的平面位置中误差 $m_{ts}=6.9cm$,隐蔽管线点的管外顶高程中误差 $m_{th}=13.8cm$,明显管线点的管外顶高程中误差 $m_{td}=8.2cm$。《设计书》规定隐蔽管线点的平面位置中误差 $\leqslant\pm0.5\delta_{ts}$($\delta_{ts}=14.6cm$),隐蔽管线点的管外顶高程中误差 $\leqslant\pm0.5\delta_{th}$($\delta_{th}=29.2cm$),明显管线点的管外顶高程中误差 $m_{td}\leqslant8.7cm$。由此可见,管线点的测量精度符合《设计书》的要求。表 5.13 为管线检查工作量统计表。

其中,统计隐蔽管线点平面位置中误差和管外顶高程中误差时,剔除 5 个平面偏差粗差,剔除率为 3.3%;剔除 9 个高程偏差粗差,剔除率为 4.9%;均小于 5%。统计明显管线点管外顶高程中误差时,剔除 10 个高程偏差粗差,剔除率为 4.0%,小于 5%。粗差剔除率均满足设计要求。

② 管线图检查。采用计算机辅助制图技术,绘制了综合地下管线图(彩色)和各种专业地下管线图(彩色)各一套,剖面图一套,图面整洁美观,各种图内图外注记格式符合《规程》及《设计书》的要求,图内要素分层统一清楚,便于管理使用,图幅接边严密。

③ 资料整理检查。全部记录、计算、表格及图纸资料齐全完整,没有遗漏项,整饰美观,便于长期保存使用。各种管线成果清楚正确,格式统一,打印装订规范。数据库结构规范、统一,安全可靠,符合《规程》和《设计书》的要求。

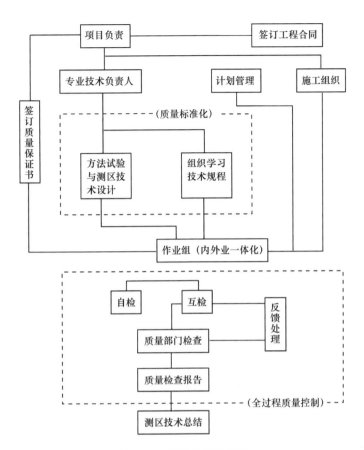

图 5.20　质量控制流程图

表 5.13　　　　　　　　　管线检查工作量统计表

序号	管线类型	管线检查明细						
		隐蔽点		明显点 1		明显点 2		备注
		总点数	检查数	总点数	检查数	总点数	检查数	明显点代表(1,2)
1	燃气	958	32	39	2	161	7	1. 井,2. 阀门
2	电力	455	18	109	4			1. 井
3	雨水							1. 井
4	污水							1. 井
5	自来水	1378	56	200	10	385	17	1. 井,2. 阀门
6	电信	314	12	239	14	191	8	1. 人孔,2. 手孔
7	集约化	255	10	228	11	115	4	1. 人孔,2. 手孔
8	蒸汽	143	5					
9	氮气	74	2					
合计		3576	136	3300	153	851	36	总检查点 325 个

5.1.2 东方之门项目的信息化测绘服务

东方之门是矗立在苏州工业园区金鸡湖畔的一幢高端综合大厦,以其独特的设计、优美的造型,已经成为天堂苏州的城市地标建筑,赢得了世人的瞩目。园区测绘公司在该项目的建设过程中,以全生命周期测绘跟踪服务体系,在项目实施的各个阶段都发挥了基础和保障的巨大作用。

1. 项目概况

东方之门项目位于江苏省苏州市苏州工业园区 CBD 轴线的东端的龙头位置,毗邻星港街及金鸡湖。苏州轨道交通一号线及六号线穿过本项目下方并设置"东方之门站"换乘站点。

2004 年 9 月奠基开工。该建筑由国际排名前列的多家著名设计单位竞标,并由英国 RMJM 公司中标,是一座双塔连体门式建筑,设计灵感来自苏州古城门。"东方之门"的建筑造型设计在业内受到了高度评价。其建筑造型及位置如图 5.21 所示。

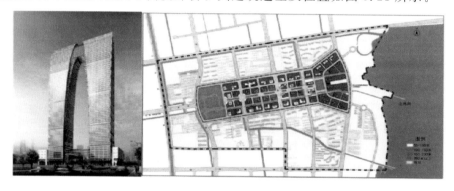

图 5.21　东方之门的建筑造型和位置示意图

东方之门分北楼、南楼两部分,是一个外形为门的超高层建筑,总高度达到 301.8m,在层高 238m 处两部分建筑连接起来,其幕墙规格近百种共需 16 万 m^3,平铺占地面积约有 15 个标准足球场大。该建筑由天地集团、东方投资集团等多家企业联合投资建设,总投资金额达 45 亿元,建成后将具备高级酒店、酒店式公寓、写字楼、大型商场等多种功能。

由于东方之门项目的特殊性,在设计、施工以及商业开发运作过程中的难度,多次变更,对相应的测绘服务工作增加了很大的难度,也提出了更高的要求。园区测绘为该项目提供了全程的信息化测绘服务,高质量的服务保证了项目质量和进度。

2. 项目流程

东方之门项目立项后,从设计阶段到建设施工阶段,到竣工及后期运营的项目全生命周期中,测绘工作发挥了重要的基础支撑作用,测绘服务跟踪流程如图 5.22 所示。

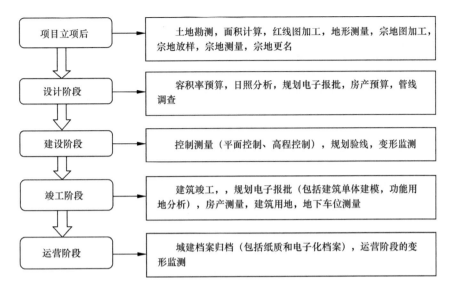

图 5.22 东方之门项目测绘跟踪服务流程图

（1）土地勘测（国土局委托）。对采用征用、划拨、使用等方式提供各类建设项目,实地划定土地使用范围、测定界桩位置、标定用地界线、调绘土地利用现状,计算用地面积供土地管理部门审查报批建设项目用地。

（2）面积计算（国土局委托）。以《全国土地分类》规定为准,按照各乡镇土管所的村组调查对地块进行地类分析。分别计算征地范围内各类用地的面积,进而计算征地补偿费用,为土地管理部门征地补偿提供依据。

（3）红线图加工（规划局委托）。基于规划局提供的基础资料（控规资料、现状红线总图等）根据委托方需求进行红线图加工。为后续土地征用、划拨、挂牌、宗地图加工等提供依据。

（4）宗地图加工（国土局委托）。基于国土局提供的基础资料（红线图、土地报批资料等）根据委托方需求进行宗地图加工。为后续土地划拨、挂牌、发证等提供依据。

（5）宗地更名（建设单位委托,报国土局）。根据用地单位提供的宗地材料对某一宗地的权属主进行变更。为土地发证、管理提供支撑。

（6）宗地放样（建设单位委托,报国土）。根据用地单位的用地界线,从该宗地的平面位置测设到实地的测量工作。为土地管理部门发证、用地单位建设施工提供依据。

（7）容积率核算（建设单位委托,报规划局）。根据建设单位提供的拟报规划局批准的设计图纸等资料核算建设地块的容积率,计容范围由当地规划主管部门确定。为规划主管部门开展规划审批工作提供数据支撑。

（8）日照分析（建设单位委托,报规划局）。对房地产开发项目,需要分析、了解其受自身遮挡及周边已有、待建建筑物遮挡影响的情况下,各幢、各户房屋受阳光有效照射的时间。同时,需要分析、了解受其影响的周边已有、待建建筑物的各幢、各户房屋的受

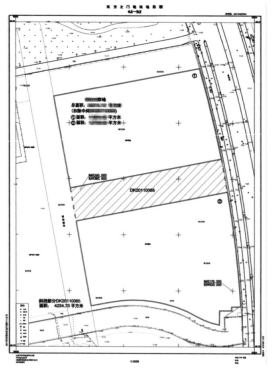

图 5.23　东方之门红线地形图

苏州乾宁置业有限公司宗地图

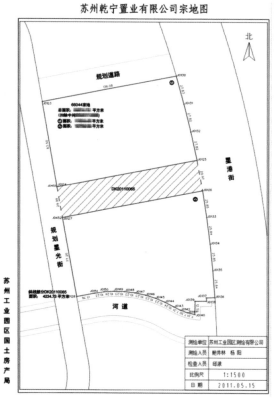

图 5.24　东方之门宗地加工图

阳光有效照射的时间。为规划主管部门开展规划审批工作提供数据支撑。

（9）房产预算（建设单位委托，报房产局）。依据规划建设主管部门核准的建筑施工图，按国家有关规定合法计算房屋建筑面积；是开发商销售房屋建筑面积的依据。

（10）控制测量（建设单位委托）。控制测量是为建立测量基准进行的测量工作，包括平面控制测量和高程控制测量，为工程施工提供测量基准资料。

图 5.25   东方之门控制测量成果图

（11）规划验线（建设单位委托，报规划局）。规划验线是在实地检核准备开工的建筑物、构筑物、市政等工程的位置是否符合规划批准书或规划批准的设计图的要求的工作。在城市规划区内的建设工程必须按批准的图纸确定的内容进行实施，工程开工前必须申请工程规划验线。规划验线合格后才可办理开工证。

（12）建筑竣工（建设单位委托，报规划局）。工程竣工时，对建筑物、构筑物、市政工程、地下管线等的实地平面位置、高程进行的测量，并核算最终容积率，建筑竣工成果是工程竣工后规划局进行竣工验收的重要依据。竣工测绘成果同时作为重要的竣工档案资料被保存。同时竣工成果图的编辑、入库工作也是一项重要的地理信息系统数据加工工作。

（13）房产测量（建设单位委托，报房产局）。房产测量是在房产竣工后，实地测定和调查各房产单元的权属界限和建筑面积等房产要素的测绘工作。房产测量的目的和任务就是采集和表述房屋以及房屋用地的有关信息，为房地产管理，尤其是为房屋的产

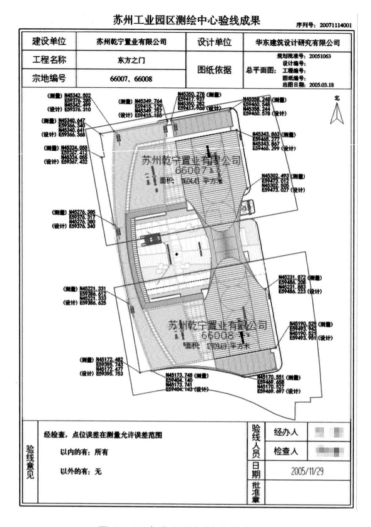

图 5.26　东方之门规划验线成果图

权、产籍管理提供准确可靠的成果资料。同时也是为房地产开发、征收税费、城镇规划建设以及市政工程等提供数据和资料。

（14）建筑用地（建设单位委托，报国土局）。建筑用地测量是在房产竣工后，实地测定和调查每个建筑物或构筑物的建筑用地界线和面积的测绘工作。该成果是国土局为每户发土地证的依据。

3．工作重点

在测绘跟踪服务全程中，由于东方之门的建筑体量巨大，功能复杂，所以对项目信息化服务提出了较高的要求，下面着重介绍以东方之门为代表的几项技术。

1）日照分析

东方之门分北楼、南楼两部分，是一个外形为门的超高层建筑，总高度达到 301.8m，作为园区湖西 CBD 核心区的标志性建筑，对周边居民楼的日照影响，关系到老百姓的民生和社会安定。因此,准确、权威的日照分析数据对于规划审批工作尤为重要。

园区测绘作为园区规划管理指定的技术支撑单位,承担了园区开发建设二十多年来的所有商业、住宅项目的日照测量和分析工作,技术成熟,经验丰富,在东方之门建设过程中发挥了重要的作用。

(1)建筑主体建模。根据委托方提供的资料确定各幢楼的层高、±0(即黄海标高)、及架空层的高度,利用立面图、剖面图、分层平面图绘制出各幢建筑的外围图,并且要注意顶层是否有女儿墙、晒台、退台、电梯井、水箱、屋顶是否是斜坡等,所有高度不同的位置均要绘制出图,如图 5.27 所示。

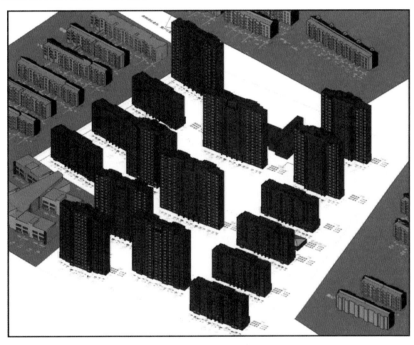

图 5.27　东方之门日照分析模型效果

(2)窗户线的绘制。根据委托方提供的分层平面图绘制出窗户线,标出楼层和窗台高度(同一编号的窗户宽度、窗台高、位置在不同楼层宽度不一致时要分别绘制出来)

(3)日照分析。高层建筑的主楼和裙房应作为一个整体进行日照分析。"居室"是指卧室、起居室(也称厅)、书房。一个居室有几个朝向的窗户的,以主要朝向的窗户作为日照范围,其他朝向的窗户不计;有两个主要朝向的窗户,以大的窗户作为日照范围。阳台计算基准面则根据相关技术文件的进行确定。

(4)成果文件,如图 5.29 所示。

2)容积率预算

(1)项目简述。房屋的建筑面积是指建筑物各层外墙(或外柱)外围以内水平投影面积之和,包括阳台、挑廊、地下室、室外楼梯等,且具备有上盖,结构牢固,层高 2.20m

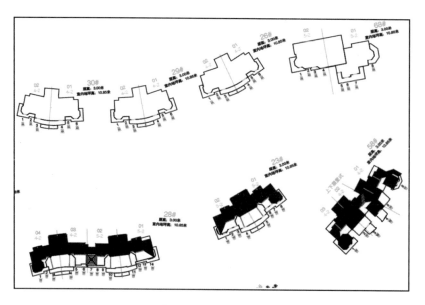

图 5.28　东方之门日照单体窗户位置图

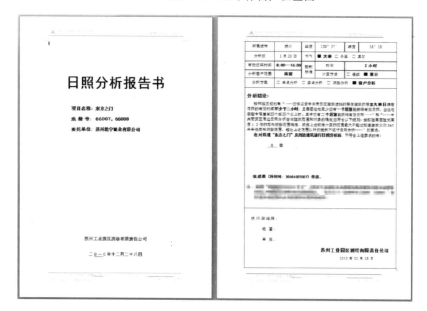

图 5.29　东方之门日照分析成果(部分)

以上(含 2.20m)的永久性建筑。

容积率是指项目规划建设用地范围内的全部建筑面积与规划建设用地面积之比。计容范围由当地规划主管部门确定。

(2)项目要求。建筑面积预算应执行的技术标准有:

① 中华人民共和国国家标准《建筑工程建筑面积计算规范》(GB/T 50353－2005)。

② 建设部 2002 年 5 月发布执行的《关于房屋建筑面积计算与房屋权属登记有关问题的通知》(建住房[2002]74 号)。

③ 2006 年 12 月 12 日发布执行的《苏州工业园区住宅区规划设计技术规定（试行）》。

④ 关于印发《苏州工业园区住宅区规划控制技术规定》补充规定的通知。

（3）内业方法流程

① 作业准备：首先明确委托方的要求，确定项目的位置以及待预算项目的大概情况，查验委托方提供的资料是否齐全，各幢房屋方案图（包括各层平面图、立面图、剖面图、细部大样图等）及数字盘片。以及物业、公建用房设置情况。

② 作业过程：

a. 对委托方提供的所有图纸进行审阅，注意房屋的平面示意和立面示意的一致性，对图纸表示不清、图纸上不能明确的，或需增加详图的，可邀请委托方建筑工程师或设计师进行答疑，通知委托方及时修改，并重新提供蓝图和相应数字盘片。

b. 先对总图进行一番查看，找找有没有规律的东西，如：是否有镜像楼幢，是否有相同户型拼接的单元等，单幢建筑外围比较复杂时，看是否有规律可循，可否采取复制的办法减少工作量。

c. 从标准层开始做起，然后利用标准层平面逐步向上或向下进行修改计算。过程中主要考虑上层对下层的影响，最顶层一定要看楼顶层对其是否有影响。

d. 阁楼的做法，建议是在屋顶层上通过屋脊线和坡度比先计算出 2.20m 的位置，并在屋顶图上画出来，然后再拷贝到各楼层上直接截取出套型图。

e. 利用各幢各层平面图，加上设计保温层厚度（以 2.0cm 计算），绘制得到各幢各层外围图。

f. 利用外围图计算各幢总建筑面积。利用各层外围图分类型统计出各部分建筑面积，并汇总各幢总建筑面积。

g. 各类面积的计算必须独立计算两次。

h. 生成成果报表。详细说明建筑面积计算过程。

i. 建筑面积预算中，切不可自作主张，断章取义，碰到问题还是集中讨论，商量一致意见后才可执行，避免问题发生。

j. 熟读规范，做到碰到问题马上就能对上号，新规则一定要及时更新。

③ 规划电子报批：详细参见"建筑竣工"的"规划电子报批"部分。

④ 成果提供：

• 容积率核算封面说明。

• 项目容积率核算汇总表。

• 首层、地上建筑面积汇总表。

• 项目总平面图。

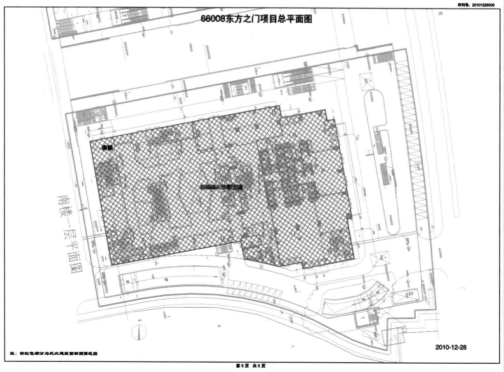

图5.30　东方之门容积率预算成果图(部分)

3) 房产预算

(1) 项目简述。房屋预算面积是商品房期房办理商品房预售证销售时,根据国家规定,由当地房产主管部门认定具有测绘资质的房产测量机构,依据规划建设主管部门核准的建筑施工图,按国家有关规定合法计算房屋建筑面积,是开发商销售房屋建筑面积的依据。

(2) 项目要求。房产预算应执行的技术标准有:

① 《房产测量规范》第 1 单元:房产测量规定 GB/T 17986.1—2000;第 2 单元:房产图图式,GB/T 17986.2—2000。

② 建设部 2002 年 5 月发布执行的《关于房屋建筑面积计算与房屋权属登记有关问题的通知》(建住房[2002]74 号)。

③ 苏州市房产管理局文件 2006 年 12 月发布执行的《苏州市房屋权属登记面积计算规则》(苏房政[2006]8 号)。

(3) 内业方法流程

① 作业准备。首先明确委托方的要求,确定项目的位置以及待预算的大概情况,查验委托方提供的资料是否齐全,主要包括土地证复印件、该小区规划批准总平面图、规划批准书、公安编号、地名批复、日照分析报告、变更单。各幢整套规划(审图)批准建筑施工图(包括各层平面图,立面图,剖面图,细部大样图等)及数字盘片。开发商拟定的该小区各幢房屋的公用建筑面积分摊办法,阳台封闭情况,以及物业、公建用房设置情况。收集与该项目有关的测区的地形图资料、竣工图资料及或有的此前已完成的该项目房产测量资料,以保证各次房产测量的延续性。

② 作业过程:

a. 对委托方提供的所有图纸进行审阅,注意房屋的平面示意和立面示意的一致性,对图纸表示不清、图纸上不能明确的,或需增加详图的,可邀请委托方建筑工程师或设计师进行答疑,通知委托方及时修改,并重新提供蓝图和相应数字盘片。

b. 先对总图进行一番查看,找找有没有规律的东西,如是否有镜像楼幢,是否有相同户型拼接的单元等,单幢建筑外围比较复杂时,看是否有规律可循,可否采取复制的办法减少工作量。

c. 从标准层开始做起,然后利用标准层平面逐步向上或向下进行修改计算。过程中主要考虑上层对下层的影响,最顶层一定要看楼顶层对其是否有影响。

d. 阁楼的做法,建议是在屋顶层上通过屋脊线和坡度比先计算出 2.20m 的位置,并在屋顶图上画出来,然后再拷贝到各楼层上直接截取出套型图。

e. 不能只用电子图作业,应结合纸图作业,如发现不一致,应马上弄明原因,原则上以纸图为准。

f. 要保持所绘房屋各层的套型图关联性，不可出现相同边长，相图户型，数据上却不一致的情况。应该是先做好一个标准层套型图，然后拷贝标准层套型图逐层修改变化处。

g. 根据委托方提供的图纸绘制出各类套型图，阁楼根据立面、剖面图确定层高在2.2m以上的部分，并计算各套套内建筑面积。

h. 利用各幢分层平面图，绘制各幢各层套型拼接图。

i. 利用各幢各层平面图，设计墙厚内外表面加2.0cm粉刷层厚度，绘制得到各幢各层外围图。

j. 将所绘制外围图与套型拼接图进行比较，校对内外是否相差半个墙的厚度。利用外围图计算各幢总面积。

k. 确定各幢共有部分和分摊办法后，填写各幢房屋分摊面积认定表，并经委托方盖章签字确认后，再进行各幢公用建筑面积的分摊计算。

l. 计算出每幢房屋各套建筑面积，并求和得到每幢房屋的预算总建筑面积。

m. 各类面积的计算必须独立计算两次。

n. 生成成果报表。填写测量说明，详细说明建筑面积计算过程。

o. 备注中应注明：

• 不满足日照要求的套数。

• 依据《建筑工程建筑面积计算规范》(GB/T 50353—2005)核查容积率面积(详见1.4 容积率)。

• 房产面积预算中，切不可自作主张，断章取义，碰到问题还是集中讨论，商量一致意见后才可执行，避免问题发生。

p. 熟读规范，做到碰到问题马上就能对上号，新规则一定要及时更新。

③ 成果提供：

• 房产预算封面说明。

• 每幢分户建筑面积成果表(包括套内建筑面积、分摊建筑面积、建筑面积)。

• 每幢房屋的分层分户套型图，标注边长尺寸，标示共有部分。

• 整个小区的房屋各部分面积分类汇总表和户数汇总表(含计容和不计容面积汇总)。

• 经委托方确认后的分摊面积认定表。

④ 成果自检。

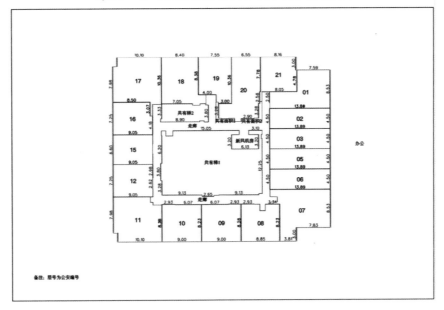

图 5.31　东方之门房产预算成果图(部分)

5.2 城市管理方面

5.2.1 智慧规划

1. 项目概况

《中华人民共和国城乡规划法》鼓励采用先进的科学技术,增强规划的科学性,提高规划实施及监督管理的效能,这给规划信息化提供了更多的理论依据及指导思想。规划审批业务的科学精细化管理离不开完善的信息化平台支撑,智慧规划项目可全方位对其诠释。

从前端的规划编制到过程的规划设计审批、再到最终的规划核实及贯穿全过程的效能监察,智慧规划项目可全面支撑其精细化流转,实现对案卷受理、规划业务数据加工校验、用地审批、工程审批、规划核实、审批成果入库、档案管理等规划审批管理环节的全过程支撑及综合监管,保证规划到核实统一,有效解决了规划管理过程中缺乏有效的技术依据、规划编制项目难以直接指导管理实践的问题。

2. 需求分析

智慧规划项目涵盖城市规划工作的各个层面的信息化建设工作,并应整体支撑规划编制、规划管理、专题数据集中共享等需求。

1)多源数据整合共享的需求

城市规划管理是基于地理空间的规划,并具有综合性强、涉及领域广的特点,因此需要综合参照基础地理、土地部门数据、发改部门数据、环保部门数据及相关规划编制等成果辅助开展城市规划管理业务,因此需要整合上述成果,借助相应的信息共享平台,实现逻辑集中共享。在辅助规划管理工作的同时,也为相关局办提供数据服务,达到共建共享,进而整体提升政务信息化水平。

2)精细化规划管理的需求

园区在启动建设初期就确定了精细化城市规划管理的路线,即运用现代管理理论和现代信息技术,合理调配资源,在城市规划统筹安排下将工作做精、做细。做到每一个规划步骤可参考追溯,指导后续规划管理精细流转。从需求落地的角度驱动园区要建立一套适应于城市快速发展的规划管理信息系统,支撑从规划编制到规划管理再到批后监管的规划业务全生命周期精细化流转。

3)移动办公的需求

城市快速发展的需求驱动城市规划工作者高效的开展规划业务工作,这就需要借助现代信息化手段支撑业务人员不受时间地点的限制,快捷高效地开展相关规划管理工作,从需求落地的角度驱动建立一套基于移动设备的移动规划办公系统,服务于规划部门管理层及实际业务工作人员。

3. 整体架构

智慧规划的整体框架如图 5.32 所示,基于信息化基础设施建设形成规划数据中心(基础地理信息库、规划编制成果库、规划审批成果库、现状管线成果库、城市三维模型库),在统一的规范标准下,建设规划一张图综合平台、规划审批业务数据审核系统、移动端应用系统等应用平台,为规划政务服务。

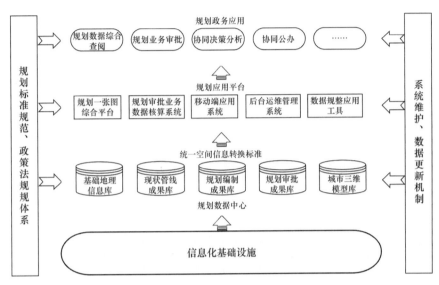

图 5.32 智慧规划架构

另外,基于多规融合(国民经济和社会发展规划、城乡规划与土地利用规划等)的新形势下,智慧规划提供了对接各类规划的数据扩展接口,为后续多规融合相关信息化建设提供了良好的基础支撑。

4. 项目成果

智慧规划项目成果主要体现在规划办文、规划图形、公共服务平台、智慧规建—移动办公系统的建设方面。

1) 规划办文

(1) 规划一张图。规划一张图中包含了现状资料、规划控制、红线管理、建筑工程、市政工程、审批管线及国土房产等常用图件。规划控制图集包含用地控制、路网控制、地下空间控制、近 20 种公共设施定点及相关中心线、控制线图形数据。红线管理图集包含地块红线、工程红线、建筑退后线等图层。建筑工程图集包括规划批准、规划验收、房产预算等图层。市政工程图集包括工程红线的选址中心线、规划批准中心线、规划验收中心线,及规划批准、规划验收的道桥、河道单位工程。国土房产图集包含土地利用规划和宗地图。审批管线图集包含 14 种地下管线图层。

规划办文库与规划一张图实现图属一体化,如利用办文系统中的"定位"功能可将办文库中业务数据定位到规划一张图中具体项目位置；而在规划一张图中查看图中要素信息，可从办文库中调阅到相关信息。

（2）项目信息的归集包括文件号、办文项目树和共享项目树。

① 文件号。在新建审批项目时，都会对应一个唯一文件号，文件号的编码方式按照园区地段划分布局及项目审批类型进行编排。后续查询定位项目信息时，以文件号作为首要查询约束条件即可精准查出其项目信息

② 办文项目树。为了便捷查看办文库审批相关业务数据，系统构建办文项目树模型，该树形模型优点在于能够一目了然地查看每个项目的所有审批数据，如地块红线、单体、书证、宗地号等。

③ 共享项目树。共享项目树模型结构与办文项目树类似，最大的不同在于其数据源来自地理信息共享空间库（简称"共享库"）。共享项目树为实时调阅共享库中项目相关信息提供有力抓手。

同时，系统中"项目"功能组以项目基本信息为最小统计单元并辅以办文项目树与共享项目树，对所有审批项目进行综合查询维护。

（3）建设单位信息的归集。建设单位信息是审批项目的重要组成部分，系统中"单位"功能组以单位基本信息为最小统计单元，可快速统计单位承建的所有项目。另外在系统的图形信息模块中也可以根据单位查询所承建的项目空间分布，如图5.33所示。

图5.33　建设单位信息查询

（4）审批案卷的归集。项目审批最小单元为案卷（又称"申请"），即一个项目中根据审批流程不同对应不同的审批案卷。

办文系统中"申请"功能组以案卷为最小统计单元，"申请"功能组同时提供了查看申请、申请定位、查看申请状态等功能。

（5）规划技术审核——地块单体比较

① 地块红线导入。园区规划部门管理地块采用"预划红线→正式红线→失效红线"的生命周期进行相关规划业务审批。其中，预划红线转为正式红线需经过指定的行政审批事项流程。为了便于业务经办人更快捷准确审批制证，规划办文系统接入地块预划库（存放预划红线），经办人在制证时，可快速将业务相关的预划红线纳入到证书中，并在案卷中添加一条数据加工任务指定助理人（该角色协助规划办案、处理完善相关审批数据）进行后续的预划转正数据处理。系统中详细业务工作流如图 5.34 所示。

② 建筑工程交换文件导入。交换文件是规划图形系统加工电子报批图产出的汇总数据成果，通过数据导入程序将交换文件中报批图成果数据导入到办文库支撑电子报批相关规划业务审批。

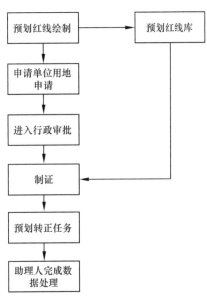

图 5.34　地块红线入库流程

③ 地块单体比较。由于交换文件中报批图成果数据是规划审批的核心数据，为保证其数据精准导入到办文库，办文系统提供了地块单体比较工具，比较交换文件和办文库两者间数据差异性。界面如图 5.35 所示。

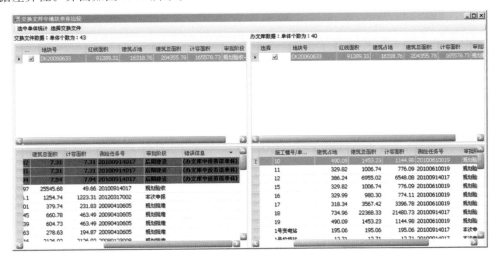

图 5.35　地块单体比较

④ 书证信息导入。业务经办人在规划审批制证时，证书所需相关审批数据会自动汇总导入到证书中，主要包括占地面积（申请相关地块红线面积之和）、建筑规模（申请相关单体建筑总面积之和）、用地性质、本次申报的单体归集等信息，进而保证了较高的工作效率及证书数据精准性。

（6）规划审批静态监管。主要是技术监管和效能监管。

① 技术监管主要是用地性质、用地面积和规划指标三方面。

a. 用地性质。地块的用地性质规定了地块的开发方向，所以正常情况下用地性质在业务审批过程中是不允许变更的。对此，办文系统在交换文件导入程序中加入导入条件约束，从而从办文库的数据源头杜绝了出错可能性。

b. 用地面积。在地块开发过程中，用地面积可能会发生轻微的变化，为了保留地块用地面积变更的记录，办文系统采用地块多版本的方式进行数据维护。每个版本关联不同的审批事项，便于后续的业务追溯。

c. 规划指标核对。地块数据模型可分为规划要求、规划核准、功能用地三组属性值，其中规划核准组为地块中单体信息的汇总，主要包括容积率、建筑密度、竖向界限、绿化率等重要指标信息。办文系统中规划指标检查模块则实时计算相关指标信息检查是否与地块当前规划核准值一致。

② 效能监管。效能监察功能分批前、批中和批后三阶段，包括预审、材料补正通知书、材料补正通知、材料补正结束、会办、批前公示、超时原因、按规定延长 10 个工作日和数据一致性修订等 9 个操作功能，每个功能的触发将更新案卷的规定办理工作日时长。另外，系统将按照剩余时间大于 2 天、2 天、已经超时自动提醒规划师，分别用黑色（正常色）、黄色和红色显示。

（7）协同办文——我的办文箱。规划办文系统——"我的办文箱"功能组提供了草稿箱、预收件箱、收件箱、发件箱等功能，主要为登记人和规划师提供具体的操作，辅助登记人或规划师完成对案卷的登记、处理、审批。

（8）协同文档处理——我的相关文档。当申请被创建之后，需要助理人或测绘人员对申请的相关文档进行处理、校验等维护操作。规划办文系统——"我的相关文档"功能组为助理人提供了具体的操作，如添加文档、添加任务、导入交换文件、删除文档、修改文档属性、查看文档属性、查看文档处理过程、查看 PW 中的文件、打开 PW 中的文件、签出、取消签出、签入、完成处理、完成校验、入库、替换文档等。文档处理流程图如图 5.36 所示。

（9）协同审批档案管理。规划办文系统——"文档查询"功能组以文档为最小统计单元，对办文系统文档库中的文档进行综合管理。文档查询约束条件包括文档类型、文档状态、登记号、文件名、助理人等，查询满足条件的文档。主要功能包括查看文档处理过程、修改文档属性、批量导出、根据文档类型分组等。

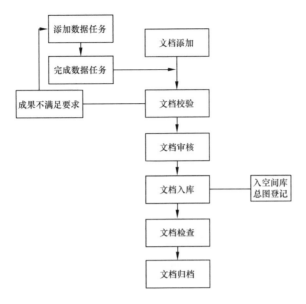

图 5.36　我的相关文档处理流程图

2）规划图形

（1）图形管理器——规划师的图形助手。图形管理器对各类规划或现状成果进行综合管理，包括成果调阅、影像调阅、成果目录配置及常用工具配置等功能。功能界面如图 5.37 所示。

图 5.37　图形管理器

（2）图形助理人——图形处理分析工具。图形助理人主要负责处理规划管理中的图形数据，提供图形绘制、属性编辑、数据入库、空间分析等。主要功能模块包括规划成果维护—规划控制、用地管理—红线管理、建筑工程、市政工程、管线工程、系统管理工具。界面如图 5.38 所示。

（3）图形查属性——图文结合的通用工具。图形查属性工具在支持查看要素扩展属性的同时，纳入了要素相关的审批信息，包括项目信息、申请信息、书证信息、相关文档。从而全方位的获取要素相关信息。另外，由于规划控制与电子报批业务数据模型不同，各自的信息展示界面也不同。在查询要素时，程序将根据要素所属属性类型（规划控制或电子报批）自动匹配对应的信息展示界面，如图 5.39 所示。

图 5.38　图形助理人工具

图 5.39　规划控制类信息展示界面

（4）精细化规划控制管理。规划控制功能模块目前主要涉及路网控制、用地控制、公共地下空间以及规划定点（公用设施定点）四部分。由于规划控制本身在规划领域起着至关重要的作用，因此规划控制调整的过程非常严格。即规划控制功能模块中对规划控制进行调整的流程划分较细，秉承的设计思路是保证本次调整全部成功，否则就回归本次对规划控制的变更。

（5）精细化红线管理。红线是规划业务的基础数据，所有审批事项都是基于红线层面进行审理。为贴合相关规划业务，图形系统将红线管理分成了三个层次：预划红线管理、正式红线管理和失效红线管理。

（6）精细化工程管理——规划电子报批。电子报批是一种新型的规划管理审批制度，要求规划建筑设计单位在向规划局提交各类送审图纸时，同时提供符合规定技术标准规范电子文件,即电子报批图。规划管理部门的业务人员参照相应的规划要求对电子报批文件进行审核,以实现电子化辅助规划指标审查的目的,实现审批流程的规范化,并在案子审批的过程中能够及时地对相关报批数据进行建库存档,能够有效地保证地理空间信息的实效性。目前苏州工业园区电子报批类型主要分为建筑工程(含公共地下空间)、市政工程、管线工程三大类,规划图形系统支撑其精细化流转。

(7) 规划管理业务控制下的规划成果建库。业务人员调整规划控制成果的同时,相关规划成果的建库工作也在同步展开。现行的规划成果建库标准是按照一定的目录格式、文件分割要求、命名规则将相关控规文件、总规文件等规划成果存放到规划成果服务器中,便于后续的调阅。调阅依据需要业务人员在加工规划控制成果时,按照规划成果建库数据标准要求,完善相关调阅参考信息,主要包括参考控规名称(规划编制成果全称)、图名(如"土地利用规划图")、区块号(分图则的区块号,如"A-04")及地块号(分图则的地块编号,如"A-04-01")。

3) 基于城市公共信息服务平台的规划信息共享

(1) 共享服务全流程设计。项目建设数据整合子系统、数据服务子系统、共享平台管理子系统和查询展示子系统实现了公共信息服务平台全流程管理。首先,制定了建设项目共享数据标准并基于该标准进行了多源数据整合建设了共享资源库,包括建设项目审批数据、规划用地、规划路网、建筑单体、综合管线、遥感影像、地名地址等;其次,基于园区城市公共信息服务平台发布建设项目地理空间信息共享数据服务,制定了共享服务统一接口规范,开发了标准插件,为业务系统使用提供了多种支持;建设了共享平台管理子系统,对共享服务资源、用户信息等进行统一管理统一授权并实时记录访问日志;基于园区城市公共信息服务平台和建设项目共享资源库,使用建设项目共享服务开发了查询展示子系统,实现了园区规划建设情况实时查询分析,为进一步拓展地理空间信息资源共享积累了经验。

(2) 资源整合模板化。建设项目地理信息数据量大、数据种类多,需对各类数据进行建设专题数据分门别类进行数据模板定制。在数据整合阶段能高效实现数据生成,又能有效地避免数据的不规范生成,生成数高可靠的数据,为数据共享服务及应用提供了有效保障。

(3) 数据共享服务。城市公共信息服务平台(以下称平台)以基础地理信息数据共享为基础,整合园区各部门、行业的多层次需求,建设统一的公共服务平台,保障区域内地理信息的统一性、权威性和标准化。

本项目建设发布的数据共享服务以平台数据标准规范为基础,专注于规划建设业务需求制定数据共享标准。根据平台地理信息服务规范发布建设项目数据共享服务,包括建设项目审批数据服务、规划控制数据服务、综合管线数据服务等,这些服务基于规划建设业务需求,面向其他部门进行数据共享,利用平台已有共享机制、安全控制、实时监控等功能进行基础保障与日常运维,同时也扩大了平台的服务范围。

(4)查询分析系统。查询分析系统实现规划建设业务数据实时查询与综合分析,包括规划控制、地块红线、建筑工程、市政工程、土地规划、综合管线等专题图层展示,建设项目、业务审批、书证、规划地块、建筑单体等综合查询,规划地块、综合管线、建筑单体、证书、用地控制等资源图表分析与空间定位。系统已建设成为综合展示规划建设业务、地理信息建设的窗口,为园区管委会领导及非地理空间信息专业部门用户了解园区规划、建设情况提供使用方便、内容丰富的查询系统,为进一步拓展地理空间信息资源及应用范围积累经验。

4)智慧规建-移动办公系统

(1)办公电脑之外的信息服务助手。移动办公系统从建设之初就明确了定位,即办公电脑之外的信息服务助手。无论是在交谈、会商或是在出行途中的闲暇时间,顺手拿起智能手机或平板电脑,即可快速准确地浏览规划地图,查阅审批信息,检索现场周边建设项目的信息。在注重轻巧和便利的同时,将繁重的工作流和复杂的问题处理留给办公电脑处理,各司其职,力求在提高工作效率的同时避免重复建设。在这个基本原则的指导下,目前已开发完成的"智慧规建-移动办公"系统可以在主流的基于 Android 或 iOS 系统手机或平板电脑上运行,并且有多种不同版本供不同类型的用户选择。

(2)个性与扩展性并重的设计理念。面向智慧城市建设需要,重新划分系统功能模块,使之充分解构。采用模块化设计,与公共信息服务平台进行充分的整合,消除了数据重复加工。按照规划信息化建设的需要提供会议提醒、规划图形浏览、规划审批和监管信息查询定位、规划统计信息可视化、高级查询等功能模块。移动办公应用分为三个版本,方便不同用户和使用目的,并且版本之间可以增减模块,灵活配置,满足用户的个性化需求。

5. 创新点

(1)项目基于园区城市公共信息服务平台,提供统一空间基准的精细化城市地上地下立体规划管理。具体表现在规划管理单元精细到地块红线和建筑单体,同时整合城市地上地下空间,提供立体规划管理及时空分析服务,保证规划批准与规划核实的一致性。

(2)在规划审批的业务流程中集成日照分析、容积率计算、竣工测量及房产测量等大比例尺多源数据的融合技术,实现了在规划业务流程中动态生成规划电子报批图,并以此为基础实现了新建项目数字化规划技术审核的全覆盖。

(3)在规划业务流程中采用实时的、基于规则的规划管理过程业务信息的空间数据抽取技术,生成城市规划专题空间数据库。具体表现在实时抽取规划控制(包括用地控制、路网控制、地下空间控制、公共设施定点)、正式红线、建筑单体、建筑标准层、审批书证等空间数据,以厘米级大地水准面建立的地理信息数据库为基础,形成专题空间数据库,保证规划数据的精准性、权威性和现势性。

6. 应用效果

通过本项目建设,搭建了规划图形与规划办文相结合的完整的规划管理信息业务系统,形成了规划业务流程审批与辅助电子报批相结合的精细化城市规划管理工作模式;通过建设项目地理信息共享服务实现了园区"规划一张图"的共享交换、动态更新,为领导决策提供了依据,也为其他相关部门提供了规划数据支撑。

(1)支撑了规划管理各项业务的顺利进行。动态维护了路网、用地、公共地下空间及 18 类公共设施定点等规划控制数据,以及规划地块数据、建筑单体、审批管线、审批道桥、审批河道等工程数据,及大量的其他现状、规划成果和辅助资料。

(2)实现了规划编制与城市建设的无缝对接。以规划控制为指引,保持建设项目地块红线图与宗地图一致性,基本上杜绝了土地浪费,保守估计仅此一项为园区增收土地收益 10 亿元以上。

(3)保证了规划批准与规划核实的内容一致。以规划批准阶段规划电子报批和规划核实阶段的规划电子报批为抓手,基本杜绝了瞒报超容积率现象,有效保护了小业主的合法权益和国家土地收益。

(4)规范了规划师与助理人的分工协作。通过服务外包,将规划技术审核中所需的数据加工、校验和分析外包给长期合作伙伴,"专业人员做专业的事情",不仅大大降低了行政成本,而且提高了数据质量和审批效率。

(5)理顺了业务审批与档案管理的工作协同。规划业务档案通过建立与满足规划管理和档案管理要求的两套目录体系,既满足了规划业务工作中查档需求,又满足了规划档案的移交、接收、整理、扫描、装订、建库、以图查档等的内部档案管理方面需求,同时也满足了向园区档案中心移交档案的需求。

(6)兼顾了行政审批与行政监察的工作平衡。"把权力关进制度的笼子里"是党中央对行政审批的基本要求。结合园区"电子监察"的要求,规划建设协同工作平台中实现了程序监管、效能监管和技术监管批后自动数据采集,规划办文中实现了"效能监管"和"技术监管"批中动态检查功能。

(7)促进了专业数据与基础数据的共建共享。现状地理数据、规划成果和规划审批成果是规划管理部门行政的基础,也是城市建设、管理和运维其他部门的基础数据。规划编制、规划审批工作完成后,经过助理人校对、入库和检查工作等过程,进入地理信息资源库,供相关单位无偿共享使用。

5.2.2 房地一张图

1. 项目概况

1999 年,我国启动了"数字国土"工程,从数字地球的战略高度,建立各类国土资源数据库。近年来,各级国土资源管理部门以"数字国土"工程为契机,全面开展了网络化国土资源业务管理信息系统建设,以满足国土资源信息化管理的需要。

开展国土资源"一张图"工程建设是国土资源信息化的重点任务之一。它是以国土资源综合监管与应用服务为目标,基于统一的基础地理空间,对各类国土资源专业信息的综合集成与展示。从宏观层面来看,国土资源"一张图"建设集政策、机制、数据及管理、技术、标准、应用和服务于一体,为国土资源参与宏观调控、资源监管、形势分析、辅助决策支持和社会化信息服务提供所必需的数据支撑。从微观层面来看,它为实现各类国土资源数据汇交、储存、处理、应用、分析、挖掘和安全备份等管理与服务工作提供了数据集成环境。

园区开发建设17年来,通过实践和积累并积极借鉴新加坡先进经验,创造性地建立了地产毗连房屋的房地产登记管理体制,初步形成了一套有自身特色的"房地合一"管理新模式,基本达到了"以图管地"、"以图管房"的管理要求。根据园区"房地合一"的管理模式,园区在国土"一张图"工程基础上结合房产业务,开展了基于"房地合一"模式的信息化建设,本着"完成一个、整理一个、入库一个、应用一个"的原则,将土地调查工作中获取的数据不断纳入到"房地合一"的核心数据库中,统一标准、统一管理和统一应用,充分应用于国土资源管理日常业务中,同时为土地资源宏观规划和管理决策,提供快速、准确、翔实基础数据,为进一步建立覆盖土地"批、供、用、补、查"、土地登记、地价监测等业务的综合监管平台建立了基础数据,不断推进园区基于"房地合一"模式的信息化建设。

基于"房地合一"模式的信息化建设是加强园区国土房产动态科技监管的创新举措,是将多种专题信息有机地组合到统一的基础底图上,并提供这些信息的交互查询和相应的空间分析。按信息特征做好各专题数据库,梳理信息之间的有机联系是房地一张图的先决条件,后续的信息更新与现势性维护是系统工程正常运行的重要保障。实现"房地合一"的一体化管理,将有利于提高园区国土资源管理与房产管理的工作质量及工作效率,减少工作成本,有效实现各级部门间业务资源的整合和及时共享。

2012年5月"房地一张图"正式启动建设,项目在"智慧园区"的总体框架下,遵循"统筹规划、统一标准、统一管理、统一平台、资源共享"的原则,根据国土资源全生命周期管理的要求和当前实际,创建、优化、重组了房地业务模型与数据模型。

2. 需求分析

苏州工业园区"房地一张图"需要建立以基础地理、房地、业务专题等三类数据为核心的数据库,基于政务云平台搭建业务系统,最终完成各项业务的流程运转与业务审查。对项目建设的需求分析如下:

1) 需要统筹建设,制定统一标准

园区基于"房地合一"模式的信息化建设不单单是技术问题,而是一项复杂的系统工程,涉及人力、物力和信息资源等方方面面。需要统筹规划,精心组织扎实推进。需要建立分工合理、责任明确、权威高效的协调机制。在国土资源信息化标准框架下,按照统一的数据汇交、数据整理、数据库建库、系统开发等方面的标准或规范,开展"房地合一"的信息化建设,确保数据的完整性、准确性、一致性和可用性。

制定一系列的数据处理技术标准和规范,开发应用服务接口、核心数据库调用和操作的应用接口,建立和完善"房地一张图"数据汇交与更新的协调、操作、运行的管理机制,制定数据管理办法。

2)需要综合集成多方面数据,建立核心数据库与多源数据中心

园区基于"房地合一"模式的信息化建设其核心数据库建设涵盖土地、房产和基础地理等各类数据,专业面广、数据量大、格式多样。需要通过建立相应的机制、标准和手段,收集并集成不同层面、不同类别、不同专业的海量、异构和多态数据。

按"房地合一"的信息化建设的有关技术标准规范对不同类别、不同专业的海量、多源、异构数据进行梳理、重组、合并等,形成多个业务专题数据库,利用提取、转换和加载工具以及必要的手段,将处理、加工好的数据按照统一的建库标准进行入库。加工覆盖园区全范围的房地基础数据,形成房地基础地理空间数据库;数据按分层分类管理形成"房地一张图"核心数据库,并以此为基础建设多源数据中心,为建设"房地一张图"相关应用系统提供数据容器和应用服务环境。

3)需要建设保障制度,形成信息共享机制

园区基于"房地合一"模式的信息化建设其应用的关键在于数据汇交、实时更新以及信息共享机制。需要建立相应的规章、制度、机制和技术标准。并通过行政手段确保这些制度的强力执行,逐步形成信息汇交、更新和共享的长效机制,保障"房地合一"的信息化建设的稳步推进。

4)需要建设业务应用系统

园区基于"房地合一"模式的信息化建设应作为一项系统工程,建设周期长。在实施过程中必须坚持"建用并举",在建设中应用和扩展,在应用中完善与提高,突出应用实效。应针对不同的应用或服务对象、定制不同的信息服务产品,实现个性化、差异化和多元化服务。

基于所构建的核心数据库,以应用部门为主导,建立包括以权源指标、地块、宗地、房屋等为核心实体的建设用地管理系统、地籍管理系统、房地产产权产籍管理系统、保障房管理系统、政务地理信息云管理系统、综合监管与决策系统,快速实现一体化、集成式政务应用,为行业管理、综合监管和辅助决策提供数据支持。

3. 整体架构

基于"房地合一"模式的信息化建设遵循"统一领导、统筹规划,统一标准、信息共享,

服务管理、面向社会"的建设方针,注重实效,开展与国土资源管理体制、管理方式相适应的国土资源电子政务建设,促进国土资源管理依法行政和政务公开,提高管理效率,为落实最严格的资源保护制度、科学管理与合理利用资源提供有力的技术支撑和信息保障,全面提升国土资源管理与服务水平。

以国土资源基础数据库为依托,使用土地利用现状数据、城镇地籍数据、土地利用规划数据、开发复垦项目数据、建设用地项目数据以及地形数据等作为数据源,通过局域网,应用基于信息共享平台搭建的各业务系统,完成土地规划、耕地保护、土地利用等业务的流程运转与业务审查;通过数据交换系统,完成项目申报和纵向数据交换;通过国土房产局的外网网站向社会发布国土资源相关审批信息,接受社会公众监督,系统总体建设框架如图5.40所示。

(1)网络层。建立各级国土资源管理部门局域网,支撑各级国土资源业务系统内部运行;依托苏州工业园区电子政务外网平台,建立国土资源政务外网,支撑国土资源纵向业务的网上运行;依托 Internet,提供对外信息服务。

(2)数据层。以国土资源各类数据为核心,依托成熟的数据库管理系统和 GIS 平台,按照统一的标准,建立集数据管理、数据处理、数据交换等功能一体的国土资源数据中心,提供业务系统运行所需的基础数据、业务数据支撑。

(3)应用支撑层。建设国土资源电子政务平台,作为金土工程各业务系统建设的应

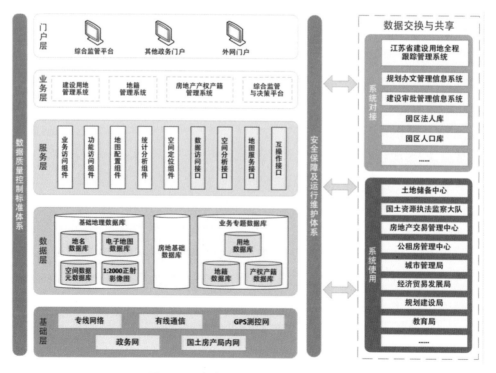

图 5.40　房地一张图系统技术框架图

用支撑平台。利用电子政务搭建环境定制各项业务应用;通过运行环境对业务应用系统进行管理、运行和维护。

(4)业务层。围绕耕地保护、地籍管理、房屋产权产籍管理等业务,建立并集成业务应用系统,开发国土资源信息统计分析与决策支持系统、国土资源信息服务系统。

(5)门户层。利用门户实现国土资源管理业务网上受理,并发布土资源基础信息和政务信息,向相关政府部门提供服务。

4. 项目成果

1)数据标准与规范

(1)基础地理数据规范

以《1：500　1：1000　1：2000 地形图图式》(GB/T 7929−1995)和园区已有的数字地形图数据为基础,以服务园区发展全局为重点,兼顾苏州市有关信息化规划的要求,结合本园区实际情况,对部分符号进行了增补、调整和简化,详细规定了符号的类别、层、色、单元和线型等内容,规范了 MicroStation 平台上的 DGN 数据和 ArcGIS 平台上基础地理数据的图式。

此外,房地基础图还包括居民地类、工矿建筑类、交通类、管线类、水系类、地质地貌类、植被类这七类数据,基础地理数据规范中均做了详细图式规定。

本标准适用于测制、编绘和整理本园区 1：500 房地一张图工作中的相关数字地形图,是苏州工业园区“房地一张图”工程中基础地理数据的测制、编绘、整理、入库等工作的基本依据之一。其中联图地形成图与管理软件已在实际生产中应用时间较长,“房地一张图”中房地基础图数据与本基础地理数据图式不一致的,参照苏州市基础地理信息系统数据规程和图式,以实际应用为准。

(2)电子地图数据规范。该标准规定了苏州工业园区“房地一张图”电子地图采用的坐标系统、包含的数据内容、采用的地图瓦片格式标准、地图比例尺分级信息及地图符号表达标准。本标准文件适用于电子地图数据的加工处理、电子地图制图及地图瓦片的制作,也可用于地图瓦片文件数据交换。

(3)数据交换标准。为了确保苏州工业园区“房地一张图”数据库建库的实用性和规范性,规范数据建库的内容、流程、方法及成果要求,保证数据库质量,结合园区基础地理数据 1：500 地形要素分类与代码,兼顾苏州市有关信息化规划的要求,参照相关领域信息系统建设规范及信息技术要求,制定了数据交换标准规范。

(4)数据库标准。数据库标准规定了园区房地数据库的内容、要素分类代码、数据分层、数据文件命名规则、图形和属性数据的结构、数据交换格式和元数据等,适合于园区“房地一张图”工程数据库建设和数据交换。

(5)“房地一张图”核心数据库。根据园区管委会统一部署,数据库建设完成了基础和业务两大类数据库,用以支撑业务应用系统的运行、数据综合分析和数据共享服务。

① 基础数据库。充分利用更新调查及最近二次调查形成的基础地理、土地利用现状、城镇地籍等基础数据库,这类数据库现势性较好,格式为 ARCGIS,符合国家数据标准,可以直接利用,以充分发挥基础数据库的应用价值。

基础数据库包括房地基础图、数字正射影像图(图 5.41)、地名数据库、电子地图数据库(图 5.42)、空间数据元数据。

图 5.41　2015 年园区 1∶2000 正射影像图

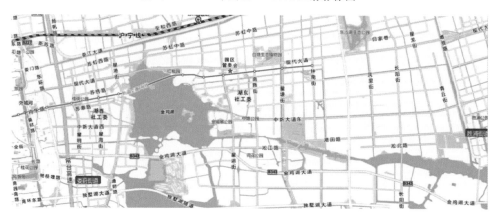

图 5.42　2015 年园区电子地图

② 业务数据库。对于已整合过的新一轮土地利用规划、基本农田数据库,按照金土工程的有关数据标准,进行数据结构转换处理,在数据内容上不需要改动;同时建设整合建设用地审批数据库、土地供应备案数据库、土地开发整理项目数据库、执法监察数据库等业务数据库。

2)业务应用系统

(1)建设用地管理系统包括建设用地征地审批子系统、建设用地供地审批子系统和建设用地跟踪管理子系统。

建设用地征地审批管理子系统是为了满足建设项目用地审批业务的需要,清晰审查(核)流程,规范审查(核)行为,优化管理模式,提高工作效率,促进审查(核)监督,共享信息资源,提高建设用地审查(核)管理水平,为耕地保护和土地管理参与宏观调控提供具体的技术支持。通过该系统的建立,实现了建设项目用地审查报批管理全流程(申报、审查、会审、备案、收费等)的信息化;通过网络,将涉及建设项目用地审批的各相关部门(如地籍、规划等)和各级参与建设项目用地审查(核)的土地行政主管部门互联,实现审批管理的互动;通过系统应用,将与建设项目用地审查(核)相关的各项数据(主要包括土地利用现状数据、土地利用规划数据库及开发数据、土地供应数据等)进行关联,实现建设用地审批管理的科学化和准确化。

建设用地供地管理系统实现对供地备案项目的结果进行管理,系统结构如图 5.43 所示。

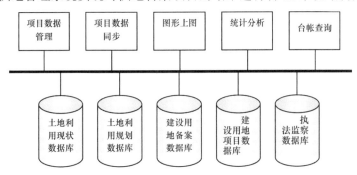

图 5.43　建设用地供地管理系统结构

建设用地跟踪管理子系统包括在线分析展示子系统、项目跟踪子系统、土地利用动态预警子系统以及统计分析子系统。系统结构如图 5.44 所示。

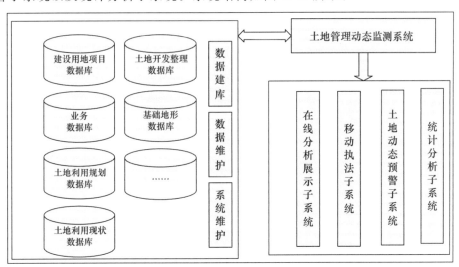

图 5.44　建设用地跟踪管理子系统结构

综上,建设用地管理系统实现了用地业务办理的流程化、智能化和简易化,实现了业务办理过程中图文一体化,实现了以图管房,提供了与相关单位数据的共享接口。

系统的主界面如图 5.45 所示。

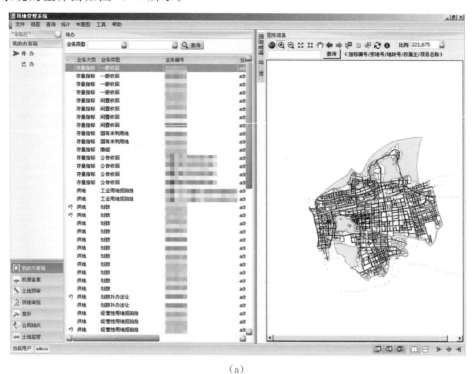

（a）

（b）

图 5.45 建设用地管理系统界面

（2）城镇地籍管理系统。城镇地籍管理信息系统以"宗地"为核心实体，实现地籍信息的输入、存储、检索、处理、综合分析、辅助决策以及输出的信息系统。通过地籍管理信息系统可以保证地籍信息的管理工作高效、持久、和谐地运转，可以全面掌握园区范围内国有土地和集体土地的土地权利情况，查清每一权利人用地的位置、权属、用途、界限、四至、面积等信息，从而真正实现"以图管地"的现代化管理。

其中，土地登记子系统是以地籍数据库为基础，建立符合土地登记、地籍日常管理业务需求，实现土地登记的网络化、自动化、无纸化。

根据《土地登记办法》及国土资源部下发的统一登记表格，实现了初始登记、变更登记、抵押登记、注销登记、查封等各种登记类型的无纸化操作，快捷灵活地定制各个发证人员的权限；系统提供整套登记表格的打印，包括：套打及批量打印；各项数据能按照多种条件进行查询检索、任意时间段内的统计，并能将结果转成 Excel 等常见格式；另外系统还提供了一套登记数据日常维护的方案，供管理员级别的用户对系统进行相应的维护。

基于地籍管理统一资源数据库，开发了图形管理子系统、土地登记管理子系统、地籍管理子系统，实现了国土房产局内部业务的统一管理和维护。系统主界面如图 5.46 所示。

图 5.46　地籍管理信息系统主界面

（3）房地产产权产籍管理系统。房地产产权产籍管理系统的建设实现了房地产交易业务办理的流程化，对业务办理过程和状态能够实时地进行监控和管理。进一步完善和加强了房地产交易过程中各种业务办理的智能化和简易化。进一步提高了各种查询和统计报表的处理速度。实现房产图形与产权交易业务办理工作紧密结合，达到图、数一体化，图、数互查询，实现以图管房的目的。进一步完善了园区产权交易中心数据与相关单位数据共享接口，确保数据的一致，对数据同步过程中出现的问题或错误能及时通知数据同步的双方。

另外，该系统还可通过开发商与银行共同完成网上备案过程，建立和管理预售房屋的抵押信息以及买卖信息，为期房抵押证明书的发放储备了基础数据。今后发放期房抵押证明书时可直接导入该部分数据，提高证书发放的速度。还可根据测绘单位的房产测算数据直接导入进行房屋的预注册，建立楼盘基本数据，并根据楼盘信息，快速定位并输入房屋预查封的信息，从而设定该房屋的限制转移权利。楼盘信息建立后，可直接查询到某套房屋预售的相关信息，包括购房人信息、抵押信息、查封信息。系统主界面如图5.47所示。

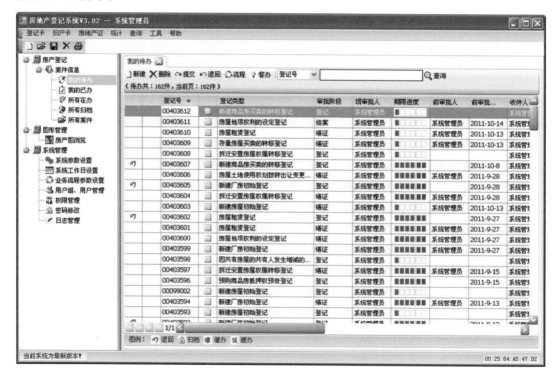

图5.47　房地产产权产籍管理系统主界面

（4）综合监管与决策系统。"房地合一"综合监管与决策系统包括数据服务、综合统计分析与决策和数据中心配置管理三个子系统。

"房地一张图"数据服务子系统主要包含了数据调用、图形浏览、信息查询、统计分析、图形工具和地块分析等功能。数据调用/图形浏览功能可以发布各类数据服务进行调用浏览,实现各服务的叠加和对比浏览。统计分析功能可以对土地利用现状数据按地类、按权属性质等进行专题统计分析,并以报表、柱状图等形式进行直观展示。图形工具/地块分析功能根据地块范围,提供地块的用地分析和规划分析等功能。图形编辑功能支持多种图像编辑方法。

综合统计分析与决策系统以网络信息技术为手段,对土地和房产的各个环节进行实时全程监测,对土地供应和房屋保障提供预警分析,在此基础上为国土资源管理的宏观决策提供依据。主要功能包括:实时监测、预警分析、综合分析和决策支持等。实时监测功能可以通过对特定业务办理结果的统计分析,对关键数据进行实时监控,包括:实时监测建设用地新增权源指标使用情况、实时监测建设项目用地审批情况、实时监测供应后项目实施情况、实时监测违法用地情况、实时掌握土地权属发证情况等。预警分析功能可以对建设用地开发率少于并达到一定比例,或根据合同约定未开工可能闲置的时候,采用图形化的方式直观进行预警。

"房地一张图"数据中心配置管理子系统:数据中心以交换标准、协议和信息服务系统的需求为原则,从数据生产阶段或已形成的数据库中,提取发布信息,从而完成对信息服务系统的数据和应用支撑。服务除专题业务数据服务外,还包括空间数据服务。服务的安全和稳定直接关系到整个系统的性能和应用效果,必须通过有效的方式进行管理,对系统相关的参数、流程、服务、权限等进行设置和管理。如系统参数管理功能,可设置系统使用的多个数据源连接参数、端口、图形服务的地址、端口、数据访问的用户身份、密码(密文)等,除此以外还包括数据字典管理、工作日设置、业务流程设置、用户权限管理、图层显示属性管理、日志管理等功能。

系统主界面如图 5.48 所示。

5. 关键技术与创新点

1)"房地一张图"综合管理与应用平台的关键技术

(1)基于平台的海量数据存储与管理:实现高效、集中地管理具有时间维的海量空间数据库。

(2)图文一体化业务协作架构:集中解决图形管理和业务管理集成,图形和业务不仅可以互查,而且实行了联动变更,真正实现了图形与业务一体化管理。

(3)多源异构数据源的服务聚合:利用云计算的思想,实现 GIS 服务的聚合共享,支持在 GIS 基础平台或二次开发平台上使用。

(4)数据使用权限的集中控制:多层次、多粒度、集成的用户权限管理。

2)在系统建设过程中实现的创新点

(1)在统一空间基准框架下,理顺国土批、供、用、补、查和房屋管理各业务数据之间

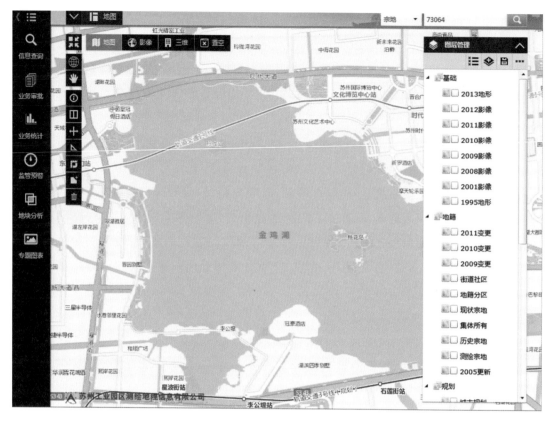

图 5.48　综合监管与决策系统主界面

的生态关系,制订相关标准,构建多源数据中心,实现各应用系统数据的实时更新、共享和整个房地管理工作在"一张图"的内循环。

（2）优化和重组房地管理业务流程并基于空间位置无缝融合房地信息,通过查询、统计、分析以及专题图等形式提供辅助研判,实现从"以数管地"、"以数管房"到"以图管地"、"以图管房"、"房地合一"的转变,构建了不动产统一登记新典范。

（3）构建了园区特色的房地时空信息云平台,在私有云端汇聚多源、异构、海量的数据并在"一张图"上直观、准确、动态地展示和分析,提供空间、时间和流程高度协同的信息共享和精细化服务,精准融合规划、建设、法人等信息,打造了基于 GIS 云的"智慧园区"政务服务平台。

6. 应用效果

基于"房地合一"模式的信息化建设遵循了"统一领导、统筹规划,统一标准、信息共享,服务管理、面向社会"的建设方针,注重实效,开展与国土资源管理体制、管理方式相适应的国土资源电子政务建设,促进了国土资源管理依法行政和政务公开,提高管理效率,为落实最严格的资源保护制度、科学管理与合理利用资源提供有力的技术支撑和信息保障,全面提升了国土资源管理与服务水平。

（1）提升国土房产信息化服务水平。本次建设基于"房地合一"模式，注重实效。项目完成了相关业务系统的升级和建设并投入使用，为园区国土房产局下的耕地保护处（规划科技处）、土地利用管理处、地籍管理处（测绘管理处）、矿产资源管理处、地质环境处、法规监察处、财务处、人事处、信息处、档案管理处等多个业务处室提供了信息化办公渠道，全面提升国土资源管理与服务水平。

（2）提高政府部门的行政监管效率。项目建成贯穿各级业务流程的监管平台，覆盖土地"批供用补查"、土地登记、房屋管理等管理各环节，实现常态化监管、创新管理方式。满足了开展与国土资源管理体制、管理方式相适应的国土资源电子政务建设要求，促进国土资源管理依法行政和政务公开，提高管理效率，为落实最严格的资源保护制度、科学管理与合理利用资源提供有力的技术支撑和信息保障。并可通过国土房产局的外网网站向社会发布国土资源相关审批信息，接受社会公众监督，保证了国土、房产交易登记行为的公信力，维护了房屋所有权人的合法权利，有效避免因信息不对称引发欺诈和工作人员违规用权及渎职行为的发生。

（3）为综合决策提供数据支撑，完成基于空间矢量的资源整合。项目将可视化效果"三位一体"：集成二维、三维、影像三种空间位置表达手段。为国土资源参与宏观调控、资源监管、形势分析、辅助决策支持和社会化信息服务提供数据支撑。实现各类国土资源数据汇交、储存、处理、应用、分析、挖掘和安全备份等管理和服务的数据集成环境。以国土资源综合监管与应用服务为目标，基于统一基础地理空间参考，对土地、房产、矿产等各类国土资源专业信息进行综合集成与展示。

（4）整合数据资源，避免重复投资建设。项目建成包括房地基础图、数字正射影像图、地名数据库、电子地图数据库、空间数据元数据库等五个基础数据库的房地核心数据库，涵盖了国土资源基础数据、土地利用现状数据、城镇地籍数据、土地利用规划数据、开发复垦项目数据、建设用地项目数据以及地形数据等多个数据源，通过数据交换系统和局域网，实现国土局各级业务处室数据共享，完成横向数据交换和纵向数据传递，避免了以往建设一个系统便要重新搭建独立数据库的重复投资情况。

5.2.3　智慧城管

1. 项目概况

2012 年，园区正式设立娄葑街道、斜塘街道、唯亭街道、胜浦街道办事处，并撤销原娄葑、唯亭、胜浦 3 个镇的建制。这意味着园区今后将彻底消除城乡二元结构，数字城管将在一期中新合作区 $100 \mathrm{km}^2$ 建设的基础上，延伸到胜浦、唯亭、娄葑、斜塘四个街道，在纵向上打造"区、街道、管理块"三级城市管理网络，在横向上实现与城市规划建设、工商法人、交通管理的无缝对接，实现全园区红线内外一体化管理，构建区域一体化大城管体系。

根据园区城市管理"高标准建设、高强度整治、高效能管理"的要求及园区城管在城市照明、户外广告、河道、隧道等行业管理中的信息化需要,建设智慧城管。此项目建设进一步加强数字城管建设对各专项管理服务的支撑,同时围绕园区实现从管理到服务、从事后处置到事前预防、从缺乏监督到智能考核的需求,加大对城市管理重点事件的常态化时空分析、预测预警,提升园区城市管理的智能化管控、智慧化决策水平。

2. 需求分析

随着园区"大城管"模式向四个街道的扩展、引入第三方巡查队伍进一步完善城管监督指挥机制、城管系统考核机制逐步健全以提高管理工作效率等城市管理工作的全面发展和健全,对园区数字城管建设也提出了新的需求:

(1) 实现数字城管系统对城管委各单位协同工作的支撑,通过加强信息的共享互通和各业务环节的快速流转,强化城管委各部门和单位之间的联动协同工作,实现对城市管理各类重点和难点问题的高效解决。

(2) 充分挖掘城市管理数据和各业务系统的资源整合,增强城管系统的业务分析能力,通过深入的时空分析提高城市管理综合管控水平,变被动管理为主动预防,实现城市管理数字化、精细化、智能化。

(3) 增强执法人员在执法现场的高效执法能力,通过快速审批查询、现场打印、全程记录,行政执法效率提高和工作过程规范化;

(4) 强化对专项城市管理难题的管控能力,实现对渣土车、流动摊贩、违法建设几大顽疾的处置全过程监管,并通过系统性常态化数据分析实现"堵疏结合"的城市顽疾管理。

(5) 实现对城市市政设施的精细化管理和对市容环卫作业的全程监控,通过网格化管理、智能化监控等技术手段,加强市政管理工作的规范化,以进一步丰富管理手段、提高行业管理能力。

(6) 确保第三方巡查工作的有效开展,支撑巡查队伍在问题上报、核实、核查各环节工作的规范化运行,提升各类城市管理事部件问题的处置效率,完善城市管理监督指挥体系。

(7) 健全城市管理监督考评机制,在明确城市各部门、各单位职责的基础上,实现对城管委各单位、城管系统各岗位人员的量化考核,建立规范化常态化的监督考评机制,保障城市管理工作的科学长效运行。

(8) 提升城管对社会公众的服务能力,实现市民通过各种渠道便捷地上报身边发生的城市管理问题,同时快速获知与日常生活息息相关的城市管理类便民信息,实现城市全民共建与管理。

3. 项目成果

1) 标准体系

(1) 制订数据资源建设及管理标准体系。数据类标准包括数据采集标准及作业规范、数据建库规程、数据库管理规程、数据发布标准、数据交换标准、数据共享标准、数据库更新服务体系标准规范、数据保密管理办法等。

(2) 数字城管信息系统建设和运维标准体系。完善系统建设项目管理标准和运维标准,制定大项目管理办法、项目群管理规程、项目验收规范、项目文档管理和归档管理;制定系统开发的编码规范、模块封装标准、配置管理规范、版本管理规范等;并建立常态化运维机制,制定数字城管各系统运维方案和运维管理办法。

(3) 城市管理事部件处置标准体系。针对园区城市管理事部件等市政综合监管案件的立案、派遣、处置、核查和评价考核等环节的工作流程和要求规范,制定《苏州工业园区数字城管部件分类、编码及数据要求》《苏州工业园区数字城管事件分类、编码及数据要求》《苏州工业园区城市数字城管单元网格划分与编码规则》《苏州工业园区数字城管案件立案、处置与结案》等标准体系的健全完善,并制定《苏州工业园区数字城管地理编码规范》《苏州工业园区数字城管部件及单元网格数据更新规范》《苏州工业园区第三方巡查工作规范》《苏州工业园区第三方巡查队伍考核标准》。

(4) 城市管理数字化执法标准体系。对园区城管行政执法业务的流程和环节进行信息化标准的梳理,制定《苏州工业园区行政执法案件数字化管理标准》《苏州工业园区城市顽疾数字化管理办法》《苏州工业园区城市管理审批数字化管理流程》,制定《苏州工业园区行政执法队伍考核标准》等。

(5) 设施管理与养护信息化标准体系。针对园区城市管理市政设施及市容管养工作的信息化需求,对管理对象分类、管理要求、数据标准和工作流程等进行梳理,制定《苏州工业园区城管市政设施管养信息化管理规范》《苏州工业园区城管照明设施管养信息化管理规范》《苏州工业园区城市景观绿化管养信息化管理规范》《苏州工业园区城市市容环卫信息化管理规范》等标准,健全设施管理与养护的信息化标准体系,确保城管市政设施管理与养护信息化建设的规范管理。

2) 基础信息平台

基础信息平台是整个数字城管系统运行的基础。在完善升级平台原有功能系统的基础上,新增视频服务管理、信息共享管理、服务响应过滤等功能为实现城市管理业务协同深化、行业服务高效、形成园区"大城管"的基础框架提供重要支撑,如图 5.49 所示。

该平台的功能包括用户信息验证、用户信息管理、角色信息管理、服务访问控制、服务响应过滤、服务访问监管、信息服务注册、信息服务检索、空间定位、信息服务共享、地理编码、视频服务。

图 5.49 数字城管基础信息平台

3）事部件处置平台

事部件处置平台将覆盖城市管理案件从发现到处置的全过程，并覆盖至城管委各部门单位的城市管理案件处置职能。将保持城管通、养护通 2 个子系统；升级完善业务受理、协同处置 2 个子系统；新增第三方巡查系统、重点督办跟踪系统 2 个子系统。

数字城管事部件处置共包含 6 大环节：问题上报、核实立案、任务派遣、任务处理、核查结案、考核评价。如图 5.50 所示。

图 5.50 数字城管事部件处置平台

（1）业务受理系统。业务受理系统是城市管理联系内外各部门和社会公众的窗口。业务受理系统的主要工作是受理来自城市管理信息采集员和社会公众的城市管理问题报告或举报，然后对他们所反映问题或所举报情况派给第三方巡查系统进行核实，并对问题发生地点进行地图定位,经登记立案后传递给协同工作网络派遣办理。所以业务受理系统的主要功能就是为呼叫中心人工座席工作人员提供问题的受理、登记、立案、定位和转发等功能。

业务受理系统对于城市管理问题受理一般包括接警、登记、定位、核实、立案等环节。接警是接受城市管理信息采集员和社会公众的报告和反应,包括电话的接听、公众 APP 等来源。定位就是根据城市管理信息采集员的反映,呼叫中心工作人员在 GIS 平台上对问题位置进行定位。发送给相关第三方巡查系统进行核实。核实无效则作废。核实成立则进入立案环节,完成后转协同工作网络办理。

(2) 协同处置系统。协同工作子系统实现园区网格化管理办公自动化,达到图、文、表、业务管理一体化之目的,具有良好的自适应性、良好的可扩展性和免维护性等特点。

通过协同工作子系统,实现了一种全新的城市管理模式,为全面整合政府职能,创新城市管理体制提供了技术支持,解决以前城市管理工作分工不明,部门与部门之间信息沟通不畅等问题。

系统提供了基于工作流和 GIS 的协同管理、工作处理、督查督办等方面的应用,用户可以根据不同权限查询地理基础数据、地理编码、城市管理部件(事件)、督察督办、案卷流转、处理意见等信息,实现协同办公、信息同步、信息交换。各级领导、监督中心、指挥中心派遣员可以方便查阅问题处理过程和处理结果,可以随时了解各个专业部门的工作状况,并对急要案卷进行协调和督办。

(3) 重点督办跟踪系统。重点督办功能是领导或相关人员用来督办案卷办理情况的工具,督办人可以按照业务类型、办理人员、业务办理时长情况来督办;对于超期案卷或者紧急案卷,领导可以通过该子系统提供的督办工具,监督案卷办理。

督办人还可以查看业务表格和业务办理过程的记录,催办已超期或紧急业务,查看督办意见等。利用此功能,领导可以通过网络方便的对案卷的处理进度进行督办,如图 5.51 所示。

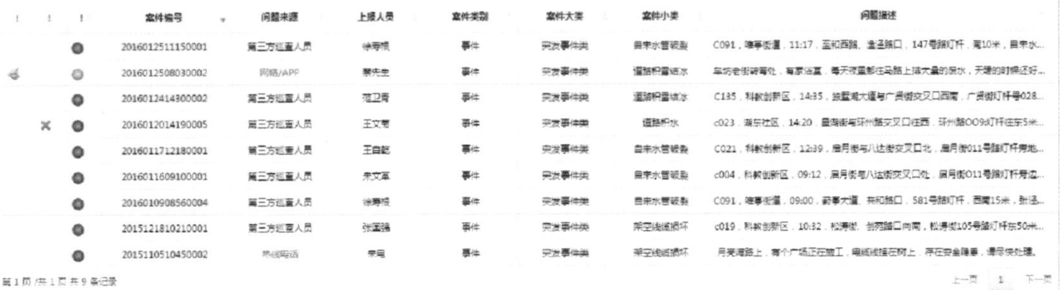

图 5.51 重点督办跟踪系统界面

(4) 第三方巡查系统。第三方巡查系统由前端系统和后端系统两部分组成,前端软件针对巡查队员手持 PDA 设计,主要支撑巡查队员完成问题上报、核实任务处理、核查任务处理等业务工作的开展和工作绩效查询、排班管理等管理工作的开展;后端主要针对监督指挥中心管理人员设计,完成从事部件处置从上报到结案各环节的流转及对第三方巡查单位及其他相关部门的考核管理。

4)市容市政管理平台

市容市政管理平台将覆盖城管局除行政执法和公共交通外的全部行业管理业务,重点提升行业管理的智能化水平。将升级完善照明管理系统、市政养护管理系统、市容环卫管理系统3个子系统;新增景观绿化管理、公共停车管理系统2个子系统。

(1)市政养护管理系统。市政养护管理系统支撑市政物业公司对园区各类市政设施的建设、养护和管理工作,包括道路、河道、桥隧和景观区域及其附属设施等,对已接收设施建立健全的设施台账,实现养护和维修过程的全程记录和自动分析、挖掘占用的网上审批、养护单位和管理人员的量化考核等。

(2)照明管理系统。在照明控制系统的基础上,实现城市照明管理由粗放到精确,由人工管理到信息管理的转变。系统是现有的照明管控系统上的升级,综合分析照明设施实时运行信息、照明设施拓扑信息等数据,实现故障快速定位、排除,同时自动根据实时监控照明设施的运行情况、外界环境情况进行调整。系统界面如图5.52所示。

图5.52 市容市政平台照明管理系统

(3)市容环卫管理系统。该系统提供市容环境管理、绿化养护管理、环卫保洁管理等功能。通过信息化手段提升行业监管部门的管理效率,通过物联网、视频监控、高精度定位等提升行业监管对象的智能化、遥感管理。

(4)景观绿化管理系统。景观绿化管理系统实现对园区公园、集中绿化景观、道旁景观等空间布局、植物分布、长势状况(如树木的胸径、地径、树龄等)管理养护人员、经费投入等全方位一体化管理,并对园区水景喷泉运行、养护情况进行管理。

近年来,园区开发了基于VRS的城市公共设施管理系统,基于CORS数据处理中心和地理信息资源管理平台,集成了 3G 通讯、GPS 差分定位以及 WEB GIS 技术,实现了高速数据传输、亚米级定位精度和可视化网络互操作为一体的移动 GIS 管理平台,显著提高了移动环境下公共设施的现场管理能力,为城市管理的现代化、信息化、精细化提供了一个完善的解决方案。

5)行政执法平台

行政执法平台将覆盖城管局行政许可和行政处罚两方面工作,重点提升执法工作的信息化水平,推动理顺城管执法体制,提高执法和服务水平。将保持执法通;升级完善数字执法系统;新增城市顽疾管理系统。

数字执法系统主要为园区城管执法局和执法大队的行政处罚和综合管理提供系统支撑,在一期执法系统实现案件办理网上运行和城管执法大队办公信息化功能的基础上,重点升级了执法队伍的规范管理和现场移动执法功能,新增了四大城市顽疾管理、执法队伍绩效考核、案件信息公开三大功能,并根据园区“4+4+3”功能布局和执法大队中队网格化管理新需求,重点满足多个窗口办理城管行政处罚业务和各中队办公信息化配套设施需要。

6)综合管理平台

综合管理平台主要为满足日益强烈的城市管理综合管控需求。将新增综合考评与分析系统、综合监管与指挥系统、综合办公管理系统、公众参与 APP 和交换管理 5 个子系统。

4．创新点

围绕园区城管“突破三个界限、搭建三个平台、推进三个转变”的工作目标,实现了数字城管由中新合作区内到中新合作区外、地块红线外到地块红线内、单位围墙外到单位围墙内的界限突破;搭建支撑多部门协同大管理、多业务融合大服务、各方广泛参与大数据的信息化支撑平台;辅助园区城市管理从条线管理向综合管理、从被动应对向主动管理、从事后处置向事前预防转变。创新点如下:

(1)采用“网格化、精细化、智能化”现代城市管理模式.

(2)是覆盖全园区 278km^2 红线内外区域。

(3)实现了城管委各业务系统在大城管模式下的融合。

(4)拓展了社会公众参与渠道。

(5)以数据为驱动,通过时空分析和大数据挖掘持续提升了城管智能服务能力。

5．应用效果

智慧城管平台的建设围绕园区信息化建设与发展战略,以创建国家智慧城市试点区为契机,以“顶层化设计、精细化管理、扁平化指挥、标准化考核、智慧化应用”为核心,以“协同”和“服务”为特色,形成了齐抓共建、全民参与的城市管理模式,将苏州工业园区打造成为国际化、现代化、信息化建设示范区。智慧城管平台的建设实现了：

（1）全区覆盖。数字城管覆盖园区"4＋4＋3"功能板块,管理范围拓展到了各职能部门、各街道（社工委）,实现了园区 $278km^2$ 区域（含红线内）的全覆盖。

（2）网格管理。采用"网格化、精细化、智能化"现代城市管理模式,实现了城管、执法、养护、第三方巡查等多重单元网格细化管理,保障责任到人,无缝管理。管理部件从 115 小类提升至 162 小类;管理事件从 54 小类提升至 75 小类。

（3）快速处置。借助第三方巡查服务、PDA 移动上报等手段,实现了城市管理案件的第一时间发现、第一时间上报和第一时间处置。

（4）业务协同。完成了数字城管平台与市平台以及其他相关业务平台的对接,实现了园区城管委各业务整合的园区"大城管"模式。实现了城管委 38 个单位对城市管理问题的协同处置。

（5）服务智能。建设各业务应用系统,通过时空分析、大数据挖掘,实现了业务管理的精细化和服务的智能化。

（6）参与广泛。通过多种方式渠道,实现了社会公众对城市管理的方便参与、及时参与和全面参与,建设全民城管。

5.2.4　智能交通

1. 项目概况

苏州工业园区不断加大在交通信息化、智能化建设方面的投入,在交通信息化基础设施建设、交通状况监测和信息采集、公交智能化、综合交通信息服务等方面取得了一定成绩,有效地提高了苏州工业园区交通管理和信息化服务水平,为进一步的发展打下了坚实的基础。

（1）交通视频专网基本建成。由电信运营商组建了交通视频专网,实现了智能交通外场设备与数据中心之间信息的可靠、稳定传输,为今后智能交通外场设备的接入奠定了网络传输基础。

跨部门的交通视频专网的建成,通过数据中心的网络系统为各个部门实现交通资源共享、交通资源充分利用。

（2）苏州工业园区大队交通管理控制中心的建设。苏州工业园区大队交通管理控制中心已经建设完成并开始投入使用。平台主要包括大屏幕显示系统、音响（扩声）系统、中控系统、控制中心大厅及设备间基础环境等,为园区大队的交通状况综合监控与管理、警力定位与调度、交通组织以及交通信息服务等业务的进一步开展提供了保障。

交通管理控制中心指挥集成系统实现了多种交通信息的采集、融合与集成、发布,是智能交通管理系统建设的关键。指挥集成系统是智能交通管理系统建设的核心内容之一,该系统不仅支撑智能交通管理系统,也为整个城市 ITS 的建设打下坚实的基础。

警务平台实现源于市公安局六合一系统的异常警情管理、电话警情录入等交通方面的警情信息。

(3) 道路交通监测系统建设正在有序展开。在智能交通管理系统(一期一阶段工程)中,安装了使用各种检测方式的交通监测系统,采集了海量交通数据。以基于视频检测技术、微波检测技术、地磁感应检测技术、地埋线圈检测技术等,获取园区 69 个路口的流量数据。

在智能交通管理系统(一期一阶段工程)中,安装了使用具有卡口功能的智能监测记录系统,对通过车辆进行车牌识别、违法行为抓拍并提供采集、OD 数据等。

(4) 交通管控手段逐步完善。苏州工业园区共有多于 340 个交通信号控制路口,交通信号控制机均未敷设检测设备,均采用单点多时段定时控制方式。在智能交通管理系统(一期一阶段工程)中,替代了其中 69 个路口的交通信号控制机。智能交通管理系统(一期一阶段工程)的交通信号控制机具备联网功能,实现中心控制系统联网运行的功能,能通过实现中心控制系统,实时制定或修改信号控制方案。

智能交通管理系统(一期一阶段工程)的交通信号控制系统具备了单点自适应的信号控制功能,可以根据路口的当前流量调节信号放行时间。

(5) 交通信息共享建设有了较大的进展。

交通地理信息系统已经初步建设完成。交通地理信息系统是由苏州工业园区测绘地理信息有限公司建设、开发与维护。苏州工业园区测绘地理信息有限公司是由苏州工业园区管委会直属的国有企业,为园区开发建设提供从规划、国土、建设、房产全过程的测绘跟踪服务;通过地理信息的积累、整合、提升及共享平台,为园区城市管理、公共服务提供一站式地理信息服务。

2. 需求分析

1) 智能交通系统一期一阶段工程建设状况

苏州工业园区智能交通管理系统一期一阶段的建设范围覆盖了星港街、星湖街、现代大道、金鸡湖大道四条主干道 70 个路口,平均每日采集高清照片 25 万张,微波数据 30 万条,路口交通流数据 60 万条;160 个卡口摄像机、54 个路口监控球机、6 个高空监控摄像机 24h 存储高清录像,每日产生视频文件近 25TB,实现了停车次数、路口延误、行程时间下降 15% 的目标。一期项目的使用极大地提高了交警的工作效率,同时也提高了道路的通行能力和服务水平,极大地降低了道路拥堵和通过时间,方便了民众的出行。通过对采集数据的分析和建模,有效地预测了道路的通行状况,当道路发生交通事件时,提供了快速处理的对应措施。做到了"早知道,早预防,早干预"。此外,卡口系统、监控管理系统和事故分析 GIS 系统在处理追捕事故逃逸车辆、分析交通事故和处理交通事故等方面也发挥了重要作用,有效地提高了交通执法人员的工作效率,提高交通管理部门的信息管理服务。如图 5.53 所示的是智能交通系统一期一阶段工程建设状况。

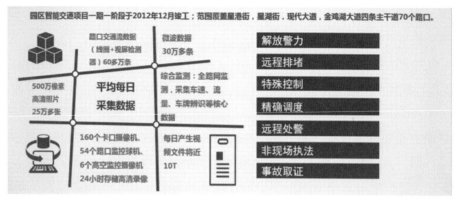

图 5.53　智能交通系统一期一阶段工程建设状况

2）智能交通系统一期二阶段需求分析

苏州工业园区智能交通管理系统是一个联结多个系统、多个部门，以物联网技术为核心，数据共享、智能分析、统一运维为手段，业务集成、信息服务为目的的大型综合性智能交通信息化系统，是形成苏州工业园智能交通管理服务体系的重要组成。

本项目需要实现交通设施信息、路况信息、出行信息等各类交通信息的多数据源的数据汇聚、共享及交换，并提供实时交通状况监测、道路交通疏导、历史数据统计分析、数据挖掘、优化仿真等交通信息服务和数据深化处理服务，为道路交通规划建设、应急指挥调度、公众出行服务等关键领域业务的开展以及各交通相关行业的应用需求提供支撑。

具体需求如下：

（1）提供交通信息交换与共享服务。建立统一的交通数据标准及各系统间的交换接口，完成各原始交通数据的整合与标准化。制定数据接入、交换、更新、维护的系列标准规范和相关管理制度，使信息共享规范化、标准化、制度化。与园区其他部门之间实现信息资源的共享，为各部门的应用业务的开展提供数据支持。

（2）提供交通信息展示服务。以 GIS 交通地理信息系统为平台，开发基于 GIS 的交通状况展示服务，将空间地理信息、静态交通设施信息、动态交通状况信息通过 GIS 地图进行直观呈现。

（3）提供交通综合调控决策支持的服务。提高城市交通控制、管理水平、城市道路系统运输效率，以整体协调、优化控制的方式缓解各重要区域拥堵情况，充分挖掘道路的通行能力，有效应对机动车快速增长带来的交通压力。建立专家知识库，在重大事件和紧急情况下，根据交通状况信息和交通管控资源信息，实现综合交通管控预案的生成，通过信号控制与诱导系统的结合，控制交通流量，最大程度地减少交通延误，疏散拥挤区域的交通。

（4）提供交通数据分析的服务。依需求建立各类主题库，提供各类主题数据库和分析手段，以支持交通现状评估与趋势预测、交通基础设施规划、交通政策与决策、交通需求管理政策与措施、交通行业规划等专项研究。

（5）提供交通数据仿真分析平台。利用系统汇聚的道路信息，为交通基础设施规划、交通组织与管理、信号控制优化提供辅助决策的支持。

（6）提供公众出行信息服务。利用系统汇聚管理的综合交通信息和强大的数据分析能力，向出行者提供全面、及时的交通路况、停车诱导等交通信息服务。

3. 整体架构

根据园区智能交通管理系统的需求，本项目的详细设计将紧紧围绕"一个中心，四大平台，八个系统"进行设计，即一个中心是指园区智能交通管理系统的数据中心；四大平台是指数据交换平台、智能分析平台、业务服务平台和应用平台；八个系统是指交通信号控制系统、视频综合监控系统、交通诱导信息发布系统、交通管理控制中心指挥集成系统、交通仿真辅助决策系统、交通专家系统辅助决策系统、交通数据分析系统和智能交通运维系统。

园区智能交通管理系统的功能贯穿交通信息的汇聚、交通信息的处理和分析、交通信息的应用三个阶段，交通信息的应用又包括信息共享、辅助决策、信息发布三种主要类别。园区智能交通管理系统的架构的设计将以此为出发确定相应的子系统之间的关系。

园区智能交通管理系统的设计需考虑与其他相关系统的相互兼容性，因此，本系统的技术方案应具有很好的开放性、互联性和扩展性，使其能在较长时期内适应新技术发展的形势，提高系统的灵活性。还要做到基于需求并能适度超前于当前需求，以更好适应未来的交通发展。

本项目采用面向服务的架构体系（SOA），通过企业服务总线将种类繁多的应用整合在同一平台上，为这些应用之间的信息交换和服务共享提供灵活有效的支撑平台。另外，采用 SOA 架构可有效地支持将来的业务扩充，同时保持原有功能不受影响。由于将异构系统的功能通过 SOA 来实现，将应用系统的业务逻辑和底层的 IT 实现技术分离开来，使得应用软件的开发者和厂商可以集中关注应用的业务领域，而不必关注其与其他系统的交互及对外提供的服务技术的实现，实现业务系统松耦合方式的集成，形成支撑苏州工业园区智能交通管理系统对内对外服务的框架。

（1）数据传输：系统通过消息中间件完成系统间高效、可靠的数据传输和通信。

（2）企业总线：负责管理系统内部和外部应用系统发布数据或服务的接入、服务组合、流程编排、协议适配、路由、传输、转换等工作。

（3）数据交换接口组件：针对具体应用系统间的数据交换任务，将主要的应用整合模式抽象成整合模板,尽量屏蔽掉底层技术实现细节,使得用户通过少量配置工作,就能完成快速接入资源整合系统,发布/调用资源,创建/组合服务,编排交换流程,部署与运行整合应用等一系列复杂的工作,并提供业务流程开发工具,发挥 SOA 架构敏捷、灵活的优势。

(4)资源管理:为信息资源发布和使用者提供发布、编目、查询、订阅等功能,为各应用系统间信息资源整合建立沟通机制,为智能交通管理系统信息资源的规划、管理提供支撑。

(5)安全管理:结合运维系统为参与交换的角色及其发布的信息资源提供包括身份、认证、授权、加密传输等功能在内的通用安全控制机制,提供按照业务交换类别划分应用域的方式,对参与交换的应用系统访问权限和数据进行管理。

(6)监控管理:监控管理应用系统间基础通讯、业务数据交换运行状况,度量系统运行健康指标,统计业务数据交换数量等功能。

4. 项目成果

1)交通信号控制系统

实时区域自适应控制系统在处理临时交通事故、特殊交通事件和不断变化的交通需求造成的突然交通拥堵具有良好的工作性能。通过对路口情况进行检测和联网控制,系统不需盲目对所有出现的交通事件做出一一响应,而是能够预先对事件进行选择、识别、判断和处理,相较于单点自适应交通控制系统对于临时交通变化做出机械变动,缺乏对区域交通情况进行正确的综合判断,实时自适应系统提高了系统处理复杂交通状况的能力和稳定性。因此,通过对信号控制系统的升级改造,实现从单点自适应、线控联动的控制模式提升到实时区域自适应控制的模式。

交通信号控制系统升级改造的建设目标为:

(1)保证道路交通的有序、安全、畅通,达到国内一流交通管理水平。

(2)优化道路交通信号控制,配合区域交通组织引导交通流,提高交通运行效率。

(3)加大交通信号控制系统中心系统对外场交通信号控制路口的联网管控的规模,以便交通管理人员能针对特殊需求,调节相应的控制方案。

(4)建设科技设施,提升控制技术和管理手段,提高交通管理与控制服务水平,从而降低交通事故率,提高系统整体效益。

(5)提供与交通管理控制中心指挥集成系统的接口,配合集成系统的调控。与此同时,交通信号控制系统能将经过处理的流量数据定时按统一的格式发送至集成系统。

(6)提供路口交通流量的数据,可作为系统长远规划提供依据。

通过交通信号控制系统的续建,可以减少交通的排队时间,降低民众的平均出行时间,同时减少燃料消耗、污染排放,提高了社会效益;不同时间段的交通情况和拥堵现象可以被有效监控和记录下来,这些交通统计数据可以准确、可靠地被系统获取,为城市的长远规划提供依据。

2)交通视频综合监控系统

智能交通管理系统整合视频监控系统与道路车辆智能监测记录系统,形成统一视频综合监控平台,如图 5.54 所示。

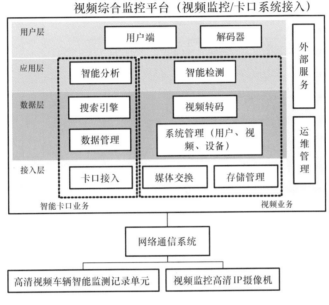

图 5.54　交通视频综合监控系统结构

整个交通视频综合监控平台系统在业务上分为两大方面:视频业务和智能卡口业务。视频业务注重于对系统管理、媒体交换、存储管理、视频转码以及智能检测的配置和管理,而智能卡口业务则注重于对外部服务接入、运维管理、卡口接入、数据管理、搜索管理、智能分析以及客户端的管理。以更好地实现资源的统一管理、统一控制、统一存储、统一媒体的转发调度。系统内部各个模块之间采用标准信令、媒体、存储和数据协议,实现各个功能模块灵活运用,增强系统的扩展性。同时,通过分层平台架构能够保障视频、图像应用的可靠性。通过对各个系统组件的集群、负载均衡、故障倒换等能够进一步地提高系统的稳定性,满足业务需求。

在整个系统的逻辑处理中,按照媒体交换处理与信令控制相分离的原则,不同的业务功能专注于自身的业务,降低模块之间的耦合度。并且,各个模块之间按照标准的信令进行数据交互,使系统扩展更为容易。按照视频码流传输及转发的原则,使视频在共享和统一应用时,可靠性得到更好的保证。按照统一接口标准的原则,使视频综合监控平台在与其他系统进行对接时有据可循,完成对系统的统一管理。

本次视频综合检测系统最大亮点是智能分析功能,即可根据不同的系统需求对数据进行分析得到结果。其中包括:轨迹跟踪和布控报警、流量及车道占有率统计和关联分析。

3）交通诱导信息发布系统

通过在园区重要路口节点上建设交通诱导信息发布子系统，为公众出行提供方便、快捷、直观的信息服务，达到合理分流的目的，进而提高整体道路通行能力及道路的利用率，系统结构图如图5.55所示。具体目标为：

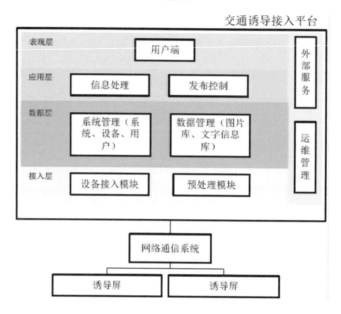

图 5.55　交通诱导信息发布系统结构

（1）在关键节点前安装交通诱导屏，通过诱导屏发布交通信息，为公众出行提供方便、快捷、直观的信息服务，在发生交通事件时能够通过诱导信息指导车辆进行合理路径选择，从而提高道路利用率，减少道路拥堵。

（2）通过设在道路沿线的诱导屏向驾驶员提供实时交通状态信息和交通事件信息，从而提高服务水平。

交通诱导信息发布子系统的系统功能可以分解为系统管理、数据管理、信息处理、发布控制、运维管理和外部服务六大功能模块，如图5.56、图5.57所示。

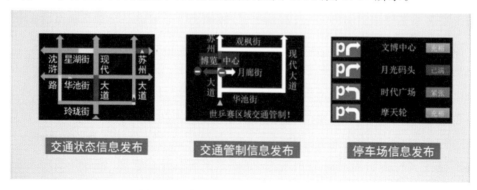

图 5.56　交通诱导信息发布子系统功能

图 5.57　诱导屏

4）交通管理控制中心指挥集成系统

交通管理控制中心指挥集成系统（以下简称"指挥集成系统"）是由基础应用系统、通信系统和控制系统有机结合构成的具有交通信息展示、前端设备控制、交通预案决策、诱导信息发布以及组织协调、监控指挥的综合集成监控管理系统。它以地理基础信息和交通流动态数据为基础，以调度指挥预案和辅助决策算法为依托，以视频检测、交通控制、交通诱导等技术为手段，对交通进行宏观、动态、实时调控。同时，建立数据共享平台，针对不同部门分配不同的数据共享权限，为管理决策提供可靠、准确的数据支持。

通过统一规划、优化重组各系统的作用和关系，将交通电视监控、交通信号控制、交通事故、警用车辆 GPS 定位等实时动态信息、警力分布、交通诱导数据等有机整合，为交通管理部门提供快速、有效的辅助决策支持，并通过交通信息发布系统为公众提供全方位的交通信息服务。

指挥集成系统业务种类复杂，涉及多个业务系统，通过各业务系统的协助共同完成交通管控业务流程。图 5.58 为指挥集成系统界面。

5）交通仿真决策支持系统

交通仿真是智能交通系统的一个重要组成部分，是计算机技术在交通工程领域的一个重要应用，它可以动态地、逼真地模拟交通流和交通事故等多种交通现象，复现交通流的时空变化，能够深入地分析车辆、驾驶员和行人、道路以及交通的特征，有效地进行交通规划、交通组织与管理、交通能源节约与物资运输流量合理化等方面的研究。

同时，交通仿真决策支持系统通过虚拟现实技术手段，能够非常直观地表现出路网上车辆的运行情况，对某个位置交通是否拥堵、道路是否畅通、有无出现交通事故以及出现上述情况时采用什么样的解决方案来疏导交通等，在计算机上经济有效且无风险

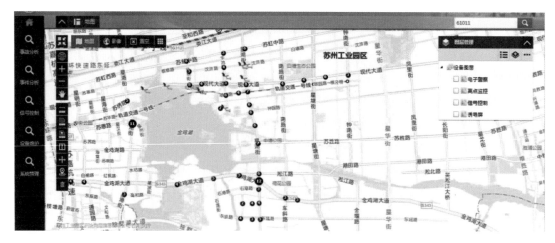

图 5.58 指挥集成系统界面

地仿真出来。交通仿真作为仿真科学在交通领域的应用分支,是随着系统仿真的发展而发展起来的,它以相似原理、信息技术、系统工程和交通工程领域的基本理论和专业技术为基础,以计算机为主要工具,利用交通仿真模型模拟道路交通的运行状态,采用数字方式或图形方式描述动态交通系统,以便更好地把握和控制该系统的一门实用技术。图 5.59 为交通仿真决策支持系统交通仿真示例。

图 5.59 交通仿真决策支持系统交通仿真示例

6）专家系统辅助决策系统

专家辅助决策子系统是整个交通管理控制系统的重要组成部分。主要是根据实时交通事件信息、交通设备监控信息、道路信息、交通流信息等,匹配系统的案例库生成交通调控预案,为交通管控人员进行道路交通疏导提供辅助决策分析与建议。

整个系统由事件、案例库,预案库,通用规则库、统计报表、系统管理六个部分组成。

本次项目的专家系统辅助决策子系统,以案例库和通用规则库的知识作为数据信息依据生成预案库,针对不同交通事件发生的时间、地点、类型、影响等因素,从预案库经过分析、整理,产生合理的交通事件调控预案,为园区城市交通道路管控人员提供决策依据。

专家系统的设计和传统的程序设计不同的是,专家系统的完善需要一定的过程,预案库需要经过实际的积累、沉淀,才能为交通管控的事件做出越来越准确的分析,输出合理的决策建议。本系统用户包括:

(1) 控制中心人员:创建事件、编辑事件、启动事件、加入事件、停止事件、事件发生处理中时请求预案。

(2) 系统管理员:后台管理。包括事件管理、案例管理、预案管理、通用规则库、系统设置以及查看统计报表。

图 5.60 为专家系统辅助决策系统界面。

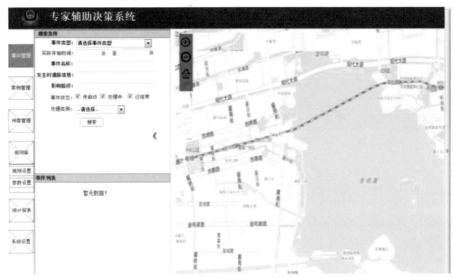

图 5.60　专家系统辅助决策系统界面

7) 交通数据统计分析系统

交通数据分析系统提供交通数据的统计分析功能,统计分析交通量数据,总结路网交通运行规律,为交通需求分析、交通现状评估与趋势预测、交通组织管理方案优化、路网规划和建设提供依据。

交通数据分析系统主要由 B/S 用户界面、数据分析 Web 应用、报表管理服务、GIS 统计服务、数据库管理等组成。图 5.61 为交通数据分析系统示例。

8) 智能交通运维管理系统

智能交通管理系统一期二阶段工程中建议建设的智能交通运维系统主要实现对所有外场、数据中心、指挥大厅的设备的统一运行维护管理。

5. 关键技术与创新点

智能交通的关键技术和创新点包括如下内容。

1) 立足智慧交通面向多业务共享的整体架构技术

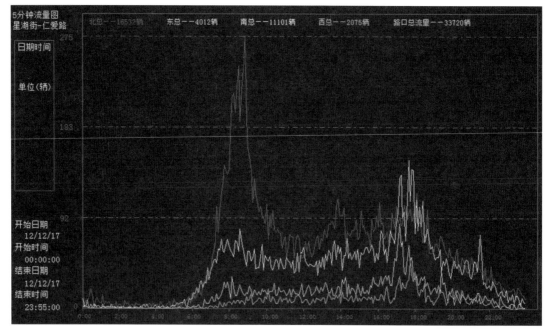

图 5.61　交通数据分析系统示例

通过参考国际通用标准及国内行业标准,在国内外还没有一套完整的智能交通标准规范背景下,制定了园区智能交通标准体系,实现了数据传输及解译的统一性,保持了系统扩展的便捷性。

第一次在智能交通领域引入了在航空、通讯、银行、电力等领域应用的企业服务总线(ESB)技术,实现了数据汇聚与信息共享的统一入口,屏蔽了各应用系统之间相互调用的复杂性。同时为信息共享的安全保障和实时监控提供了统一管理扎口。

建设交通信息公共数据库,根据业务需求划分为实时数据库、历史数据库、地理信息数据库和非结构化数据存储,在充分保障系统性能基础上实现了数据的统一存储与统一管理。以上三点构建了智能交通的多业务共享架构。多业务共享的整体架构保持了很强的可扩展性,也为深入数据挖掘、大数据综合分析提供了良好基础,为融入智慧园区做好了充分的准备。

2)基于世界领先的交通信号控制模型的适应性功能

一期二阶段 SCOOT 交通信号控制模型属于区域自适应协调控制系统,其核心模型历经 50 多年的演变发展,成为世界上应用最成功使用最广泛的信号控制模型。不同于其他控制方式的主要特点:

(1)区域性:除了能实现单点控制、干线绿波协调控制之外,还可以将整个子区所有路口同步协调控制,实现区域延误、停车次数最小、机动车排放最少等指标

(2)自适应性:系统通过连续检测道路网络中交叉口所有进口道交通需求来实时在线生成配时方案并不断优化,使交叉口的运行状态最优,提升了信息化、自动化管控水

平,节省了人力物力;以上功能的实现有许多的先决条件,主要为检测器布设,参数标定,和路口交通秩序。结合园区交通特点针对这三个方面做了优化,使模型发挥最大的效用。在检测器布设和参数标定两方面的创新设计,均具有自主知识产权。在维护路口秩序上,使用了能够检测路口变道、违反车道规定行驶和拥堵检测功能的电子警察,来确保控制模型达到预期效果。

3) 结合本区域交通特点和国际先进技术的前瞻性设计

打破传统的信号控制与诱导系统各自检测器不能复用的局面,创新的结合信号控制模型和信号机检测器,实现城市内部道路交通状态评估,并应用于诱导系统。不但节省了检测器建设费用,更能使控制和诱导紧密结合,控制系统发现的交通问题可以通过诱导系统发布,协助控制系统完成疏散车辆远离拥堵区域尽快降低道路饱和度的工作。诱导系统发布的内容可以直观的评估控制系统目前的控制依据,对于及时发现控制模型偏离,修正控制策略有非常重要的作用。该项设计具有自主知识产权。

变化多样的交通状况需要不同的交通控制方式去应对,在实际应用中会是多种控制方式的结合,整体控制策略将会非常复杂。方案利用信号系统在线仿真的方式,实现控制策略的仿真和评估,形成控制闭环不断优化区域内的控制方案。

本次视频系统将结合园区地理信息系统,打造高效视频系统。打破传统通过摄像机清单或者地图上摄像机点位完成视频点播方式,通过地理信息系统通过点击地图中某个地点,系统便自动调出相关摄像机提供该地点的相关视频。

4) 深化智慧大交通理念,打造和谐平安交通

在前几期建设的基础上,完成中新合作区及高教区的全覆盖;按照"智慧大交通"理念,积极融入交通管理、出行者信息、公共交通、运营车辆调度、车路协同控制的智能交通完整体系,完成智慧交通主体框架。不断寻求借助最新型的信息技术和控制技术对交通流状况实时掌握,依托海量交通流数据,制定交通管理及信息服务策略。不断深入以人、车、路、环境组成的各个交通环节,建设智慧的车辆管理系统、交通综合监测系统、智慧的交通指挥系统、智慧的交通信息共享发布系统、智慧的信号灯控制系统、智慧的停车管理系统、智慧的车路协同系统等等。主动与规划、公交、轨道等部门进行数据和平台层面的共享,更新技术理念,继续打造智慧交通升级版,让公众共享和谐平安交通。

6. 应用效果

1) 专业化的信号控制优化

随着智能交通信号控制系统的建成运营,信号控制方案的优化基于可靠的检测器数据愈发可靠和高效,如图 5.62 所示。

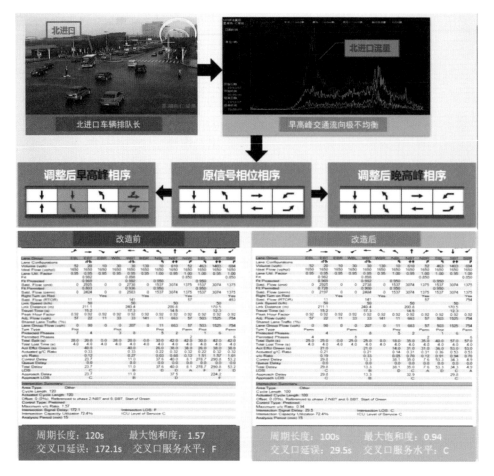

图 5.62　信号控制方案的优化成果

2）路口渠化优化

通过智能交通信息平台获取海量的智能交通数据，借助交通组织渠化技术和交通仿真技术，科学、可靠地对交通渠化设计进行支撑，如图 5.63 所示。

3）交通运行分析

通过智能交通信息平台获取海量的智能交通数据，借助交通分析技术和数据挖掘技术，对动态和静态交通运行进行有效分析和研判。

4）交通诱导发布

交通诱导发布系统的建成运行，通过诱导道路使用者的出行行为来改善路面交通系统，防止交通阻塞的发生，减少车辆在道路上的逗留时间，并且最终实现交通流在路网中各个路段上的合理分配。

5）视频综合监控

视频监控系统是智能交通系统的一个重要组成部分，建立视频图像监控系统目的是及时准确地掌握所监视路口、路段周围的车辆、行人的流量、交通治安情况等，为指挥

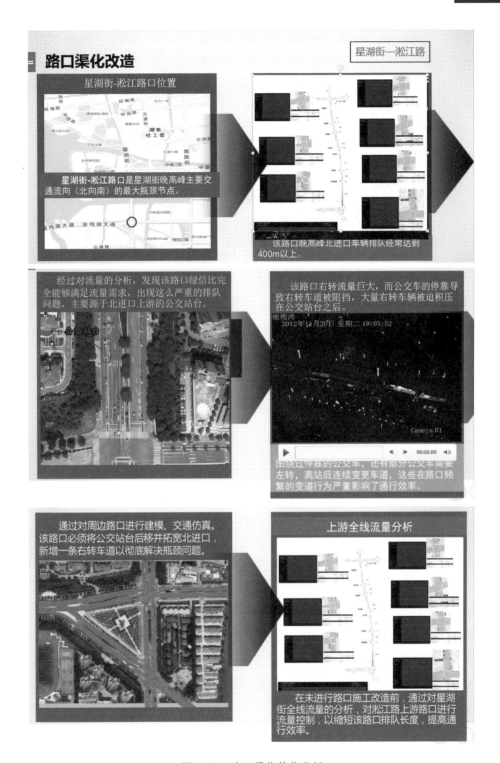

图 5.63 路口渠化优化分析

人员提供迅速直观的信息从而对交通事故和交通堵塞做出准确判断并及时响应。

通过系统将监视区域内的现场图像传回指挥中心,使管理人员直接掌握车辆排队、堵塞、信号灯等交通状况，及时调整信号配时或通过其他手段来疏导交通，改变交通流的分布，以达到环节交通堵塞的目的，如图 5.64 所示。

图 5.64　交通监视和疏导示例

通过突发事件的录像，提高处置突发事件的能力。通过对违章行为的录像，发挥监控系统在经济效益和社会效益方面的积极作用。通过对以前的模拟矩阵监控系统进行数字化网络改造，使之能够方便地进行全网管理。

5.3　民生服务方面

5.3.1　公共服务系统

1. 本地化公众地图网站

1）项目概况

在计算机技术飞速发展的今天，公众日常生活中对网络信息的依赖程度越来越高，依托信息化手段切实改善民生、提升城市公共服务水平，打造"智慧社区"、"宜居园区"已经成为苏州工业园区政府的重点工作目标之一。

随着互联网地图逐渐深入公众衣食住行的各个方面，人们越来越多依托于网络地图来获取信息。但是目前的商业地图网站往往存在着数据不权威或不全面、更新不及时等诸多问题，比如百度、谷歌等地图服务覆盖全国范围，因此数据处理和加工耗时久，地图更新周期也很长。对于园区来说，由于发展历史较短使现有地图网站在园区积累兴趣点数据比较少，而园区又处在飞速发展的时期，这些地图网站的更新速度很难跟上园区的变化，极大地降低了园区公众在兴趣点搜索、目的地查询时结果的可信度。

苏州工业园区作为一个国际化、现代化、信息化的新型城区，经过 10 多年的发展在旅游、文化等诸多方面形成了自己的特色，尤其在城市规划科学和居民生活便利上的示范作用很具代表性，而这些反映园区特色的数据主要来源于规划建设等政府部门，普通地图网站很难获取，也难以针对其进行开发和应用。如果能够将园区现有的这些权威、全面的数据资源利用起来,打造一个准确可靠并且带有园区特色的定制化地图服务平台,将大大提高园区公众的信息化生活体验,为打造"智慧社区"提供助力。

另一方面,由于以往公共服务部门之间存在各自为政、条块分割的现象,使得各个部门产生的公众服务信息往往缺乏整合。由于不同部门的服务信息都需要借助网络发布给公众,造成平台重复建设、资源浪费的问题;也使公众在获取这些信息时要通过不同部门的网站分别查询,十分繁琐不便。

事实上,居民日常生活里如出行规划、停水停电通知、规划房产信息发布等多种公众服务都与空间位置密切相关,如果能将这些生活信息以电子地图的形式进行展现,能够达到良好的可视化效果,比其他任何表达方式都更直观和易于接受。更重要的是,通过一张地图将各社会服务部门产生的生活服务信息进行统一发布,能够方便公众对服务信息的一站式获取,也能为各个社会服务部门的信息发布提供一个资源整合的平台,进行统一的管理和深层次的信息挖掘。各个社会服务部门还可以通过平台提供的接口将这张地图上展示的信息嵌入各自的门户网站中,达到资源共享、共建共用的目的。项目需要重点解决如下技术问题:

(1) 基础地图和公众服务专题地图的数据采集加工与制作发布。将来自政府单位、社会服务部门等多方提供的权威、全面的地理信息数据和公众服务专题信息进行分类梳理和加工,通过详尽精细的兴趣点数据采集和及时的更新机制,确保公众在使用地图搜索等服务时得到的结果现势性好、可信度高,从而制作得到园区范围内容覆盖广、数据质量高、贴近公众社会生活的精细地图数据。

(2) 社会化地图展现技术研发。突破传统地图的单一展现模式,在精细地图展现的基础上,研发并集成室内分层地图、360°全景地图等多种不同视角的、更贴近社会生活的地图展现技术,同时实现多种模式之间的自然过渡与切换技术。

(3) 数据长效更新机制的建立。数据及时准确是地图网站良好用户体验的基础,除了利用规划房产最新数据确保道路和建筑地图的强现势性,还需建立严格的兴趣点数据更新流程规范,确保基础地理信息的服务良好。另外,公众服务的权威信息来源于城市建设与城市管理过程中的多个行业与单位,通过制定通畅、稳定的数据流转机制和更新模式,保障公众地图服务平台的持续运行,也是本项目需要重点解决的问题。

2) 项目成果

本项目建设了一个园区本地化的公众地图服务平台,实现了社会服务各部门的生活信息在一张地图上的云发布;结合园区特色和公众需求进行了地图专题服务定制和应用开发;利用平台提供的信息标注和上传功能,实现了公众基于空间位置的信息传递和分享,以完成由公众到政府部门的信息反馈。

通过这个为园区居民定制的,以地图为依托的特色化信息服务平台,提供了生活、出行、教育、医疗、旅游等多方面的全面、实时、准确的本地化信息。通过将地理位置与时间维度结合，居民可以更方便快捷的获得自己关心的各种生活信息，让居民更乐居，让园区更宜居。

（1）制作发布了面向公众的园区精细化在线地图。经过严格的地图制图及保密处理，制作并发布了以园区为主覆盖苏州大市范围的高精细度强现势性电子地图：提供了包括水系、道路、绿地、建筑等基础地理信息和餐饮、购物、出行、娱乐、教育、医疗在内的多种兴趣点信息，其细化程度达到每栋建筑均可查询，同时还提供运营状态、营业时间、预约电话等深度信息。除此以外，还提供了园区范围内的高精度的现势影像地图，辅助居民进行更清晰直观的地图浏览查询。

（2）园区动态生活信息的实时发布。除了提供与居民吃喝玩乐衣食住行有关的静态位置信息以外，乐居园区通过建立与规划、交通、城管等部门的信息联动机制，在地图平台上提供园区内道路施工、公交线路变更、路段养护和停水停电片区等实时动态生活信息，通过将这些公共服务信息制作成专题图层的形式在地图上进行一站式发布，使公众能够根据空间位置一目了然的查看到兴趣区域周边的相关消息。图5.65为兴趣区域周边信息查询界面。

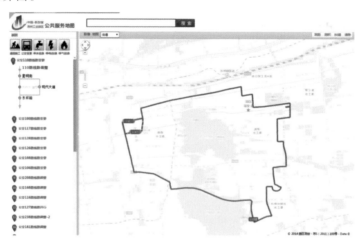

图5.65 兴趣区域周边信息查询

（3）开发了园区公众地图门户网站。园区公众地图网站（http://map.dpark.com.cn/）上线后数据每天更新。在功能方面除了常规地图浏览、信息搜索、主题查询和基于地理位置搜索以外，还提供每天更新的公交线路变更、小区停电停水等信息（图5.66）。

（4）建设信息数据库，建立了数据更新管理运维机制。在园区地理信息数据库的基础上，针对乐居园区平台服务信息建设了专题服务信息数据库，并开发空间数据快速处理工具，编制了一套严格、统一、开放的数据规范和标准。建立了及时有效的信息更新机制，保障了信息的及时性和权威性，同时完善了地图服务发布、用户权限管理、安全管理

图 5.66　位置搜索与动态服务信息查询界面

等确保系统正常运行的运维管理机制。

3）关键技术

本项目通过 WebGIS 技术、LBS 技术、统一认证授权手段和完善的数据更新机制的熔合应用，在切合公众地图服务应用需求的前提下，开发信息发布与反馈共享、地图搜索与室内导览、特色专题地图服务的相关功能，为公众提供基于位置的一站式生活服务平台化解决方案，打造"智慧苏州"和园区社会信息化服务的示范项目。

此外，基于地理围栏技术的信息推送机制，大大提高用户体验效果。

4）创新点

（1）打造园区强现势性高精细度的公众地图平台。利用来源于测绘、规划、建设、交通等多个政府部门权威、准确、丰富的数据资源进行园区公众地图的制作，依托我们的本地优势和有效更新机制，确保公众普遍关心的兴趣点数据质量可靠、更新及时；地图表达信息内容详细、层次丰富。

（2）室内外一体化的多种视角地图展现。不仅提供建筑物级别的地图，还针对人流量较大的代表性商业综合体建筑（如邻里中心等），提供深入室内的楼层内部地图，通过平面图与 360°全景浏览相结合的展现方式，避免用户在大卖场和复杂建筑物内迷路，公众可以轻松地同时掌握室内、室外的真实世界地理位置信息。

（3）公众服务信息的传递由文字描述转变为视觉可视化表达。通过将各公共服务部门提供的生活服务信息基于空间位置制作成图，公众可以从一张地图上轻松获取天气预报及预警、停电停水片区、交通管制或施工路段等信息。这种方式更直观友好、便于查询，符合公众"人性化"、"智能化"的心理预期，同时，地图可视化效果极大增强了视觉冲击力，有助于信息传递和记忆。

（4）为各部门公众服务信息发布提供资源整合平台。通过基于云 GIS 平台的信息加工与发布服务,各个社会服务单位可通过委托加工、"在线发布助手"等多种方式将公共服务信息或事件以地图图层方式进行发布,而无需考虑地图数据的获取、服务信息的存储等。同时平台支持各部门将地图信息嵌入自己的门户网站中,实现多个部门基于位置信息发布的集约化建设。

2. 大型活动地理信息服务

1) 2015 苏州世乒赛

第 53 届世乒赛于 2015 年 4 月 26 日至 5 月 3 日在苏州举办。苏州是继北京、天津、上海、广州之后,中国首个举办该赛事的地级市,也使世乒赛时隔十年再次回到中国举办,更是苏州首次承办国际性体育赛事。有 134 个国家和地区的 1300 多名运动员、教练员和官员参加,共 169 个国家和地区进行电视转播。此次赛事的成功举办,对于苏州乃至中国都有着重要意义。

作为唯一指定的地理信息服务提供商,公司立足于为政府管理、活动组织和公众参与服务的目标,组建世乒赛项目组,并在极其有限的时间内完成了世乒赛官方 App 的开发、世乒赛"赛事地图"官网的上线,以及各类专题图的制作服务等工作。通过与国际乒联的全程沟通合作,以及运维团队驻扎的现场驻扎服务,本项目取得了巨大的成功,获得了国际乒联在内的赛事组织方、多国代表团以及苏州市体育竞赛管理中心的认可。

(1) 2015 世乒赛官方 App:App 经组委会授权,历时半年开发完成并于 2015 年 4 月 21 日上线,整个 App 色调与世乒赛会徽色调相互辉映,采用绿色与白色为主色调,界面简洁,符合年轻化特点(图 5.67)。提供 Android 和 iOS 两个版本,不仅为公众提供地理信息服务,更是一个信息发布和交流的平台,活动举办方通过 App 即时推送消息,获得活动反馈信息,世乒赛 App 获取的各类重要的用户反馈信息上千条。江苏卫视、苏州一套、腾讯网、新浪微博、苏州新闻网等多家媒体和门户网站争相报道(图 5.68),比赛期间的一周时间

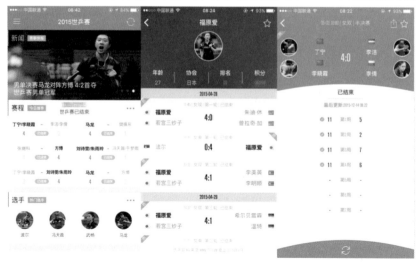

图 5.67　世乒赛官方 App

内，App 获得了近万次的下载量，各类刷分和地图服务共有 1 千多万次的访问量。

图 5.68 各家媒体对 App 的相关报道

App 主要功能包括：①新闻发布。提供权威官方公告、场外花絮等新闻资讯，网罗各大媒体相关赛事新闻，权威和全面兼顾。②赛事直播。世乒赛史上首次利用 App 对赛事成绩进行直播，赛事随时"掌控"。③扫码找座。只要扫一扫门票上面的二维码，就能帮助观众快速找到座位，是现场观赛必备工具。④一键关注。人性化的"关注"功能，让球迷快速找到所关注的比赛，追赛更快捷。

本届比赛是世乒赛史上首次使用 App 对公众进行比分直播，球迷在观看直播的同时，可以将比赛一键"分享"至微信、微博、QQ 等好友圈与朋友分享。已购票观众使用"找座位"功能扫描票面二维码，就能知道座位的精确位置和行走路径，如图 5.69 所示。App 的设计也非常人性化，提供了分项赛、热门选手、已关注和中国队等多种选择方式，省去了球迷"海选"比赛的烦恼，追赛更方便快捷。

图 5.69 "找座位"功能

（2）世乒赛官网"赛事地图"。

世乒赛官网"赛事地图"提供了比赛场馆的地形图（图 5.70）、全景图（图 5.71）、交通指南、周边景点酒店等服务，为观赛的群众提供了针对性的导引路线以及相关的生活便利条件，包括地铁站、停车场以及场馆出入口的位置和路线，为交通部门缓解了一部分压力。

（3）专题地图。基于活动举办方更细节、更有针对性的专题地图需求，我们绘制了32 套各类专题图（图 5.72），包括场馆功能分区及流线图、竞赛准备区示意图、媒体中心详图、混合采访区详图，以及场馆周边地铁路线及景点图等。这些专题图出现在各种宣

图 5.70　世乒赛官网"赛事地图"

图 5.71　场馆外部全景图

图 5.72　世乒赛专题图

传材料上、组委会工作人员的办公桌上、场馆现场的各个重要位置的墙面上,以及现场指挥与安保人员的手里。为包括观赛群众、赛场工作人员、媒体工作人员、活动举办负责人在内的不同群体,提供了更细致、更有针对性的地图服务。

2) 苏州环金鸡湖国际半程马拉松赛

2010 年,象征着马拉松精神的圣火、橄榄枝跨越半个地球,从古老的希腊首次来到人间天堂的苏州。东西方文化在此交融,古典与现代在此融合,世界各国选手在此盛会。继马拉松赛成功举办五届之后,2015 年第六届苏州环金鸡湖国际半程马拉松赛在 3 月底拉开帷幕,为了给参赛选手提供地图服务以及方便市民了解周边路况信息,园区测绘开发出了基于 Web 页面的赛事题图,以地图可视化的方式动态展现了该项赛事活动的精细化组织与管理(图 5.73)。

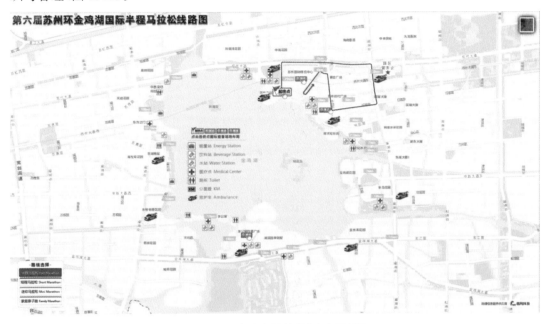

图 5.73　金鸡湖马拉松"赛事地图"

3) 苏州市外企运动会

2015 年,园区测绘与苏州市体育竞赛管理中心开展合作,首次以微信官网的形式为为期两个月,共计 15 个比赛项目、170 家企业、432 支运动队、4327 名运动员参加的苏州市第七届外商投资企业运动会提供了活动组织、信息发布和地图服务等服务,及时更新赛事信息和竞赛实况、积极鼓励交流互动,为更有序高效的活动组织,更便捷的企业宣传和企业交流提供了基于互联网的新平台和新模式(图 5.74)。

3. 掌上社区

1) 项目概况

"掌上社区"是一款基于地图的社区信息推送、居民信息反馈采集的移动应用。该应

图 5.74　外企运动会微信官网

用为社区管理部门搭建更快捷顺畅的信息传播和采集渠道,为社区居民提供更实时、准确、权威的社会公众服务信息,以及更友好的意见反馈方式。应用结合三维地图模式,实现更新颖直观的社区信息定位、采集、展示,如图 5.75 所示。

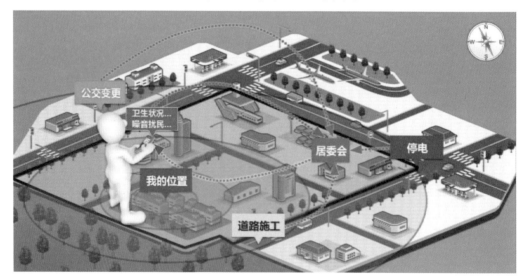

图 5.75　社区管理部门与社区居民间顺畅的信息传播渠道

2)项目成果

由于信息传播的不通畅,日常生活中,常常会遇到这样的窘况:打开水龙头才发现停水了,走到公交站台才发现车子改道了……"掌上社区"就能轻松解决这些问题。作为一款移动应用,"掌上社区"让实时、准确、权威的社会公众服务信息跃上"掌心",居民可以随时随地浏览最新信息,搭建起了一条信息传播、及时反馈的"绿色通道"。

"掌上社区"整合了政府机构、公共服务部门、物业公司等的权威信息,拿出手机、点击打开,小区公告通知、停电停水、公交变更、道路施工等各项信息就能一览无遗,居民甚至可根据自身需求进行订阅。值得一提的是,该应用采用三维地图模式,居民可以更便利、更直观地查询到相关信息。

(1)社区信息订阅接收。基于统一的社区信息管理系统,整合政府机构、公共服务部门、商业办公等专题信息,并将所采集信息实现地图定位,借助空间分析,对一定范围内的社区居民进行公众服务信息的推送,使居民可以便捷直观地获取社区公告通知、民意调查、学区划分、周边规划、商业服务网点、小区停电停水、交通拥堵、道路施工等相关信息。

(2)社区居民信息上报反馈。社区居民可以方便地利用手机、平板电脑等移动终端设备,在地图上实现基于位置的信息传递和分享,如图 5.76 和图 5.77 所示。

图 5.76　"掌上社区"集中式的信息管理

"掌上社区"畅通了信息上报反馈渠道。居民可以利用手机等智能移动设备,在地图上实现基于位置的信息传递和分享,以文字、语音、照片等方式及时反馈小区内的各项突发问题。"比如小区内某个路灯坏了,居民可以拍照上传到这个平台,物业就能在第一时间收到并处理。如果用语言无法准确描述路灯所处的地理位置,居民只要在路灯下打开'掌上社区'并选择显示当前位置,物业公司就可以清晰地看到地点。"

图 5.77　"掌上社区"新颖友好的信息展示与上报

3）应用效果

本应用专注于社区管理部门与社区居民间的信息传递与沟通，通过地理位置与时间维度结合，使得社区信息传达更快捷、更顺畅，让社区居民可以方便快捷的得到与日常生活、交通、娱乐等相关的各种地图服务信息，并参与反馈各种社区管理问题，达到社区管理智慧化的目的，提高园区的社区管理和服务水平，如图 5.78 所示。

（1）将多渠道采集的社区服务信息在一张地图上定位展示，解决了社区居民获取信息难、信息权威性不足、与自身关联度不确定性等问题。

（2）为社区居民的日常生活、教育、出行、娱乐等多种需求提供实时准确的信息。

（3）实现社区居民与社区管理服务部门间的信息分享和反馈，为居民参与社区管理、城市建设创造便利渠道。

图 5.78　"掌上社区"灵活的可定制性

第6章　回顾与展望

6.1　园区空间信息建设的回顾

中国—新加坡苏州工业园区借鉴新加坡经验，结合自身特点，走出了一条极不平凡的新型城镇化道路，取得了率先发展、科学发展、高端发展、和谐发展等累累硕果。1994年以来，通过引进新加坡先进的理念和相关的模式，注意发挥"中新合作"优势，在开发建设的同时，大力扶持区域空间信息化的建设与发展，园区逐渐形成了以空间信息数据为核心数字城市建设模式，建立了项目全生命周期的测绘跟踪服务体系，搭建了成熟、稳定的地理信息公共服务平台，并在此基础上助力园区初步完成智慧园区的建设。20年来，一面开发建设，一面采集和积累丰富的空间地理信息资料。在完成农村向城市转换的过程中，园区测绘公司保证了规划蓝图的精准落地，同时又将建设成型的现代城市中的空间变化信息进行实时的数字化采集，建立与更新地理信息资源库，通过地理信息公共服务平台的协同共享，形成规划、建设、国土、房产、环保、交通、城管等城市管理与业务应用系统，最终建成数字园区，虚拟园区。空间信息的采集与建库为提升园区亲民、亲商、亲环境和便捷、高效的服务做出了重要的贡献，也为今后高起点的实施信息化战略和智慧城市奠定了基础。

园区空间信息基础设施的建设与发展经历了以下四个阶段：数字化服务阶段；系统化服务阶段；信息化服务阶段；智慧化服务阶段。

1. 1994—2000 年数字化服务阶段

园区测绘公司在园区成立的第二年1995 年组建，从一开始就摒弃模拟测绘的传统方式，以数字化测绘的理念建立园区统一的测绘基准，开展规划、土地、房产、基础和市政工程测绘，逐步建立形成了基于建设项目的全生命周期测绘跟踪服务体系。在规划建设阶段，保证了园区高标准规划的落地并将竣工状态数字化采集入库，保留了现势性强的空间信息。园区测绘提供的统一的四维的空间测绘基准体系，从技术保证了产业规划、土地规划和园区规划等多种规划的一张图，一个系统，保证了产城融合在各种规划上的一致性，在规划落地阶段，技术上保证了规划执行体系的严格落实。

（1）初步完成一套适合园区实际的地理信息空间基准、标准与流程。

1995 年布设 D 级 GPS 控制网。该网覆盖园区及周边地区约 210km²，由 97 个 D 级

GPS 点组成;1996 年制定了园区地形图、地籍图、房产图等分层、分色及符号标准;形成了地理信息的采集、存储、加工以及接收提供地理数据的标准和管理规定;到 2000 年明确了从建设项目选址到建设项目竣工、产权确认全过程中,各个不同环节中测绘服务的工作顺序、工作内容、工作要求和地理信息数据在规划建设各环节中的数据流转程序。

(2)使用数字化测绘技术完成园区初期的各类大型测绘项目。1996 年,完成园区 250km² 1:1000 地形图数字化,并建设地形图库;1999 年完成了园区行政区域约 250km² 内企事业单位和农户的地籍、农村宅基地和房产的调查和测量工作;1999 年完成了园区行政约 250km² 的土地利用调查工作,并完成了土地利用总体规划、土地利用现状和基本农田保护图的制作;1998 年首次完成覆盖园区三等水准测量项目,并自此每年进行三等水准的复测与区内的沉降观测,动态的监测园区各区域与城市建设有关的地面沉降位移的情况,保证园区高程基准的持续更新。

(3)实现技术的不断更新,逐步提高 4D 产品的生产能力。在购买了多套适普软件公司的全数字摄影测量系统(VirtuozoNT)城市建模与可视软件(Cybercity)、可视化地理信息系统(IMAGIS)、遥感影像处理系统(Cyberland)等软件的基础上,通过几年的努力,在 4D 产品的数字线化图(DLG)、数字正射影像(DOM)、数字地面模型(DEM)和数字栅格图(DRG)四个方面都有了一定的技术积累;也有了一定的批量生产能力;基本达到了技术积累、锻炼队伍、培养新人的目的,造就了一个能进行大规模作业的队伍;在面对大型数据工程项目和同时多项目作业时,基本能做到游刃有余,实现技术的不断更新,提升了单位的总体作业能力。

2. 2000—2005 年系统化服务阶段

在这个阶段进一步完善适合园区实际的空间控制基准,以建立一个在时域上连续的,在空间域上整体的,能充分利用历史、当前和未来的地理信息空间基准并能监测城市三维形变的大小和过程的城市四维测绘基准为目标,分三步完善园区的空间控制基准,并实现外业测绘方式的两次提升。根据自身发展和业务部门的需求,不断开发测绘、规划、土地、房产、建设等业务系统,在已有空间信息数据的基础上,挂接业务部门的属性数据,形成各个行业独立应用的系统,并形成规范的业务流程和成果标准。

(1)空间控制基准的建立和外业测绘方式的两次提升。2003 年完成苏州工业园区三个连续运行的 GPS 基站建立,实现外业测绘方式从全站仪作业模式为主向以 GPS-RTK 作业模式为主转变,统一了苏州五县一市的独立坐标系统,为苏州的整体规划、大型市政工程的建设提供了良好的平台,同时兼顾利用已有测绘资料,较好地解决了现有成果的使用与未来发展的矛盾,2006 年,将连续运行参考站模式拓展到整个苏州地区,建立了 7 个连续运行的 GPS 基站,实现外业测绘方式从以 GPS-RTK 作业模式为主向网络 RTK 作业模式转变,服务范围覆盖苏州五县一市,为社会和用户提供全天候 24 小时不间断空间定位服务,该系统集成了卫星定位技术、计算机网络技术、无线数据通信技术、数字中继站技术、远程监控技术等当代先进技术,实现从高精度静态定位到高精度动态实时定位的技术飞跃。系统可针对不同用户的需求,逐步建立起从静态、动态到高动态,从事后、准实时到实时,从毫米级、厘米级到分米级精度的定位、导航服务体系,满足各行各业对获得空间位置信息的需求,从而使控制基准的整体性、连续性以及外业测绘效率又一次得到巨大的提升。

(2)测绘服务内业软件系统的开发促进内业处理效率的提升。开发和完善的业务系统有地形成图与管理软件、小比例尺测绘系统软件、道路工程测量软件、房产测量软件、地籍管理软件、建筑沉降观测分析软件、日照分析软件、三维可视软件、数据监理软件、测绘档案管理软件、地名管理系统软件等一批内业软件平台,与此同时制定了一批既符合国家有关规范,又结合园区实际的作业流程和成果标准。这些软件的开发与使用不仅提高了测绘的作业效率,而且规范了作业的流程,形成了固定的数据格式和标准的成果报告,利用与政府业务系统的直接对接,为政府对地理信息的使用提供了便利。

如 2002 年开发的日照分析系统:该系统主要运用计算机进行精确的日照分析,为规划审查住宅设计的日照时间是否符合国家的日照要求,促进住宅审批管理的科学化、规范化。该项目充分利用计算机技术,以 CAD 技术为支撑工具,运用合理数学模型、先进的数据结构,对建筑物的日照情况要求进行科学验证,涉及天文、地理、数学等学科技术,通过 Microstation 平台建立基准、高效的日照分析系统,为规划审批提供定量化的日照时间,辅助规划师的审批决策。

(3)为规划、土地、房产等政府管理部门开发基于地理信息的业务系统。2000 年,完成"苏州工业园区土地房产基础信息管理系统"项目,项目通过省国土资源厅组织的鉴定,并运用到园区的土地管理中,该项目获江苏省科技进步二等奖。2002 年开发完成了"园区规划管理信息系统",该系统针对规划日常管理工作中所用到的详细规划、现状、已批图形及相应属性的信息管理、查询、统计,实现了日常规划审批流程的管理;该系统采用了分布式动态更新的机制以及基于元件的版本管理技术进行数据的更新与管理,避免了重复投资,有利于系统的安全性和可维护性;该项目引入了以往相似系统所没有的元件方式存储、协同办案、版本保存与恢复等功能。2002 年开发了"地下管网规划管理信息系统",该系统对地下管线日常管理工作中所用到的现状、已批设计图形及相应属性的信息管理、查询、统计,实现了日常地下管线审批流程管理。2004 年进行了"三维可视技术在城市规划中的应用"的课题研究,该项目以数字正射影像(DOM)、数字地面模型(DEM)、数字线划图(DLG)和数字栅格图(DRG)及三维设计数据作为综合处理对象的三维景观制作管理系统,在城市设计、管理、编制、审批过程中借助三维建模等高新技术手段,通过将规划方案直观地展现出来,帮助规划设计与规划管理人员对各种规划设计方案进行辅助设计与方案评审,为领导最终决策提供帮助,通过在规划中的应用寻求三维可视化的制作方法与不同规划需求的最佳结合点。2004年开发的"基于MS V8的多分辨率无缝影像数据库管理系统"以多数据源、多时相、多分辨率的海量航空、航天遥感影像数据为数据处理对象的影像管理系统,作为园区基础地理信息系统建设的一个系统,充分考虑和城市规划管理信息系统、土地管理信息系统等GIS系统的有机集成,在使用相关GIS系统中借助影像管理系统模块将多时相、多分辨率的影像数据展现出来,和规划管理、土地管理等部门的专业数据及基础地理信息的矢量图形数据等信息进行叠加空间分析,使影像数据的使用和管理在与相关领域的专业数据及基础地理信息矢量地形数据的综合叠加分析中取得最佳结合点,是影像数据在政府宏观政策、国土规划、资源开发、城市建设、环境保护等领域的作用达到最大化。

3. 2006—2010年信息化服务阶段

随着信息化测绘概念的提出,园区开始数字园区建设。首先由规划建设部门牵头,根据数字城市地理空间框架的要求建立空间数据的采集、建库、共享、更新标准,数据安全保证制度;进一步完善园区的空间数据采集和更新,在已有地理信息数据库的基础上,建设和完善统一的基础地理数据库;建设地理信息公共服务平台,为政府部门、行业、公众提供了方便快捷的可视化地理信息服务;不断推出基于地理基础数据的共享和行业应用;地理信息库与园区同期创建的人口库(社保、医疗卫生)、法人库(企业)初步融合,为社会治理工作提供必要的基础信息,为政府决策提供科学依据。

(1)通过完善地理信息的更新机制,实现地理信息的有效积累和共享。园区测绘为园区的城市规划、土地管理、房地产开发、基础设施建设、招商、环境保护以及园区的城市管理提供各部门所需的基础地理信息支持,在数据积累和信息管理的基础上逐步完善园区规划、土地、房产、地下管线、建设、环保等方面管理的地理信息系统,并采用分布式数据管理的方式实现各种专业管理系统之间的数据共享,形成统一的地理信息资源库,努力以坚实的数据基础营造数字化的园区。通过建立地理信息的更新机制,对苏州工业园区的如下地理信息实现了数据积累、实时更新和有效共享:地形数据:1∶500、1∶1000、1∶5000和1∶10000地形图;1∶500专业管线图和综合管线图;卫星遥感影像、航空正射影像;规划数据:城市总体规划、城市详规、市政公用规划、设计总平面图、市政公用设计图、建筑物的平立剖、红线图、园区道路、河道等规划路网图和其他各种专业规划数据;地籍数据:园区行政界线、宗地图;房产数据:房产分幅图、房产分丘图、房产分层分户图;土地利用数据:用地规划、用地分类界线。

(2)通过数字园区的网络和网站建设,建立起一个广泛的地理数据用户体系和一个基于城域网的通信网络体系。要实现地理数据的共享、各种不同用户的方便使用,必须在研究各种政府部门以及其他各种不同用户,对地理信息需要的不同要求、使用频率,建立起广泛的地理数据用户体系和基于城域网的通信网络体系。在该通信网络体系内,各用户可根据自己的需要,方便地下载地理数据资源并通过一定的方式支付相应的费用。为此,园区测绘根据园区的实际情况,在 2006 年建立了数字园区网平台,该平台凭借先进的网络设施与互联网专业技术,致力于向与规划建设行业有关的政府部门、企事业单位提供基 Internet/Intranet 网络的各项专业基础服务和技术支持。截至到 2006 年底,已有高档服务器近 10 台,全部采用 CISCO 网络设备,光纤接入 Internet,10M 独享带宽。在园区现代大厦(园区管委会)、国际大厦、国际科技园、加城大厦、嘉实大厦、市场大厦、出口加工区便利中心、师惠坊邻里中心间都拥有光纤接入点,并提供网络信息服务、Web 信息服务、会员服务等工作,会员单位近 20 个。

(3) 面向数字园区的地理信息公共服务平台建设使地理信息得到广泛的应用。面向数字园区的地理信息公共服务平台结合园区测绘在地理数据生产加工、高精度移动定位以及管理与技术人才等方面的积累,与政府部门密切合作,充分利用网络技术、地理信息加工技术、空间分析与表达技术以及信息系统开发技术,以安全控制、权益保障为前提,以基础地理数据及时更新为基础,以应用需求为牵引,以实用高效为指导,探寻建立面向城市精细化管理需要的地理信息公共服务平台,以提供网络化地理数据服务、空间分析服务以及移动定位服务,确保区域内地理信息统一、权威与标准化,从而促进城市信息化建设的顺利实施和可持续发展。

建设地理信息公共服务平台,为政府部门、行业、公众提供了方便快捷的可视化地理信息服务。服务内容包括地理数据服务、空间分析服务以及实时的高精度移动定位服务,解决了服务中所需要的软件开发、标准建设、制度建设以及安全控制等系列问题,将平台建设与实际需要密切结合,构建了安全、实用、高效的地理信息服务平台。平台在测绘、规划、房产、土地、建设、城管、环保、交警、燃气、水业、招商等 17 个部门 40 多个系统得到应用,实现了测绘、规划、建设、土地、房产、城管、管线运维单位等部门日常业务协同办理,为土地调查、经济普查、人口普查、水利普查、税源调查等重大社会事件提供了全面地理信息支持,支撑了园区城市空间的精细利用与日常化的高效管理,维护了园区城市地理信息在时间、空间与业务过程中的协调统一。

(4) 完善的数字园区的标准规范保证了空间信息更新、共享与安全。园区标准化建设项目是以地理信息参考模型和标准化理论为基础,从地理信息共享和标准一致性原则出发,通过分析研究地理信息技术标准系统模型和结构,结合中国城市的实际情况,给出城市地理信息标准化体系框架,并探讨性地构建基于地理参考模型的空间数据标准体系,基于 ISO 19101 地理参考模型和标准化原理,依托该标准化建设项目,整理、归纳现有国家标准,参照国际国外先进标准,制定苏州工业园区测绘地理信息标准,满足苏州工业园区城市建设发展和空间数据共享的需求,最终实现"数字工业园区"。建立中小城市空间信息标准化体系,并研究其实际应用来描述数据标准,为我国中小城市地方地理空间数据标准的制定提供方便。

4. 2011 年至今智慧化服务阶段

园区积极适应"新产业、新技术、新业态、新模式"的发展趋势,建成"三网、三库、三通、九枢纽"的智慧城市应用架构,形成"基础设施畅达易用,城市管理协同高效、公众服务整合创新、智慧产业快速发展"智慧城市运营体系,创新"以信息化推进新型工业化、以信息化推进城市化、以信息化推进现代化"的智慧城市发展模式,将园区建成全国领先的信息化高科技园区和国际一流的智慧型城区。

2013 年 1 月 23 日,在园区信息化领导小组办公室的指导下园区信息化推进联盟成立了"智慧城市实验室",该实验室依托园区测绘公司,落户园区测绘地理信息大楼,大力推进"智慧园区"建设。2013 年 12 月园区成功入选住建部首批国家智慧城市试点。

(1)深化"园区"模式创新,形成智慧城市长效推进机制。借鉴新加坡经验,形成规划滚动修编常态机制;建成决策集中、多方参与的智慧城市组织管理架构,形成科学、规范的资金保障机制;完成项目立项审批、过程管控及应用推广等一系列配套制度和规范,形成持续、高效的智慧城市长效推进机制。

(2)坚持"顶层设计"理念,建成以"三通九枢纽"为核心的智慧城市应用架构。围绕园区信息化十二五规划部署,建成完善人口、法人、地理信息基础数据库;完成综合集成的政务、教育、健康、社保、科技、人才、金融等九大信息枢纽;建成一站式的"政务通、企业通、生活通"综合应用平台,实现智慧城市各类信息、服务的整合共享、高效协同,打造"协同园区"。

(3)突出"GIS 应用"特色,建成智能精准的智慧城市建管体系。以园区地理信息公共平台为基础,围绕智慧城市建设和管理各方面需求,进一步强化地理信息综合利用,建成智能精准的国土、规划、建设、管理、环保、水务等一系列信息化应用系统,促进城市资源的优化配置和高效利用,逐步形成全面感知、广泛互联、高度智能的立体化城市建设和管理体系,打造"宜居园区"。

(4)强化"亲商惠民"意识,建成便捷高效的智慧城市公共服务体系。从企业、居民实际需求出发,以亲商惠民为宗旨,建成完善交通、教育、健康、社保、食品安全等多个公共服务领域的信息化系统,实现公共服务的智能高效,用户体验友好便捷,打造现代化、人性化的"亲民园区"。

6.2 对智慧园区的展望

6.2.1 信息基础设施建设

(1)加快"宽带园区"建设,畅通智慧城市信息通道。响应国家"宽带中国"战略,进一步推动电信等运营商加快"城市光网"建设,构建"百兆进户、千兆进楼、T级出口"的网络能力,打造以 IP 化、扁平化、宽带化、融合化为核心特征的可管可控的绿色高性能光网络;

进一步夯实"@SIP"品牌,继续深化"WIFI 园区"建设,持续增加热点区域及 AP 数量,提高网络稳定性和用户体验,拓展 WIFI 门户资源在园区形象宣传、商务旅游服务等方面的应用;

推动广电等运营商在园区率先开展下一代广播电视网建设并推广高清互动机顶盒,实现"云媒体电视",实现电视互联网、电视读报、电视游戏、电视购物、视频通话等功能,促进园区居民提高家庭智能化水平。

（2）持续建设完善集约整合的公共基础数据库。深化和完善园区人口、法人和 GIS 三大基础数据库,推动各业务系统与三库有效对接;集成健康信息、社保信息、教育信息、食购游娱信息等公众生活休戚相关的数据资源;集成金融信息、人才信息、科技信息、贸易信息等与企业和政府服务密切相关的数据资源,建立健全信息安全、数据共享和运维机制。

（3）建设协同高效的城市公共信息平台。聚焦政务管理、公众、企业服务需求,整合城市公共基础数据库,以统一的模式进行用户交互。适当引入具有专业运营能力的企业和机构,实现对各类智慧城市应用服务的聚合和封装,为各部门的已建应用系统和异构数据库之间的信息共享提供低成本整合与交互手段,并以"三通九枢纽"的模式将这些服务对外发布,从而实现跨部门、跨网络、跨操作系统、跨数据库的数据和业务的高效协同。

（4）构建安全可控的城市信息安全保障体系。健全网络与信息安全工作机制,制定信息安全规章制度和实施细则,强化智慧应用安全标准体系建设。依托现有数据中心资源,建立同城灾备体系,同时利用异地数据中心资源建立数据级备份,形成"两地三中心"灾备格局;通过目录服务的方式实现对资源信息的集中统一的存储、访问和控制,使信息化实现集中化、集成化和标准化;依据《国家电子政务信息安全等级保护条例》加强等保测评等工作,全力营造区内信息安全环境,全面提升信息安全公共服务、技术防范、安全监测和应急处置能力。

6.2.2　建设与宜居

（1）创建智能精准的智能化城市建设与管理体系,建设宜居园区。基于"中新社会管理合作试点"的工作成果,继续建立以 GIS 为核心的城市建设的全生命周期智能化管理,建立城市国土资源管理、规划审批、建设监管等信息传递模型,搭建从政府到企业、从政府到个人的智能化的城市建设信息服务。

结合物联感知网络服务、高速无线网络服务、地理信息网络服务等基础信息与应用服务，建设一系列信息化应用系统，实现对城市国土、建筑市场、房产、园林绿化、绿色节能等城市事务全方位、全生命周期的管理。

（2）完善地上地下一体化的空间管理体系，提升城市功能。深度结合园区城市管理部门的业务系统和园区三维地理信息公共服务平台，综合运用物联网感知技术，建设地下管线与空间综合管理系统，实现地下空间设施的管理与地上建筑在空间和属性上无缝对接，通过分类可视化的方式对地下的各类信息进行综合的分析、监督和管理。

继续推进智慧水务建设，建立园区水、气监控平台，提供供水、排水、供气等地下管网的实时监控数据及历史数据仓库，为城市管网运维管理、产业规划、节能减排、居民服务等提供有力支撑。

（3）基于园区特色建设环境感知与生态保护体系，建设生态园区。继续推进智慧环保建设，整合污染源在线监控、环境质量自动监测、污染源普查、环境统计、建设项目审批、排污许可证等各类环境数据，创建以污染源和环境质量为中心的综合管理模式，提供随处可用、快速直观的移动化信息查询与展示。

建设智慧能源监测平台，采用智能监测技术、物联网技术、GIS技术等，构建园区重点楼宇、企业节能技术服务库和行业能耗指标数据库，为园区信息化、智能化和科学化的节能管理工作提供技术支持；健全和完善园区能源评估，有效形成行业的节能标准与考核体系，形成园区能源强度与总量控制的监管、预测、预警体系。

6.2.3 管理与服务

1. 全面提升电子政务的服务效能

利用云计算、移动互联网技术，加快推进政府办公自动化系统（OA）升级改造，实现办公移动化、高效化；与一站式审批系统、各局办的专业系统对接，整合行政服务的各种资源与信息，形成电子政务领域的信息交互平台。

加强政务信息枢纽信息汇聚，支持企业公众行政相关事务的便捷申请与查询，提升政府与企业、公众的交互水平。探索开展以多视角和新兴技术为手段加强数据挖掘，建设决策支持分析系统，为政府管理以及公众、企业提供创新性服务。

充分利用政府网站、微博、微信等渠道，推进权利阳光、信息公开和政民互动，完善网上办事大厅的功能、扩大办事的范围、提升网上办事的效率。加快信息共享建设，推进政府各部门服务平台的对接与融合，建立上下联动、层级清晰、共享一致的政务服务体系。

2. 建设亲商惠民的公共服务体系

从企业、居民实际需求出发，以亲商惠民为宗旨，建成完善交通、教育、健康、社保、食品安全等多个公共服务领域的信息化系统，实现公共服务的协同高效，用户体验友好便捷。重点推进如下任务：

（1）智能交通：进一步建设智能交通管控系统，促进交通管理步入智能化管理阶段，满足城市整体交通指挥化的建设及运行需要。扩展园区智能交管覆盖范围；在一期基础上，进一步完善模型分析与基础控制平台，深化道路数据分析能力，提升信息深度与利用程度；加强与规划、市政、公交等部门信息互通与综合利用；完善信息发布服务，提升交通管控服务社会公众的能力。

进一步建设智能公交系统，在一二期项目已建成应用系统的基础上，充分整合现有智能化资源，利用视频监控、数据分析等主流应用技术，新建设公交客流信息采集和分析系统、线网规划和线路优化辅助系统、运营绩效分析系统，增强行车安全管理、场站安全管理和公交信息综合服务等实用功能，实现与交通管控、劳动社保系统等对接，实现园区公交的科学管理和智慧服务。

建设智慧停车管理系统，通过对园区约 7 千多个公共停车位的物联网建设，结合分时段政策、信息屏引导、移动端信息推送等多种手段，实现公共区域的智能停车引导，便利公众出行。

（2）智慧教育：基于教育城域网，推进教育公共服务平台的完善与开发，包括教育督导综合评测系统、学生综合发展评价系统等，全面落实教育管理信息化、学校应用信息化、社会教育信息化、家庭教育信息化。

（3）数字卫生：继续推进基于电子病历和居民健康档案为核心的卫生信息化平台建设，形成园区医疗资源服务目录，支持公众在线查询和预约；以 GIS 为基础，提供人性化社区医疗服务；为医疗机构提供数据信息查询，数据交换服务并为相关管理方提供决策依据。

（4）智慧社保：推进社保信息枢纽建设，实现园区劳动和社会保障数据与信息集中统一管理；优化窗口业务办理系统、建设统一的公众服务平台，为企业和个人提供安全、便捷服务；与园区三大数据库的对接；建设"劳动和社会保障私有云"。

（5）智慧应急：建设集城市应急智能指挥平台、应急地理信息平台等组成的智慧城市应急指挥管理系统，形成公共安全和应急管理的信息化支撑体系，提升政府应急管理水平和服务能力；加强人口基础数据库建设和政务部门间共享利用，提高流动人口、重点人员、特殊人员的服务管理水平；进一步发挥社会管理、视频监控管理的作用，提高社会资源的综合应用水平。

（6）智慧旅游：结合园区商务旅游与休闲旅游特色，以及金鸡湖景区、阳澄湖半岛旅游度假区等景区规划，充分运用物联网、云计算、智能数据挖掘、新一代通信网络等技术，整合园区旅游"吃、住、行、游、购、娱"等要素资源，开展旅游体验、行业管理、智能景区、电子商务等方面的信息化应用，打造生活休闲信息枢纽，以全新的旅游形态服务于公众、企业、政府,激发产业创新、促进产业升级。

(7)智慧食品安全:遵循"业务带应用、应用带平台"原则,充分利用一期已建成的食品监管共享平台的软硬件资源,以事前综合预警、餐饮服务、生鲜水产品追溯等重点业务需求为抓手,深化拓展重点应用,带动共享平台融合延伸,实现工商、质检、卫生等多部门协同,对接上级食品追溯系统,实现食品"生产、流通、消费"各环节信息"一站掌握",实现"来源可追溯,去向可查证,责任可追究",建立智慧食品安全监管体系。

(8)智慧物流:继续推进智慧综保区建设,综合利用物联网、云计算技术,对接海关、国检、物流企业等系统,完善物流公共信息平台,加强口岸进出口货物监管,改善综保区的管理和使用率,建设基于RFID的智能交通引导等系统,实现更深入的智能化,更加优化的用户体验,进一步提升综保区运行效率,促进实现苏州商贸物流综合效益最大化,提升苏州乃至整个长三角地区的外向型经济水平。

(9)智慧社区:建设智慧社区平台,整合政府各部门和社区现有信息网络资源,建立覆盖全区社区综合信息管理平台和社区服务平台,实现数据一次收集、资源多方共享。整合社工委或街道、社区工作站、居委会面向居民群众、驻区单位服务的内容和流程。建设集行政管理、社会事务、便民服务为一体的社区信息服务网络,改善社区各级组织的信息技术装备条件,提高社区居民信息技术运用能力,全面支撑社区管理和服务工作。积极推进社区居民委员会内部管理电子化,减轻工作负担,提高工作效率。

(10)智能家居:推动移动等电信运营商,以住宅为对象,采用物联网,移动互联网,云计算等技术,建立控制家庭安防设备、医疗需求、娱乐资源、数据信息、商务任务等的综合服务平台,提升家居的安全性、便利性、舒适性、艺术性和环保节能性。开展家庭安防,家居控制,家庭医疗,家庭购物等增值服务。

(11)智能金融:根据省市要求,建设园区社会信用基础库和服务平台,加强园区的政务诚信、商务诚信、社会诚信建设,建成园区政府信用数据库、企业信用数据库、个人信用数据库,推进各部门信用信息互联互通,与省市平台的对接,开展政府信用信息应用,提高政府行政效能,促进政府公务人员树立向善、诚实守信的价值取向;开展企业、个人信用信息服务,为各部门联动监管提供支持;建设"诚信园区网",依法按章向社会提供政府、企业、个人信用信息服务。

6.2.4 产业与经济

1. 推进"云彩计划",优化产业规划布局

贯彻落实园区云计算产业发展计划(云彩计划),构建云服务体系,打造云应用平台,形成云产业集群。加速集聚云计算相关产业及项目资源,聚焦云服务和云应用领域,辐射带动软件与创意、融合通信、文化教育、移动互联网、物联网等相关产业发展,全面提升

园区的综合竞争力,打造国内知名的"云彩新城",推动园区成为苏州市软件产业的主要集聚区。

2. 加强平台建设,推动产业升级

在现有科技服务管理信息系统、公共技术服务平台、开放实验室、创业支撑服务平台、知识产权交易等平台的基础上,聚焦企业在科技、金融、管理等领域的需求,面向企业提供从项目申报、公共技术资源获取、知识产权交易、创业孵化、融资处理等一站式的科技服务信息平台和金融投融资服务信息平台。提升企业创新能力,推动产业发展,吸引产业人才。

在智慧综保区和加贸信息协作平台应用的基础上,整合与贸易服务相关的各方系统与信息资源,构建统一、开放、共享的区域性贸易通关信息交互平台,实现管理方、监管方、服务方贸易信息的汇聚,为企业提供快捷、高效的贸易通关服务。

3. 倡导"众智云集"、提升新兴产业发展

进一步创新"众智云集"模式,按照"政府引导、公众参与、集思广益"理念,建立完善公共创意展示评价平台,吸引和扶持社会力量、专家学者共同参与园区信息化建设,为智慧园区出谋划策,并通过吸引创投资金,孵化一批可示范、可推广的信息化项目和产品,打造"智慧城市孵化器和梦工厂"。

推进高新技术产业发展,以纳米技术为引领,重点发展光电新能源、生物医药、融合通信、软件动漫游戏、生态环保等高新技术产业。优化高新技术产业的人才环境、科研环境、金融环境、管理服务等,提升高新技术产业在城市整体产业中的综合水平。

加快推进现代服务业的发展,建设健全相应的政策保障、发展环境,吸引更多的资金投入,提供更良好的行业环境。以"打造长江三角洲重要区域商务中心"为目标,优先发展生产型服务业,拓展提升消费型服务业,加快构建与现代制造业相配套、与国际化新城区相适应、符合城乡居民需求的现代服务业体系。

附录　园区测绘辉煌二十年(1995—2015年)

1995—2015园区测绘大事记

1995年12月28日,苏州工业园区测绘有限责任公司成立,注册资本为50万人民币。

2001年,成为美国Bentley产品华东地区的代理商和中国的培训基地。

2002年,被江苏省测绘局评为全省测绘行业"文明建设先进单位"。

2006年6月,被江苏省测绘局评为"十五"测绘科技工作先进集体。

2006年11月,成立子公司苏州工业园区格网信息科技有限公司。

2007年3月,成立宿迁分公司。

2008年10月,被江苏省测绘局授予"江苏省测绘质量表彰单位"。

2009年2月,被苏州市精神文明建设指导委员会授予"苏州工业园区2008年度先进集体"称号。

2009年3月27日,苏州工业园区测绘有限责任公司博士后科研工作分站正式挂牌成立。

2009年4月,获得"2008年度苏州工业园区A级劳动保障信誉等级单位"称号。

2009年6月,江苏省地理空间信息技术工程中心CORS技术工程中心苏州分中心正式挂牌成立。

2009年12月,格网科技顺利通过苏州工业园区高新技术企业认定。

2010年1月,南京工业大学园区测绘实习基地成功挂牌。

2010年7月,公司博士后工作站首位博士后正式进驻。

2010年11月,格网科技被江苏省经济和信息化委员会认定为软件企业。

2010年12月,被江苏省测绘行业协会评为2008—2009年"诚信测绘单位"。

2011年1月,被苏州市规划局评为"2010年度苏州市城乡规划先进单位"。

2011年4月,被苏州市人民政府评为"苏州市劳动关系和谐企业"。

2011年5月,连续第三年被授予"园区A级劳动保障信誉等级单位"称号。

2011年12月,园区测绘志愿者服务团队成为首批苏州工业园区志愿者协会会员。

2011年12月,"苏州市测绘地理信息工程技术研究中心"正式挂牌。

2012年4月,被江苏省测绘行业协会授予2010－2011年度"诚信测绘单位"荣誉称号。

2012年5月,被苏州工业园区管委会评为"文明单位"。

2012年5月18日,乔迁至测绘地理信息大楼。

2012年6月,获得2011年度苏州工业园区A级劳动保障信誉等级单位称号。

2012年7月,更名为苏州工业园区测绘地理信息有限公司。

2012年12月,被江苏省测绘行业协会授予2006－2012年度协会工作先进单位。

2013年2月,设立滁州圆信苏滁测绘地理信息有限公司合资子公司。

2013年4月,被江苏省城乡建设与住房局授予"优秀质量单位"。

2013年7月,入围江苏省测绘地理信息局启动的"江苏省县(市、区)级数字城市建设"资格单位。

2013年8月18日,被江苏省测绘地理信息局授予"测绘地理信息文化建设优秀单位"。

2013年9月28日,被江苏省测绘学会授予"2008－2012年度先进集体"。

2013年12月,设立江苏圆信测绘科技有限公司合资子公司。

2014年1月,被江苏省测绘协会授予"2011－2013年度诚信测绘单位"称号。

2014年6月,公司大楼获得2013年度江苏省"扬子杯"优质工程奖。

2014年9月,与武汉大学合作成立武汉大学—园区测绘研究生工作站。

2014年9月,入选中国地理信息产业百强企业。

2014年9月,获得苏州工业园区"2014园区十大最佳雇主"称号。2014年12月,通过CMMI3级认证。

2015年3月,被江苏省测绘地理信息行业协会授予2014年度全省测绘地理信息行业"诚信单位"荣誉称号。

2015年9月,设立广西中马园区数字城市科技有限公司合资子公司。

2015年10月,获得国家高新技术企业认定。

2015年11月,获得中国测绘地理信息产业协会评选的"中国地理信息产业最具活力中小企业"。

项目荣誉

1999年,土地、房产基础信息管理系统获得江苏省国土局科技进步二等奖。

2003年,苏州工业园区三等水准网测量项目获得江苏省优质测绘工程三等奖。

2004年,苏州工业园区首级GPS网及固定基准站建设获得江苏省优质测绘工程二等奖以及江苏省测绘科技进步奖三等奖。

2005 年，苏州工业园区管线信息系统获中国地理信息产业协会优秀工程银奖。

2007 年 1 月，苏州工业园区 1∶2000 数字正射影像图（DOM）项目获得江苏省优质工程三等奖。

2007 年 7 月，苏州 GPS 连续运行参考站系统项目获得江苏省测绘科技进步奖二等奖，并于同年获得中国测绘学会测绘科技进步三等奖。

2007 年 12 月，苏州工业园区南环东延独墅湖桥隧工程控制测量项目获得江苏省优质测绘工程三等奖。

2008 年 12 月，苏州市轨道一号线园区段地下管线探测工程获得江苏省优质测绘工程二等奖。

2008 年 10 月，基于网络互动平台的分布式基础地理数据共享机制的研究项目获得江苏省测绘科技进步奖二等奖及国家科技进步奖三等奖。

2009 年 2 月，地理信息数据交换中心建设方案研究项目获得 2008 年苏州市技术创新"双杯奖"的"献计杯"奖。同年 4 月获得江苏省测绘科技进步三等奖。

2009 年 9 月，基于 WEB 的连续参考站数据管理分发及自动化解算项目获得国家测绘科技进步三等奖。

2009 年 9 月，苏州南环东延独墅湖桥隧工程测绘项目获得全国优秀测绘工程铜奖。

2009 年 12 月，苏州工业园区数字城市管理信息系统数据采集项目获得江苏省优秀测绘工程三等奖。

2010 年 2 月，苏州连续运行参考站服务系统获得苏州市科技进步二等奖。

2010 年 10 月，基于 VRS 的城市公共设施管理系统获得中国测绘科技进步三等奖。

2010 年 12 月，苏州工业园区地下管线探测项目（一期）工程项目获得江苏省优秀测绘工程二等奖。

2011 年 7 月，面向城市精细管理的地理信息公共服务平台研发与示范项目获得江苏省测绘科技进步二等奖。

2011 年 11 月，苏州工业园区地下管线探测项目（一期）项目获得中国优秀测绘工程铜奖。

2012 年 5 月，基于 CORS 系统的高精度 GPS 观测数据的模拟研究项目获得江苏省测绘科技进步三等奖。

2012 年 11 月，苏州工业园区法人地理信息建库项目获得江苏省优秀测绘工程三等奖。

2013 年 7 月，城市地理区情监测服务平台项目被评为江苏省测绘科技进步三等奖。

2013 年 11 月，智慧规建－移动办公系统获评 ESRI 中国"最佳移动应用奖"。

2013 年 11 月，苏州工业园区 $100km^2$ 三维数据采集建模和苏州中环快速路工程两个项目分别获得江苏省优秀测绘工程二等奖和三等奖。

2014年8月,城市地理区情监测服务平台项目获得中国地理信息科技进步奖三等奖。

2014年8月,"房地一张图"关键技术研究与应用项目获得江苏省测绘地理信息科技进步奖二等奖,并于同年9月荣获中国地理信息产业优秀工程金奖,12月份获得苏州工业园区"优秀政务信息化应用"。

2014年12月,苏州工业园区2013年农业"四个百万亩"建库项目以及苏州工业园区1:2000数字正射影像图制作项目获得江苏省优秀测绘地理信息工程三等奖。

2015年6月,苏州工业园区城市公共信息服务平台入围全省首批智慧建设试点工程。

2015年9月,"小型无人机在城市建设领域的综合应用研究"项目获得江苏省测绘地理信息科技进步奖二等奖。

2015年9月,苏相合作区城市公共信息服务平台项目获得江苏省测绘地理信息科技进步奖三等奖以及中国地理信息产业优秀工程奖铜奖。

2015年12月,获得苏州工业园区"2015年度优秀政务信息化服务"奖项。

参考文献

[1] 韩俊,王翔.新型城镇化的苏州工业园区样本[M].北京:中国发展出版社,2015.

[2] 苏州工业园区信息化办领导小组办公室.2013年苏州工业园区信息化建设与发展白皮书[R].2014,6.

[3] 苏州工业园区管理委员会.苏州工业园区信息化建设与发展"十二五"规划[R].2012.

[4] 苏州工业园区管理委员会.苏州工业园区创建智慧城市试点实施方案[R].2012.

[5] 苏州工业园区"十二五"规划编制工作领导小组办公室.苏州工业园区2011－2015年经济和社会发展规划纲要[R].2011.

[6] 李建成.BIM应用导论[M].上海:同济大学出版社,2015.

[7] 郝力,谢跃文.数字城市[M].北京:中国建筑工业出版社,2010.

[8] 孙旭阳,冯一民.数字城市的构建[J].上海城市规划,2006,66(1):22-27.

[9] 代云.城市建设理论研究(电子版)[EB].

[10] 李德仁,龚建雅,邵振峰.从数字地球到智慧地球[J].武汉大学学报:信息科学版,2010,35(2):127-132.

[11] 刘强,崔莉,陈海明.物联网关键技术与应用[J].计算机科学,2010(6):1-4.

[12] 李德仁,邵振峰,杨小敏.从数字城市到智慧城市的理论与实践[J].地理空间信息,2011,9(6):1-5.

[13] 过俊.BIM在国内建筑全生命周期的典型应用[J].建筑技艺,2011(Z1):95-99.

[14] 钱意.BIM与GIS的有效结合在轨交全寿命周期中的应用探讨[J].地下空间与隧道,2013(3):40-42.

[15] 温宗勇.走向大数据:从数字北京到智慧北京[M].北京:测绘出版社,2015.

[16] 陈常松.地理信息共享的理论与政策研究[M].北京:科学出版社,2003.

[17] 李宗华.数字城市空间数据基础设施建设与应用[M].北京:科学出版社,2008.

[18] 王家耀,宁津生,张祖勋.中国数字城市建设方案及推进战略研究[M].北京:科学出版社,2008.

[19] 仇保兴.中国数字城市发展研究报告(2011—2012年度)[M].北京:中国建筑工业出版社,2013.

[20] 李小林.地理信息/地理信息标准化分析[J].地理信息世界,2003(10).

[21] 何建邦,蒋景瞳.我国地理信息标准化工作的回顾和思考[J].测绘科学,2006(3).

[22] 阎正.城市地理信息系统标准化指南[M].北京:科学出版社,1998.